ANÁLISE MATEMÁTICA

inter
saberes

ANÁLISE MATEMÁTICA

Diego Manoel Panonceli

2ª edição

inter saberes

Rua Clara Vendramin, 58 – Mossunguê
CEP 81200-170 – Curitiba – PR – Brasil
Fone: (41) 2106-4170
www.intersaberes.com
editora@intersaberes.com

Conselho editorial
Dr. Alexandre Coutinho Pagliarini
Drª Elena Godoy
Dr. Neri dos Santos
Mª Maria Lúcia Prado Sabatella

Editora-chefe
Lindsay Azambuja

Gerente editorial
Ariadne Nunes Wenger

Assistente editorial
Daniela Viroli Pereira Pinto

Edição de texto
Monique Francis Fagundes Gonçalves
Tiago Krelling Marinaska

Capa
Laís Galvão dos Santos (*design*)
Sílvio Gabriel Spannenberg (adaptação)

Projeto gráfico
Sílvio Gabriel Spannenberg

Adaptação do projeto gráfico
Kátia Priscila Irokawa

Diagramação
Bruno M. H. Gogolla

Iconografia
Regina Claudia Cruz Prestes

Dados Internacionais de Catalogação na Publicação (CIP)
(Câmara Brasileira do Livro, SP, Brasil)

Panonceli, Diego Manoel
  Análise matemática / Diego Manoel Panonceli. -- 2. ed. -- Curitiba, PR : Editora Intersaberes, 2023.

  Bibliografia.
  ISBN 978-85-227-0666-2

1. Análise matemática I. Título.

23-152458　　　　　　　　　　　　　　　　　　　　CDD-515

Índices para catálogo sistemático:
1. Análise matemática   515

　　Eliane de Freitas Leite – Bibliotecária – CRB 8/8415

1ª edição, 2017.
2ª edição, 2023.
Foi feito o depósito legal.

Informamos que é de inteira responsabilidade do autor a emissão de conceitos.
Nenhuma parte desta publicação poderá ser reproduzida por qualquer meio ou forma sem a prévia autorização da Editora InterSaberes.
A violação dos direitos autorais é crime estabelecido na Lei n. 9.610/1998 e punido pelo art. 184 do Código Penal.

Sumário

7 *Apresentação*
10 *Organização didático-pedagógica*

15 **Capítulo 1 – Números reais**
15 1.1 Métodos de demonstração
18 1.2 Conjuntos e funções
22 1.3 Conjuntos numéricos
46 1.4 Conjuntos finitos, infinitos, enumeráveis e não enumeráveis

57 **Capítulo 2 – Sequências e séries de números reais**
57 2.1 Sequências de números reais
70 2.2 Séries numéricas

87 **Capítulo 3 – Limite e continuidade**
87 3.1 Noções topológicas da reta real
90 3.2 Limites de funções
99 3.3 Funções contínuas

111 **Capítulo 4 – Derivadas**
111 4.1 Definições e regras operacionais
121 4.2 Funções deriváveis em um intervalo
124 4.3 Fórmula de Taylor

133 **Capítulo 5 – Teoria da integral**
133 5.1 Integral de Riemann
143 5.2 Propriedades das funções contínuas e da integral
158 5.4 Integrais impróprias

165 **Capítulo 6 – Sequências e séries de funções**
165 6.1 Convergência simples e convergência uniforme
167 6.2 Propriedades da convergência uniforme
173 6.3 Séries de potências
183 6.4 Funções trigonométricas e funções analíticas

189 *Considerações finais*
192 *Referências*
195 *Respostas*
203 *Sobre o autor*

À minha família.

Apresentação

A **análise matemática** tem como principal finalidade dar rigor matemático aos conceitos intuitivos do cálculo envolvendo funções e estudando seus principais resultados e aplicações. O estudante desse ramo da matemática desenvolve o pensamento abstrato, pois trabalha com várias ideias sobre as principais estruturas matemáticas mediante a teoria axiomática. Além disso, ela proporciona conhecimentos que podem auxiliar o futuro professor na discussão de problemas que geralmente aparecem na carreira docente.

Para estudar a análise matemática, é de suma importância compreender suas definições e seus resultados, pois a sua teoria é extremamente construtiva e converge para conceitos fundamentais da matemática. Uma dica importante é, sempre que for possível – e, em geral, é possível –, o estudante deverá tentar representar geometricamente cada conceito, além de pensar em exemplos que satisfaçam e que não satisfaçam cada definição e cada resultado. Neste livro, em várias situações, fazemos o apelo geométrico de cada conceito matemático ou o exemplificamos, ressaltando a importância de o leitor tentar encontrar suas próprias representações e seus próprios exemplos para melhor compreendê-los.

Dessa maneira, buscando tratar a análise matemática de modo rigoroso, apresentaremos, no Capítulo 1, alguns métodos de demonstração e noções de funções e de conjuntos numéricos – definindo os conjuntos dos números naturais, dos números inteiros, dos números racionais, dos números irracionais e dos números reais, além de algumas de suas propriedades, como o fato de serem, ou não, infinitos e enumeráveis e a densidade dos números racionais e irracionais em relação aos números reais.

No Capítulo 2, desenvolveremos a teoria referente a sequências e a séries numéricas, discutindo seus conceitos de convergência e divergência. A finalidade desse estudo é explicitar quais são as condições necessárias e suficientes para apontarmos quando uma sequência ou série é convergente ou divergente. Além disso, explicaremos alguns dos testes utilizados para determinar a convergência de séries numéricas, como os testes da comparação, da raiz, da razão e de Leibniz.

No Capítulo 3, trabalharemos com a formalização dos conceitos e dos resultados envolvendo limites e continuidade de funções, abordando algumas noções topológicas da reta real, discutindo alguns tipos de limites e diferenciando a continuidade pontual da continuidade uniforme. Também provaremos os resultados que garantem as condições necessárias para uma função ser uniformemente contínua.

No Capítulo 4, discutiremos a definição de derivabilidade de funções em pontos e em intervalos e as suas relações com a continuidade, além de aplicar o conceito de derivadas no estudo de máximos e mínimos de funções. Também desenvolveremos os teoremas clássicos de Rolle e do valor médio, as regras da cadeia e de L'Hôpital e a fórmula de Taylor com resto infinitesimal.

No Capítulo 5, faremos um estudo sobre a integrabilidade de funções reais com a intenção de demonstrar resultados que garantem a sua ocorrência, abordando as integrais de Riemann e trabalhando com conceitos envolvendo integrais impróprias. Também mostraremos a relação entre a integrabilidade e a derivabilidade mediante o Teorema Fundamental do Cálculo e, como consequência, veremos os métodos de substituição e de integração por partes, utilizados no cálculo de integrais de funções.

Por fim, no Capítulo 6, estudaremos conceitos envolvendo sequências e séries de funções, diferenciando a convergência simples da convergência uniforme e relacionaremos a convergência uniforme com a continuidade, a derivabilidade e a integrabilidade de funções. Além disso, desenvolveremos a teoria de séries de potências para justificar as séries que definem as funções exponenciais, logarítmicas e trigonométricas.

Esperamos, com nosso livro, que você, leitor, aprofunde seus entendimentos sobre os conceitos matemáticos aqui abordados e se sinta estimulado a buscar novos conhecimentos.

Bons estudos.

ORGANIZAÇÃO DIDÁTICO-PEDAGÓGICA

Esta seção tem a finalidade de apresentar os recursos de aprendizagem utilizados no decorrer da obra, de modo a evidenciar os aspectos didático-pedagógicos que nortearam o planejamento do material e como o aluno/leitor pode tirar o melhor proveito dos conteúdos para seu aprendizado.

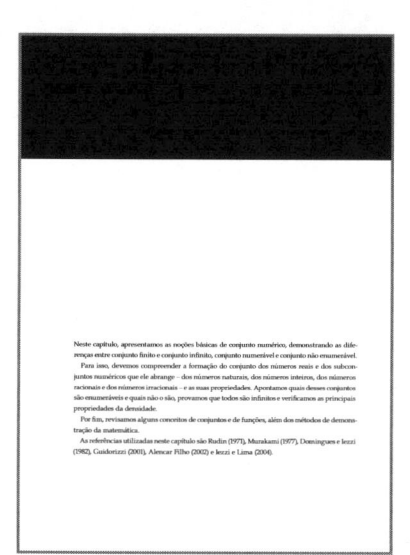

Introdução do capítulo
Logo na abertura do capítulo, você é informado a respeito dos conteúdos que nele serão abordados, bem como dos objetivos que o autor pretende alcançar.

Para saber mais
Você pode consultar as obras indicadas nesta seção para aprofundar sua aprendizagem.

Síntese

Você conta, nesta seção, com um recurso que o instigará a fazer uma reflexão sobre os conteúdos estudados, de modo a contribuir para que as conclusões a que você chegou sejam reafirmadas ou redefinidas.

Atividades de autoavaliação

Com estas questões objetivas, você tem a oportunidade de verificar o grau de assimilação dos conceitos examinados, motivando-se a progredir em seus estudos e a se preparar para outras atividades avaliativas.

Atividades de aprendizagem

Aqui você dispõe de questões cujo objetivo é levá-lo a analisar criticamente determinado assunto e aproximar conhecimentos teóricos e práticos.

1) Sobre a sequência $\left\{\dfrac{(-1)^n}{n} + (-1)^n\right\}$, responda as seguintes questões com argumentos que justifiquem suas afirmações:
   a. Ela é limitada?
   b. Ela é convergente?
   c. Encontre uma subsequência dela que seja convergente. Isso lembra algum resultado? Qual?

2) Sobre a série $\sum_{n=1}^{\infty} \dfrac{n}{3^n}$, responda:
   a. Aplicando a ela o teste da divergência, podemos concluir que ela converge?
   b. Demonstre que ela converge por meio de um teste de convergência.

3) Elabore um esquema-resumo demonstrando o estudo de convergência e de divergência de séries.

Neste capítulo, apresentamos as noções básicas de conjunto numérico, demonstrando as diferenças entre conjunto finito e conjunto infinito, conjunto numerável e conjunto não enumerável.

Para isso, devemos compreender a formação do conjunto dos números reais e dos subconjuntos numéricos que ele abrange – dos números naturais, dos números inteiros, dos números racionais e dos números irracionais – e as suas propriedades. Apontamos quais desses conjuntos são enumeráveis e quais não o são, provamos que todos são infinitos e verificamos as principais propriedades da densidade.

Por fim, revisamos alguns conceitos de conjuntos e de funções, além dos métodos de demonstração da matemática.

As referências utilizadas neste capítulo são Rudin (1971), Murakami (1977), Domingues e Iezzi (1982), Guidorizzi (2001), Alencar Filho (2002) e Iezzi e Lima (2004).

1 Números reais

1.1 Métodos de demonstração

Uma proposição é qualquer afirmação que puder assumir os valores lógicos de verdadeiro (V), se for verdadeira, ou de falso (F), se for falsa.

Exemplo 1.1

"Curitiba é a capital do Paraná" é uma proposição (P) verdadeira.
"A cidade de São Paulo está no estado do Paraná" é uma proposição (Q) falsa.

Inicialmente, necessitamos fazer uso das tabelas-verdade para relacionar as operações que envolvem as proposições P e Q: negação, condicional, bicondicional e conjunção.

i) **Operação de negação (P, não P):**

Tabela 1.1 – Negação de proposição

P	~P
V	F
F	V

Exemplo 1.2

Da proposição (P) "Curitiba é capital do Paraná", obtemos a sua negação (~P) "Curitiba **não** é a capital do Paraná".

ii) **Operação condicional (se P, então Q):**

Tabela 1.2 – Valores condicionais das proposições P e Q

P	Q	P→Q
V	V	V
V	F	F
F	V	V
F	F	V

Exemplo 1.3

"Se domingo fizer sol" (proposição P), "então João vai à praia" (proposição Q).

iii) **Operação bicondicional (P se e somente se Q):**

Tabela 1.3 – Valores bicondicionais das proposições P e Q

P	Q	P ↔ Q
V	V	V
V	F	F
F	V	F
F	F	V

Exemplo 1.4

"Um número é ímpar" (proposição P) "se e somente se não é par" (proposição Q).

iv) **Operação de conjunção (P e Q):**

Tabela 1.4 – Valores conjuncionais das proposições P e Q

P	Q	P ∧ Q
V	V	V
V	F	F
F	V	F
F	F	F

Exemplo 1.5

"O número dois é par" (proposição P) "e primo" (proposição Q).

Quando as operações $P \to Q$ (condicional) ou $P \leftrightarrow Q$ (bicondicional) são verdadeiras, temos um **teorema**. Notamos que a operação $P \leftrightarrow Q$ é equivalente às operações $P \to Q$ e $Q \to P$; por isso, basta estudarmos os métodos de demonstração para a operação condicional $P \to Q$. Nesse caso, P é a **hipótese** e Q é a **tese** do teorema.

Método da prova direta

Provamos que a operação $P \to Q$ é verdadeira supondo que a preposição P é verdadeira e deduzindo que a proposição Q também é verdadeira. Pela Tabela 1.2, quando P é verdeira e Q é falsa, a operação $P \to Q$ é falsa e, assim, não temos um teorema. Quando P é falsa, não deduzimos nada, pois não faz sentido deduzir-se algo considerando-se hipóteses falsas.

Exemplo 1.6

Se $n \in \mathbb{N}$ é ímpar, então n^3 é ímpar.

De fato, supomos que já estejam definidos os conjuntos dos números naturais $\mathbb{N} = \{1, 2, 3, \ldots\}$ e dos números inteiros $\mathbb{Z} = \{\ldots, -3, -2, -1, 0, 1, 2, 3, \ldots\}$. Além disso, utilizamos a seguinte definição: n é número ímpar quando existe um número $k \in \mathbb{Z}$ e $n = 2k + 1$.

Assim,

$$n^3 = (2k+1)^3 = 8k^3 + 12k^2 + 6k + 1 = 2(4k^3 + 6k^2 + 3k) + 1 = 2k' + 1,$$

com $k' = (4k^3 + 6k^2 + 3k) \in \mathbb{Z}$.

Portanto, pela definição, n^3 é ímpar.

Método da contrapositiva

O método da contrapositiva consiste em demonstrar a operação condicional $Q \to P$ por meio da operação condicional $\sim Q \to \sim P$. Isto é, demonstramos $Q \to P$ **negando a tese** ($\sim Q$) e por ela obtendo a **negação da hipótese** ($\sim P$). A justificativa desse método está na construção da tabela-verdade de $\sim Q \to \sim P$.

Tabela 1.5 – Método da contrapositiva

P	Q	~Q	~P	~Q → ~P	P → Q	~Q → ~P ↔ P → Q
V	V	F	F	V	V	V
V	F	V	F	F	F	V
F	V	F	V	V	V	V
F	F	V	V	V	V	V

Pela Tabela 1.5, observamos que a operação $\sim Q \to \sim P$ é equivalente à operação $Q \to P$. Nesse caso, ocorre uma operação denominada *tautologia*.

Uma **tautologia** é uma sequência de proposições que sempre é verdadeira, independentemente dos valores lógicos assumidos para cada uma de suas proposições coordenadas. Nessas condições, dizemos que as proposições são *equivalentes*.

Portanto, em vez de demonstrarmos a operação $Q \to P$, podemos demonstrar a sua equivalente, que é $\sim Q \to \sim P$.

Exemplo 1.7

Se n^3 é par, então n é par.

De fato, consideramos que n é um número par se existe um número $k \in \mathbb{Z}$ e $n = 2k$. Se supusermos que n não é par, então ele é ímpar. Logo, pelo Exemplo 1.6, vemos que n^3 é ímpar, ou seja, n^3 não é par.

Método da contradição ou do absurdo

Uma proposição é uma **contradição** se o seu valor lógico é sempre falso. O método da contradição ou do absurdo para provar a operação $P \to Q$ consiste em afirmar a hipótese (P) e negar a tese

(~Q), encontrando, assim, uma contradição ou absurdo (C). Isto é, para demonstrar a operação P → Q, utilizamos a operação P ∧ ~Q → C.

Tabela 1.6 – Método da contradição

P	Q	C	~Q	P∧~Q	P∧~Q→C	P→Q	P∧~Q→C↔P→Q
V	V	F	F	F	V	V	V
V	F	F	V	V	F	F	V
F	V	F	F	F	V	V	V
F	F	F	V	F	V	V	V

Pela Tabela 1.6, as operações P∧ ~ Q → C e P → Q são equivalentes, pois, nesse caso, ocorre uma tautologia. Portanto, em vez de demonstrarmos a operação P → Q, demonstramos a operação equivalente a ela: P∧ ~ Q → C.

Exemplo 1.8

Se $a > 0$, $b > 0$, $c > 0$ e $a < b$, então $\frac{a}{b} < \frac{a+c}{b+c}$.

De fato, consideramos $a, b, c \in \mathbb{R}$ (ver a definição do conjunto dos números reais $\mathbb{R}$ na Seção 1.3). Se supusermos que $a > 0$, $b > 0$, $c > 0$, $a < b$ e $\frac{a}{b} \geq \frac{a+c}{b+c}$, logo deduziremos que $a(b+c) \geq b(a+c)$. Assim, pela propriedade da distributividade, obtemos $ab + ac \geq ab + bc$. Adicionando a ambos os membros a expressão $-ab - bc$, obtemos $ac - bc \geq 0$, ou $c(a-b) \geq 0$; como $c > 0$, segue-se que $a - b \geq 0$. Finalmente, somando b em ambos os membros, chegamos a $a \geq b$, o que contradiz a hipótese de $a < b$. Portanto, a tese $\frac{a}{b} < \frac{a+c}{b+c}$ é válida.

Além desses métodos de demonstração, existe o método da indução matemática, que discutiremos na Seção 1.3.

1.2 Conjuntos e funções

Um **conjunto** é uma união, uma coleção ou um agrupamento de objetos aos quais denominamos *elementos*. Dizemos que um elemento *x pertence a um conjunto* se ele está nesse conjunto. Representamos um conjunto utilizando letras maiúsculas e explicitamos seus elementos utilizando chaves. Por exemplo, o conjunto das vogais:

$$V = \{a, e, i, o, u\}.$$

Podemos representar um conjunto, também, explicitando uma propriedade comum de seus elementos. Por exemplo:

$$V = \{x; x \text{ é uma vogal}\}.$$

Um conjunto que não possui elemento é denominado **conjunto vazio** e é representado por $\varnothing$ ou $\{\ \}$. Por exemplo, o conjunto $D = \{x; x\ \text{é vogal e consoante}\}$ é vazio, pois não existem letras que sejam ao mesmo tempo vogal e consoante.

Dizemos que um conjunto X é *subconjunto* de um conjunto Y se todo elemento x de X pertencer ao conjunto Y. Representamos esse fato por $X \subset Y$, que lemos *X é subconjunto de Y* ou *X está contido no conjunto Y*. Por exemplo, o conjunto $X = \{a, e, i\}$ é subconjunto do conjunto $Y = \{x; x\ \text{é uma vogal}\}$, pois todos os elementos de X pertencem ao conjunto Y. Observamos que basta um elemento de X não pertencer ao conjunto Y para X não ser subconjunto de Y.

Sejam A e B dois conjuntos; então definimos as seguintes operações entre eles:

i) **União de conjuntos**: a união dos conjuntos A e B, denotada por $A \cup B$, é o conjunto formado por todos os elementos de A ou de B, isto é,

$$A \cup B = \{x; x \in A\ \text{ou}\ x \in B\}.$$

ii) **Interseção de conjuntos**: a interseção dos conjuntos A e B, denotada por $A \cap B$, é o conjunto formado por todos os elementos que pertencem tanto a A quanto a B, isto é,

$$A \cap B = \{x; x \in A\ \text{e}\ x \in B\}.$$

iii) **Diferença entre conjuntos**: a diferença entre o conjunto A e o conjunto B, denotada por $A - B$, é o conjunto formado por todos os elementos que pertencem a A, mas que não pertencem a B, isto é,

$$A - B = \{x; x \in A\ \text{e}\ x \notin B\}.$$

De forma semelhante, definimos a diferença entre o conjunto B e o conjunto A, denotada por $B - A$, como:

$$B - A = \{x; x \in B\ \text{e}\ x \notin A\}.$$

Exemplo 1.9

Considerando os conjuntos $A = \{a, b, c, d\}$ e $B = \{c, d, e, f\}$, obtemos os conjuntos união, interseção e diferença entre eles da seguinte maneira:

$A \cup B = \{a, b, c, d, e, f\}$;

$A \cap B = \{c, d\}$;

$A - B = \{a, b\}$ e $B - A = \{e, f\}$.

> **Para saber mais**
> IEZZI, G.; MURAKAMI, C. **Fundamentos da matemática elementar**: conjuntos, funções. 3. ed. São Paulo: Atual, 1977. v. 1.
> Essa obra apresenta várias propriedades envolvendo os conceitos de união e de interseção de conjuntos.

Abordamos, agora, o conceito de produto cartesiano. Dados os conjuntos A e B não vazios, o **produto cartesiano de A por B**, denotado por A × B, é o conjunto formado por todos os pares ordenados (x, y) em que $x \in A$ e $y \in B$, isto é,

$$A \times B = \{(x, y); x \in A \text{ e } y \in B\}.$$

Já uma **relação R de A em B** é qualquer subconjunto R de A × B. Portanto, uma relação R de A em B é um conjunto de pares ordenados (x, y) em que $x \in A$ e $y \in B$. Para cada par $(x, y) \in R$, dizemos que x está relacionado com y e representamos por xRy. O **domínio** de uma relação R de A em B é um subconjunto de A, denotado por D(R), formado por todo elemento x do conjunto A com o qual existe relacionado um elemento y do conjunto B:

$$D(R) = \{x \in A; \exists y \in B; xRy\}.$$

O **contradomínio** de uma relação R de A em B, denotado por $CD(R)$, é o conjunto B, isto é, $CD(R) = B$. A **imagem** de uma relação R de A em B é um subconjunto de $CD(R)$, denotado por $Im(R)$, formado por todo elemento y do conjunto B com o qual existe relacionado um elemento x do conjunto A:

$$Im(R) = \{y \in B; \exists x \in A; xRy\}.$$

A **relação inversa** de uma relação R de A em B é a relação de B em A, denotada por R^{-1} e definida por:

$$R^{-1} = \{(y, x); y \in B, x \in A \text{ e } xRy\}.$$

Exemplo 1.10
Sejam os conjuntos $A = \{a, e\}$ e $B = \{b, c, d\}$. Então $A \times B = \{(a, b), (a, c), (a, d), (e, b), (e, c), (e, d)\}$ e qualquer subconjunto de $A \times B$ é uma relação.

Por exemplo: $R = \{(a, b), (e, c)\}$.
Nesse caso, $D(R) = \{a, e\}$, $CD(R) = \{b, c, d\}$, $Im(R) = \{b, c\}$ e $R^{-1} = \{(b, a), (c, e)\}$.

Uma relação em um conjunto A é uma relação de A em A. Uma relação R em um conjunto A é uma **relação de equivalência** se ela satisfaz as seguintes condições:

i) xRy, para todo x ∈ A, isto é, a relação é **reflexiva**;
ii) se xRy, então yRx para todo x, y ∈ A, isto é, a relação é **simétrica**;
iii) se xRy e yRz, então xRz para todo x, y, z ∈ A, isto é, a relação é **transitiva**.

Toda relação de equivalência R em um conjunto R induz uma **classe de equivalência** a cada elemento de A. A classe de equivalência do elemento a ∈ A, denotado por $\bar{a}$, é o conjunto formado por todos elementos x ∈ A que estão relacionados com *a*:

$$\bar{a} = \{x \in A; xRa\}.$$

Exemplo 1.11
Seja o conjunto A = {a, b, c}. Então:
- A relação R = {(a, a), (b, b), (c, c), (a, b), (b, a)} satisfaz as condições *i*, *ii* e *iii* e, logo, é uma relação de equivalência;
- As classes de equivalência são: $\bar{a} = \{a, b\}$, $\bar{b} = \{a, b\}$ e $\bar{c} = \{c\}$.

Uma relação R de A em B é denominada de **aplicação de A em B**, representada por R : A → B, se satisfaz as seguintes condições:

i) D(R) = A;
ii) Para cada x ∈ A, existe um único y ∈ B tal que xRy.

Nessas situações, denotamos *y* por f{x} e dizemos que *y é a imagem de x*.

Exemplo 1.12
Sejam os conjuntos A = {a, e, i} e B = {b, c, d} e as relações
$R_1 = \{(a, b), (e, b), (i, d)\}$, $R_2 = \{(a, b), (i, c)\}$ e $R_3 = \{(a, b), (a, c), (i, d)\}$. Então:

- R_1 é uma aplicação, pois satisfaz as condições *i* e *ii*;
- R_2 não é uma aplicação, pois não satisfaz a condição *i*;
- R_3 não é uma aplicação, pois não satisfaz a condição *ii*.

Quando o conjunto B for um conjunto numérico, a relação R de A em B será chamada de *função*. Na Seção 1.3, apresentaremos as definições dos conjuntos numéricos.

Se R for uma aplicação de A em B, então poderão ocorrer três casos:

1. R é uma aplicação **injetora** quando $x_1 \neq x_2$ implica que $f(x_1) \neq f(x_2)$ para todo $x_1, x_2 \in A$, ou, de maneira equivalente, se $f(x_1) = f(x_2)$ implica que $x_1 = x_2$;
2. R é uma aplicação **sobrejetora** quando $\text{Im}(R) = \text{CD}(R) = B$, isto é, para todo y ∈ B existe x ∈ A tal que xRy;
3. R é uma aplicação **bijetora** quando é injetora e sobrejetora.

Exemplo 1.13

a) Sejam os conjuntos $A = \{a, e, i\}$ e $B = \{b, c, d, f\}$ e a relação $R = \{(a, b), (e, c), (i, d)\}$.
Então, R é injetora, mas não sobrejetora, pois $a \neq e$ implica que $b \neq c$; $a \neq i$ implica que $b \neq d$; e $e \neq i$ implica que $e \neq d$, provando que R é injetora. Além disso, existe uma variável $f \in B$ e $f \notin \text{Im}(R)$, o que demonstra que R não é sobrejetora.

b) Sejam os conjuntos $A = \{a, e, i\}$ e $B = \{b, c\}$ e a relação $R = \{(a, b), (e, b), (i, c)\}$.
Então R é sobrejetora, mas não injetora, pois, para os elementos $b, c \in B$, existem os elementos $a, i \in A$ tais que aRb e iRc, isto é, $b, c \in \text{Im}(R)$, provando que R é sobrejetora. A relação R não é injetora pois $a \neq e$ implica $b = b$.

c) Sejam os conjuntos $A = \{a, e, i\}$ e $B = \{b, c, d\}$ e a relação $R = \{(a, b), (e, c), (i, d)\}$.
Então R é injetora e sobrejetora, ou seja, bijetora, pois $a \neq e$ implica que $b \neq c$; $a \neq i$ implica que $b \neq d$; e $e \neq i$ implica que $c \neq d$ provando que R é injetora. Além disso, para os elementos $b, c, d \in B$, existem, relacionados a eles, respectivamente, os elementos $a, e, i \in A$, de modo que aRb, eRc e iRd, isto é, $b, c, d \in \text{Im}(R)$, provando que R também é sobrejetora.

Teorema 1.1

Se as relações $f: X \to Y$ e $g: Y \to Z$, com $f(x) \subset Y$, são aplicações bijetoras, então a aplicação composta $h: X \to Z$, definida por $h(x) = g(f(x))$ e denotada por $h = g \circ f$, é bijetora.
Se a aplicação $f: X \to Y$ é bijetora, então a aplicação $f^{-1}: Y \to X$ é bijetora.

Para verificar a demonstração deste teorema, favor consultar Domingues e Iezzi (1982, p. 41-43).

1.3 Conjuntos numéricos

Dando sequência ao nosso estudo, tratamos, agora, dos conjuntos dos números naturais, dos números inteiros, dos números racionais e dos números reais.

1.3.1 Conjunto dos números naturais

O **conjunto dos números naturais**, representado por $\mathbb{N}$, é caracterizado pelos seguintes postulados, formulados pelo matemático italiano Giuseppe Peano (1858-1932) e, por isso, também chamados de *axiomas de Peano* (Lima, 2004):

P1) Existe uma função injetora s: $\mathbb{N} \to \mathbb{N}$ da qual a imagem s(n) do número natural *n* é denominada de *sucessor de n*. A função *s* estabelece que todo número natural tem um sucessor natural, e a injetividade diz que dois números naturais diferentes têm sucessores naturais diferentes.

P2) Existe um único número natural, denominado por 1, tal que $1 \neq s(n)$ para todo número natural n. Isto é, o número 1 é o único número natural que não é sucessor de nenhum número natural.

P3) Se um subconjunto X dos números naturais $\mathbb{N}$ satisfaz as condições de que $1 \in X$ e $s(X) \subset X$, então $X = \mathbb{N}$. Isto é, todo subconjunto X dos números naturais $\mathbb{N}$ que contém o número 1 e contém sua imagem s(X) é o próprio conjunto dos números naturais $\mathbb{N}$.

Observamos que, pelos axiomas de Peano, podemos encontrar qualquer número natural, a partir do 1, por uma composição da função s. De fato, encontramos o número 2 utilizando a função s(1); o número 3, utilizando a função s(s(1)), e assim por diante. Portanto, os números naturais, famosos historicamente por serem números contáveis, são, em análise, imagens de composições da função s. Assim,

$$\mathbb{N} = \left\{1, s(1), s(s(1)), s(s(s(1))), s(s(s(s(1)))), \ldots\right\}.$$

Dessa forma, definimos:

$$2 = s(1),$$
$$3 = s(2) = s(s(1)),$$
$$4 = s(3) = s(s(s(1))),$$
$$5 = s(4) = s(s(s(s(1)))),$$

e assim sucessivamente.

Outro ponto que decorre do terceiro axioma de Peano (P3) é o chamado **princípio de indução**: se 1 satisfaz uma propriedade P, e considerando o fato de um número $h \in \mathbb{N}$ também satisfazer a propriedade P, podemos demonstrar que $h + 1$ igualmente satisfaz a propriedade P, assim como todos os números naturais satisfazem a propriedade P.

A soma **n + m**, com $n, m \in \mathbb{N}$, é definida recursivamente. Assim, para $h = 1$, obtemos a seguinte soma: $n + 1 = s(n)$; e, recursivamente, definimos, para $h \in \mathbb{N}$,

$$n + (h + 1) = (n + h) + 1 = s(n + h).$$

Dessa forma, fixado que $n \in \mathbb{N}$, obtemos, pela definição dos números naturais:

$$n + 1 = s(n),$$
$$n + 2 = n + (1 + 1) = (n + 1) + 1 = s(n + 1) = s(s(n)),$$
$$n + 3 = n + (2 + 1) = (n + 2) + 1 = s(n + 2) = s(s(s(n))),$$

e assim sucessivamente, até encontrarmos a soma $n + m$. Como o resultado dessa soma é sucessor de algum número, então $(n + m) \in \mathbb{N}$.

Exemplo 1.14 – Princípio de indução

Se $n_1, \ldots, n_m \in \mathbb{N}$, então $n_1 + \ldots + n_m$ é natural.

Se $n_1, n_2 \in \mathbb{N}$, então o resultado da soma $n_1 + n_2$ é o sucessor de algum número natural e, logo, $(n_1 + n_2) \in \mathbb{N}$. Suponhamos que, para $m = h \in \mathbb{N}$, tenhamos a soma $(n_1 + \ldots + n_h) \in \mathbb{N}$, em que $n_1, \ldots, n_h \in \mathbb{N}$, e que $(n_1 + \ldots + n_h + n_{h+1}) \in \mathbb{N}$, para $n_{h+1} \in \mathbb{N}$. Como $n_{h+1} \in \mathbb{N}$, pelo princípio de indução deduzimos que $(n_1 + \ldots + n_h) \in \mathbb{N}$. Assim, obtemos $((n_1 + \ldots + n_h) + n_{h+1}) \in \mathbb{N}$.

Portanto, $(n_1 + \ldots + n_m) \in \mathbb{N}$ para todo $m \in \mathbb{N}$.

A **multiplicação** $n \cdot m$, com $n, m \in \mathbb{N}$, também é definida recursivamente. Para $h = 1$, definimos $n \cdot 1 = n$ e, recursivamente, obtemos, para $h \in \mathbb{N}$, $n \cdot (h+1) = n \cdot h + n$. Dessa forma, fixado que $n \in \mathbb{N}$, vemos, pela definição dos números naturais, que

$$n \cdot 1 = n,$$
$$n \cdot 2 = n \cdot (1+1) = n \cdot 1 + n = n + n,$$
$$n \cdot 3 = n \cdot (2+1) = n \cdot 2 + n = n + n + n,$$

e assim sucessivamente, até encontrarmos o resultado da multiplicação $n \cdot m$. Como $n \cdot m$ é uma soma de números naturais, então, de acordo com o Exemplo 1.14, vemos que $n \cdot m \in \mathbb{N}$.

Teorema 1.2

Sejam $n, m, p \in \mathbb{N}$; então, são satisfeitas as seguintes propriedades:
a) Associativa da adição: $(n+m)+p = n+(m+p)$;
b) Comutativa da adição: $n + m = m + n$;
c) Associativa da multiplicação: $(n \cdot m) \cdot p = n \cdot (m \cdot p)$;
d) Comutativa da multiplicação: $n \cdot m = m \cdot n$;
e) Distributiva da multiplicação em relação à adição: $n \cdot (m + p) = n \cdot m + n \cdot p$;
f) Distributiva da adição em relação à multiplicação: $(n+m) \cdot p = n \cdot p + m \cdot p$;
g) Lei do corte para a adição: se $m + n = m + p$, então $n = p$;
h) Lei do corte para a multiplicação: se $m \cdot n = m \cdot p$, então $n = p$.

As demonstrações dessas propriedades decorrem de aplicações do princípio da indução. Por ora, provaremos apenas a propriedade da letra "a" (associativa da adição).

Se $p = 1$, então, pela definição da propriedade, $(n+m)+1 = n+(m+1)$, ou seja, a propriedade "a" é válida para $p = 1$.

Suponhamos, agora, que $(n+m)+h = n+(m+h)$ para um número natural $p = h$. Assim,

$$(n+m)+(h+1) = n+(m+(h+1)).$$

Pela propriedade, vemos que

$$(n+m)+(h+1) = ((n+m)+h)+1. \tag{Equação 1.1}$$

Pela hipótese indutiva, obtemos

$$((n+m)+h)+1 = (n+(m+h))+1. \quad \text{(Equação 1.2)}$$

Mas, utilizando as recorrências das somas de n com $(m+h)$ e de m e h, respectivamente, chegamos a

$$(n+(m+h))+1 = n+((m+h)+1) \quad \text{(Equação 1.3)}$$

$$\text{e } n+((m+h)+1) = n+(m+(h+1)). \quad \text{(Equação 1.4)}$$

Logo, comparando as Equações 1.1, 1.2, 1.3 e 1.4, obtemos

$$(n+m)+(h+1) = n+(m+(h+1)).$$

Portanto, por indução, a propriedade "a" é válida.

Para saber mais

IMPA – Instituto Nacional de Matemática Pura e Aplicada. **Análise na reta**: aula 1. Professor Elon Lages Lima. 3 fev. 2015a. Disponível em: <https://www.youtube.com/watch?v=nx1oLfyHC90&list=PLDf7S31yZaYxQdfUX8GpzOdeUe2KS93wg>. Acesso em: 24 jan. 2017.

A aula sobre a reta apresenta muitas informações interessantes sobre os números naturais.

É importante, neste ponto, abordarmos alguns conceitos algébricos.

Sejam X um conjunto não vazio e $* : X \to X \times X$ uma operação (aplicação em X). Dizemos que X é um **grupo em relação à operação** $*$ se satisfaz os seguintes axiomas:

i) $x * (y * z) = x * y) * z$, para todo $x, y \in X$ (associativa);
ii) existe um elemento neutro e em X tal que $x * e = x = e * x$ para todo $x \in X$ (elemento neutro);
iii) todo elemento $x \in X$ possui um elemento simétrico $x' \in X$ que satisfaz $x * x' = e = x' * x$ (elemento simétrico).

Representamos um grupo X em relação à operação $*$ por (X, $*$). Se, além dos axiomas, o grupo (X, $*$) satisfaz a propriedade da comutatividade, isto é, $x * y = y * x$ para todo x, y em X, dizemos que (X, $*$) é um *grupo comutativo*.

Notamos que $(\mathbb{N}, +)$ não possui elemento neutro nem elemento simétrico. O conjunto dos números naturais pode ser ampliado para incluir os elementos neutros e simétricos. Fazemos isto definindo o conjunto dos números inteiros.

1.3.2 Conjunto dos números inteiros

Dados os números naturais *m* e *n*, dizemos que *n é menor do que m* (n < m) quando existe um número natural P que satisfaz a igualdade m = n + p. Nessa situação, podemos dizer também que *m é maior do que n* (m > n).

Definimos o número 0, denominado *zero*, como o número que satisfaz a igualdade x + 0 = x, ou, pela propriedade comutativa da adição, x = x + 0 = 0 + x, para todo número x ∈ $\mathbb{N}$.

Dados m, n ∈ $\mathbb{N} \cup \{0\}$, dizemos *n é menor do que ou igual a m* (n ≤ m) quando existe um número natural P ou P = 0 que satisfaz a igualdade m = n + p. Nessa situação, dizemos ainda que *m é maior do que ou igual a n* (m ≥ n).

Sejam m, n, p, q ∈ $\mathbb{N} \cup \{0\}$, com n ≤ m e p ≤ q; definimos a relação de diferença (–) entre números naturais $(\mathbb{N} \cup \{0\}) \times (\mathbb{N} \cup \{0\}) \to (\mathbb{N} \cup \{0\})$ da seguinte maneira:

$$m - n = p - q \Leftrightarrow m + q = n + p.$$ **(Equação 1.5)**

Exemplo 1.15

Considerando os números naturais 1, 4, 5 e 8, observamos que 4 – 1 = 8 – 5, pois 4 + 5 = 1 + 8.

A diferença entre números naturais definida pela Equação 1.5 é uma relação de equivalência. Nesse caso, como visto no Exemplo 1.10, ela pode assumir as seguintes características:

i) Sejam m, n, p, q, r, s ∈ $\mathbb{N} \cup \{0\}$; como m + n = n + m, então m – n = m – n, e a relação é reflexiva.
ii) Se m – n = p – q, então m + q = n + p, ou, de forma equivalente, n + p = m + q, sendo p – q = m – n, e a relação é simétrica.
iii) Se m – n = p – q e p – q = r – s, então m + q = n + p e p + s = q + r. Adicionando *s* e *n* aos membros de ambas as igualdades, respectivamente, obtemos $(m+q)+s = (n+p)+s$ e $(p+s)+n = (q+r)+n$, o que implica, pela propriedade da associativa da adição dos números naturais, que $(m+q)+s = (q+r)+n$. Utilizando a comutatividade, a associatividade e a lei do corte da adição de números naturais, segue-se que m + s = r + n e m – n = s – r e, portanto, a relação é transitiva.

Assim, a relação de equivalência entre números naturais expressa na Equação 1.5 induz a cada par $(m,n) \in (\mathbb{N} \cup \{0\}) \times (\mathbb{N} \cup \{0\})$ uma classe de equivalência dada por:

$$\overline{(m,n)} = \{(x,y) \in (\mathbb{N} \cup \{0\}) \times (\mathbb{N} \cup \{0\}); m - n = x - y\}.$$

Dessa maneira, definimos o **conjunto dos números inteiros**, representado por $\mathbb{Z}$, como sendo o conjunto das classes de equivalência da relação demonstrada na Equação 1.5, isto é,

$$\mathbb{Z} = \{\overline{(m,n)}; (m,n) \in (\mathbb{N} \cup \{0\}) \times (\mathbb{N} \cup \{0\})\}.$$

Decorre da definição de classes equivalentes que

$$\overline{(m,n)} = \overline{(p,q)} \Leftrightarrow m - n = p - q \Leftrightarrow m + q = n + r.$$

Assim, segue-se que

$$0 = \overline{(0,0)} = \{(0,0),(1,1),(2,2),(3,3),\ldots\},$$
$$1 = \overline{(1,0)} = \{(1,0),(2,1),(3,2),(3,3),\ldots\},$$
$$-1 = \overline{(0,1)} = \{(0,1),(1,2),(2,3),(3,4),\ldots\},$$

e assim sucessivamente.

Portanto, podemos demonstrar que o conjunto dos números naturais está contido no conjunto dos números inteiros ($\mathbb{N} \subset \mathbb{Z}$) e representamos este último por:

$$\mathbb{Z} = \{\ldots,-3,-2,-1,0,1,2,3,\ldots\}.$$

Então, dados os números inteiros $a = \overline{(m,n)}$ e $b = \overline{(p,q)}$, definimos as operações de adição e de multiplicação de números inteiros – indicadas, respectivamente, por $a + b$ e $a \cdot b$ – como:

$$a + b = \overline{(m+p, n+q)} \text{ e } a \cdot b = \overline{(mp + nq, mq + np)}.$$

Exemplo 1.16

Como os números 3 e 5 podem ser representados por $3 = \overline{(7,4)}$ e $5 = \overline{(6,1)}$, então:

$$3 + 5 = \overline{(7,4)} + \overline{(6,1)} = \overline{(7+6, 4+1)} = \overline{(13,5)} = 8;$$

$$3 \cdot 5 = \overline{(7,4)} \cdot \overline{(6,1)} = \overline{(7 \cdot 6 + 4 \cdot 1, 7 \cdot 1 + 4 \cdot 6)} = \overline{(42+4, 7+24)} = \overline{(46,31)} = 15.$$

Teorema 1.3

Se $a, b, c \in \mathbb{Z}$, então valem as seguintes propriedades:

a) Associativa da adição: $(a+b)+c = a+(b+c)$;
b) Comutativa da adição: $a+b = b+a$;
c) Elemento neutro da adição: existe $0 = \overline{(0,0)}$, tal que $a + 0 = a = 0 + a$ para todo $a \in \mathbb{Z}$;
d) Elemento simétrico da adição: existem $a = \overline{(m,n)}$ e $-a = \overline{(n,m)}$ tais que $a + (-a) = 0 = (-a) + a$;
e) Associativa da multiplicação: $(a \cdot b) \cdot c = a \cdot (b \cdot c)$;
f) Comutativa da multiplicação: $a \cdot b = b \cdot a$;
g) Elemento neutro da multiplicação: existe $1 = \overline{(1,0)}$, tal que $a \cdot 1 = a = 1 \cdot a$ para todo $a \in \mathbb{Z}$;
h) Distributiva da multiplicação em relação à adição: $a(b+c) = a \cdot b + a \cdot c$;
i) Distributiva da adição em relação à multiplicação: $(a+b)c = a \cdot c + b \cdot c$;
j) Lei do corte para a adição: se $a + b = a + c$, então $b = c$;
k) Lei do corte para a multiplicação: se $a \cdot b = a \cdot c$, então $b = c$.

As demonstrações dessas propriedades decorrem diretamente das operações que envolvem números inteiros. Como exemplo, semelhantemente ao que fizemos no Teorema 1.2, demonstraremos apenas a propriedade da letra "a", chamada *associativa da adição*.

Consideramos as variáveis (a + b) + c = a + (b + c), sendo $a = \overline{(m,n)}$, $b = \overline{(p,q)}$ e $c = \overline{(r,s)}$, com $m, n, p, q, r, s \in \mathbb{N}$.

Substituindo as variáveis por seus respectivos pares, temos:
$(m+p)+r = m+(p+r)$ e $(n+q)+s = n+(q+s)$.

Então, pela definição da adição de números inteiros, obtemos

$$(a+b)+c = \left(\overline{(m,n)}+\overline{(p,q)}\right)+\overline{(r,s)} = \overline{(m+p, n+q)}+\overline{(r,s)} = \overline{((m+p)+r, (n+q)+s)} =$$
$$= \overline{(m+(p+r), n+(q+s))} = \overline{(m,n)}+\overline{(p+r, q+s)} = \overline{(m,n)}+\left(\overline{(p,q)}+\overline{(r,s)}\right) = a+(b+c);$$

Portanto, a associatividade da adição para números inteiros é válida.

Pelas propriedades do Teorema 1.3, percebemos que $(\mathbb{Z}, +)$ é um grupo comutativo. Para entendermos melhor esse assunto, devemos abordar mais alguns conceitos algébricos.

Sejam X um conjunto não vazio e $* : X \times X \to X$ e $\Delta : X \times X \to X$ duas operações. Para que uma terna ordenada $(X, *, \Delta)$ seja um **anel** em relação às operações $*$ e Δ, devem ser satisfeitas as seguintes condições:

i) X é um grupo comutativo em relação à operação $*$;
ii) $x\Delta(y\Delta z) = (x\Delta y)\Delta z$, para todo $x, y, z \in X$, isto é, a segunda operação é associativa;
iii) $x\Delta(y * z) = (x\Delta y) * (x\Delta z)$ para todo $x, y, z \in X$, isto é, a segunda operação é distributiva em relação à primeira.

Um anel $(X, *, \Delta)$ é **comutativo** quando $x\Delta y = y\Delta x$ para todo $x, y \in X$, isto é, a segunda operação (Δ) é comutativa. Além disso, se existe um elemento neutro e' para a segunda operação (Δ), isto é, $x\Delta e' = x = e'\Delta x$, para todo $x \in X$, então o anel $(X, *, \Delta)$ é **unitário**.

Um anel $(X, *, \Delta)$ comutativo e unitário é um **corpo** se todo elemento não neutro da primeira operação de X possui um elemento inverso, isto é, se $x \neq e\cdot$, então existe $x^{-1} \in X$ tal que $x\Delta x^{-1} = e' = x^{-1}\Delta x$, para todo $x \in X$, em que e é o elemento neutro da operação $*$ e e' é o elemento neutro da operação Δ.

Pelas propriedades do Teorema 1.3, $(\mathbb{Z}, +, \cdot)$ é um anel comutativo e unitário. Porém $(\mathbb{Z}, +, \cdot)$ não é um corpo, uma vez que $x = 2 \in \mathbb{Z}$ não possui elemento inverso em $\mathbb{Z}$. A fim de encontramos um elemento inverso multiplicativo para cada elemento $x \in \mathbb{Z}$, sendo $x \neq e$, devemos definir o conjunto dos números racionais.

1.3.3 Conjunto dos números racionais

Utilizamos os números inteiros para construir a definição do conjunto dos números racionais. Para isso, tomamos como base o **conjunto dos números inteiros não nulos**, denotado por $\mathbb{Z}^*$, como sendo o conjunto $\mathbb{Z} - \{0\}$, isto é,

$$\mathbb{Z}^* = \left\{ \overline{(m,n)}; (m,n) \in \mathbb{N} \times \mathbb{N} \text{ e } m \neq n \right\}.$$

Assim, sejam os números (m,n) e $(p,q) \in \mathbb{Z} \times \mathbb{Z}^*$; então, achamos a relação de divisão ($\div$) entre números inteiros, $(\mathbb{Z} \times \mathbb{Z}^*) \times (\mathbb{Z} \times \mathbb{Z}^*) \rightarrow (\mathbb{Z} \times \mathbb{Z}^*)$, da seguinte maneira:

$$\frac{m}{n} = \frac{p}{q} \Leftrightarrow m \cdot q = n \cdot p \qquad \text{(Equação 1.6)}$$

Exemplo 1.17
Sejam os números inteiros 1, 2, 4 e 8; então, $\frac{4}{1} = \frac{8}{2}$, pois $4 \cdot 2 = 1 \cdot 8$.

A divisão entre números inteiros expressa na Equação 1.6 é uma relação de equivalência e pode apresentar, assim como nos Exemplos 1.10 e 1.15, as três características seguintes:

1. Sejam os pares ordenados $(m,n), (p,q)$ e $(r,s) \in \mathbb{Z} \times \mathbb{Z}^*$; como $m \cdot n = n \cdot m$, então $\frac{m}{n} = \frac{m}{n}$, e a relação é reflexiva.

2. Se $\frac{m}{n} = \frac{p}{q}$, então $m \cdot q = n \cdot p$, ou, de forma equivalente, $n \cdot p = m \cdot q$, igualdade pela qual chegamos a $\frac{p}{q} = \frac{m}{n}$, e a relação é simétrica.

3. Se $\frac{m}{n} = \frac{p}{q}$ e $\frac{p}{q} = \frac{r}{s}$, então $m \cdot q = n \cdot p$ e $p \cdot s = q \cdot r$. Multiplicando os termos de ambas as igualdade por s e n, respectivamente, obtemos $(m \cdot q) \cdot s = (n \cdot p) \cdot s$ e $(p \cdot s) \cdot n = (q \cdot r) \cdot n$, o que implica, pelas propriedades da comutatividade e da associatividade da multiplicação de números inteiros, que $(m \cdot q) \cdot s = (q \cdot r) \cdot n$, ou, ainda, usando a propriedade da associatividade, da comutatividade e da lei do corte da multiplicação de números inteiros, $m \cdot s = r \cdot n$, ou seja, $\frac{m}{n} = \frac{s}{r}$. Portanto, nesse caso, a relação é transitiva.

Assim, a relação de equivalência entre números naturais expressa pela Equação 1.6 induz a cada par $(a,b) \in \mathbb{Z} \times \mathbb{Z}^*$ uma classe de equivalência definida por:

$$\frac{a}{b} = \overline{(a,b)} = \left\{ (x,y) \in \mathbb{Z} \times \mathbb{Z}^*; \frac{a}{b} = \frac{x}{y} \right\}.$$

Por isso, definimos o **conjunto dos números racionais**, denotado por $\mathbb{Q}$, como o conjunto das classes de equivalência da relação de divisão entre os conjuntos $\mathbb{Z} \times \mathbb{Z}^*$, isto é,

$$\mathbb{Q} = \left\{ \overline{(a,b)}; (a,b) \in \mathbb{Z} \times \mathbb{Z}^* \right\}.$$

Decorre da definição de classes equivalentes que

$$\overline{(a,b)} = \overline{(c,d)} \Leftrightarrow \frac{a}{b} = \frac{c}{d} \Leftrightarrow a \cdot d = b \cdot c.$$

Segue-se que o conjunto dos números racionais é precisamente o conjunto das frações irredutíveis, isto é,

$$\mathbb{Q} = \left\{ \frac{a}{b}; a \in \mathbb{Z}, b \in \mathbb{Z}^* \text{ e } mdc(a,b) = 1 \right\},\text{[1]}$$

e $\mathbb{Z} \subset \mathbb{Q}$, pois, para qualquer número inteiro a, ocorre

$$a = \frac{a}{1} = \overline{(a,1)} = \{(a,1),(2a,2),(3a,3),\ldots\}.$$

Dados os números racionais $\frac{a}{b} = \overline{(a,b)} \in \mathbb{Z} \times \mathbb{Z}^*$ e $\frac{c}{d} = \overline{(c,d)} \in \mathbb{Z} \times \mathbb{Z}^*$, definimos as operações de adição e de multiplicação de números racionais, indicadas respectivamente por $\frac{a}{b} + \frac{c}{d}$ e $\frac{a}{b} \cdot \frac{c}{d}$, como:

$$\frac{a}{b} + \frac{c}{d} = \frac{a \cdot d + b \cdot c}{b \cdot d} \quad \text{e} \quad \frac{a}{b} \cdot \frac{c}{d} = \frac{a \cdot c}{b \cdot d}.$$

Exemplo 1.18

Operações de adição e de multiplicação de números racionais:

$$\frac{3}{2} + \frac{5}{4} = \frac{3 \cdot 4 + 2 \cdot 5}{2 \cdot 4} = \frac{12 + 10}{8} = \frac{22}{8} = \overline{(11,4)} = \frac{11}{4};$$

$$\frac{3}{2} \cdot \frac{5}{4} = \frac{3 \cdot 5}{2 \cdot 4} = \frac{15}{8}.$$

Teorema 1.4

Se $a, c, e \in \mathbb{Z}$ e $b, d, f \in \mathbb{Z}^*$, então são válidas as seguintes propriedades:

a) Associativa da adição: $\left(\frac{a}{b} + \frac{c}{d} \right) + \frac{e}{f} = \frac{a}{b} + \left(\frac{c}{d} + \frac{e}{f} \right)$;

b) Comutativa da adição: $\frac{a}{b} + \frac{c}{d} = \frac{c}{d} + \frac{a}{b}$;

c) Elemento neutro da adição: existe $0 = \overline{(0,1)}$ tal que $\frac{a}{b} + 0 = \frac{a}{b} = 0 + \frac{a}{b}$ para todo $\frac{a}{b} \in \mathbb{Q}$;

d) Elemento simétrico da adição: dado $\frac{a}{b} \in \mathbb{Q}$, existe $-\frac{a}{b} \in \mathbb{Q}$ tal que
$$\frac{a}{b} + \left(-\frac{a}{b} \right) = 0 = \left(-\frac{a}{b} \right) + \frac{a}{b};$$

---

[1] A sigla *mdc* significa "máximo divisor comum".

e) Associativa da multiplicação: $\left(\dfrac{a}{b} \cdot \dfrac{c}{d}\right) \cdot \dfrac{e}{f} = \dfrac{a}{b} \cdot \left(\dfrac{c}{d} \cdot \dfrac{e}{f}\right)$;

f) Comutativa da multiplicação: $\dfrac{a}{b} \cdot \dfrac{c}{d} = \dfrac{c}{d} \cdot \dfrac{b}{a}$;

g) Elemento neutro da multiplicação: existe $1 = \overline{(1,0)}$ tal que $\dfrac{a}{b} \cdot 1 = \dfrac{a}{b} = 1 \cdot \dfrac{a}{b}$ para todo $a \in \mathbb{Z}$;

h) Elemento inverso da multiplicação: dado $\dfrac{a}{b} \neq 0$, existe $\dfrac{b}{a} \in \mathbb{Q}$ tal que $\dfrac{a}{b} \cdot \left(\dfrac{b}{a}\right) = 1 = \left(\dfrac{b}{a}\right) \cdot \dfrac{a}{b}$;

i) Distributiva da multiplicação em relação à adição: $\dfrac{a}{b} \cdot \left(\dfrac{c}{d} + \dfrac{e}{f}\right) = \dfrac{a}{b} \cdot \dfrac{c}{d} + \dfrac{a}{b} \cdot \dfrac{e}{f}$;

j) Distributiva da adição em relação à multiplicação: $\left(\dfrac{a}{b} + \dfrac{c}{d}\right) \cdot \dfrac{e}{f} = \dfrac{a}{b} \cdot \dfrac{e}{f} + \dfrac{c}{d} \cdot \dfrac{e}{f}$;

k) Lei do corte para a adição: se $\dfrac{a}{b} + \dfrac{c}{d} = \dfrac{a}{b} + \dfrac{e}{f}$, então $\dfrac{c}{d} = \dfrac{e}{f}$;

l) Lei do corte para a multiplicação: se $\dfrac{a}{b} \cdot \dfrac{c}{d} = \dfrac{a}{b} \cdot \dfrac{e}{f}$, então $\dfrac{c}{d} = \dfrac{e}{f}$.

As demonstrações dessas propriedades decorrem da definição dos números racionais e das propriedades envolvendo números inteiros apresentadas no Teorema 1.3.

Todo número racional pode ser escrito na forma $\dfrac{a}{b}$, com $b > 0$, pois basta trocar o sinal de a se b for negativo. Assim, dados os números racionais $\dfrac{a}{b}$ e $\dfrac{c}{d}$, com $b > 0$ e $d > 0$, dizemos que $\dfrac{a}{b}$ é *menor do que* $\dfrac{c}{d}$ $\left(\dfrac{a}{b} < \dfrac{c}{d}\right)$ quando $ad < bc$. Nesse caso, também podemos dizer que $\dfrac{c}{d}$ é *maior do que* $\dfrac{a}{b}$ $\left(\dfrac{c}{d} > \dfrac{a}{b}\right)$.

Novamente, para seguirmos com nosso estudo, precisamos trabalhar alguns conceitos algébricos.

Para que um subconjunto $P \subset \mathbb{K}$ de um corpo $(\mathbb{K}, *, \Delta)$ seja um **conjunto positivo**, ele deve satisfazer as seguintes condições:

i) se $x, y \in P$, então $x \Delta y \in P$, isto é, o resultado da operação de dois números positivos também é um número positivo;

ii) se $x \in X$, então $x = e$, $x \in P$ ou $x' \in P$, isto é, qualquer elemento de $\mathbb{K}$ ou é neutro, ou é positivo, ou o seu simétrico é positivo.

Se existe um conjunto P nessas condições, então o corpo $(X, *, \Delta)$ é **ordenado**.

Por exemplo, o conjunto dos números racionais positivos $(\mathbb{Q}_+)$ é definido por $\mathbb{Q}_+ = \{x \in \mathbb{Q}; x > 0\}$.

Se $\frac{a}{b}, \frac{c}{d} \in \mathbb{Q}_+$, então $\frac{a}{b} > \frac{0}{1}$ e $\frac{c}{d} > \frac{0}{1}$, o que implica que $a > 0$ e $c > 0$ e, por conseguinte, $ac > 0$; logo, $1 \cdot ac > 0 \cdot bd$, ou $\frac{a}{b} \cdot \frac{c}{d} = \frac{ac}{bd} > \frac{0}{1}$ e $\frac{a}{b} \cdot \frac{c}{d} \in \mathbb{Q}_+$. Portanto, $P = \mathbb{Q}_+$ satisfaz a condição *i*.

Para a condição *ii*, se $\frac{a}{b} < 0$, com $b > 0$, então $-\frac{a}{b} > 0$. De fato, $\frac{a}{b} < 0$ implica que $\frac{a}{b} - \frac{a}{b} < \frac{0}{1} - \frac{a}{b}$, ou seja $0 < -\frac{a}{b}$.

Portanto, satisfeitas as duas condições, podemos afirmar que $\mathbb{Q}$ é um *corpo ordenado*.

Vamos considerar agora que $\mathbb{K}$ é um corpo ordenado. Nesse caso, um conjunto $X \subset \mathbb{K}$ pode ser:

i) **Limitado inferiormente** – quando existir $r > 0$, sendo $r \in \mathbb{K}$ tal que $x \geq r$ para todo $x \in X$;
ii) **Ilimitado inferiormente** – quando não for limitado inferiormente, ou seja, para todo $r \in \mathbb{K}$ existir $x \in X$ tal que $x \leq r$;
iii) **Limitado superiormente** – quando existir $R \in \mathbb{K}$ tal que $x \leq R$ para todo $x \in X$;
iv) **Ilimitado superiormente** – quando não for limitado superiormente, ou seja, para todo $R \in \mathbb{K}$ existir um elemento $x \in X$ tal que $x \geq R$;
v) **Limitado** – quando for limitado inferiormente e superiormente;
vi) **Ilimitado** – quando não for limitado.

Notamos que $M \in X$ é o **máximo** de X, representado por $\max X$, quando $x \leq M$ para todo $x \in X$. Por sua vez, $m \in X$ é o **mínimo** de X, representado por $\min X$, quando $x \geq m$ para todo $x \in X$.

Se X for um conjunto limitado superiormente, definimos o **supremo** de X, representado por $\sup X$, ao valor S, que é a menor das cotas superiores, isto é, satisfaz as seguintes condições:

i) $x \leq S$ para todo $x \in X$;
ii) para todo $\varepsilon > 0$, existe um elemento $x \in X$ tal que $S - \varepsilon < x$.

Quando o supremo S pertencer ao conjunto X, deduzimos que S é o máximo de X, isto é, $S = \max X$.

Da mesma forma, definimos o ínfimo de X, representado por $\inf X$, quando X é limitado inferiormente ao valor s, que é a maior das cotas inferiores, isto é, se satisfaz as seguintes condições:

i) $x \geq s$ para todo $x \in X$;
ii) para todo $\varepsilon > 0$, existe um elemento $x \in X$ tal que $x < s + \varepsilon$.

Quando o ínfimo s pertencer ao conjunto X, então s é o mínimo de X, isto é, $s = \min X$.

Por fim, um corpo $\mathbb{K}$ é denominado **completo** quando todo subconjunto X de $\mathbb{K}$, não vazio e limitado superiormente, possui supremo.

A seguir, demonstramos que o corpo dos números racionais $\mathbb{Q}$ não é completo.

Exemplo 1.19

O subconjunto $X = \{x \in \mathbb{Q}; x \geq 0 \text{ e } x^2 < 2\}$ não possui supremo em $\mathbb{Q}$.

Em primeiro lugar, devemos provar que X não tem máximo. Dado $x \in X$, escolhemos um número racional $r < 1$ tal que $0 < r < \dfrac{2-x^2}{2x+1}$. Observamos que existe pelo menos um número racional nessas situações, por exemplo, $r = \dfrac{1}{2} \cdot \left(\dfrac{2-x^2}{2x+1}\right)$, ou $r = \dfrac{1}{2}$, e consideramos que $x + r \in X$. Por um lado, como $r < 1$, logo $r^2 < r$. Por outro lado, para $0 < r < \dfrac{2-x^2}{2x+1}$, vemos que $r(2x+1) < 2 - x^2$, o que implica dizer que $(x+r)^2 = x^2 + 2rx + r^2 < x^2 + 2rx + r = x^2 + r(2x+1) < x^2 + 2 - x^2 = 2$, sendo que $(x+r) \in X$. Portanto, dado qualquer $x \in X$, existe um número maior $(x+r) \in X$. Como x é um ponto arbitrário, X não tem máximo.

Agora, consideramos o conjunto auxiliar $Y = \{y \in \mathbb{Q}; y > 0 \text{ e } y^2 > 2\}$ e assumimos que Y não tem mínimo. Com efeito, para qualquer $y \in Y$, ocorre $y > 0$ e $y^2 > 2$. Logo, podemos encontrar um número racional r tal que $0 < r < \dfrac{y^2 - 2}{2y}$. Esse valor de r existe, pois podemos considerar, por exemplo, $r = \dfrac{1}{2} \cdot \left(\dfrac{y^2-2}{2y}\right)$. Então, $2yr < y^2 - 2$.

Usando o fato de que $r^2 > 0$, chegamos a $(y-r)^2 = y^2 - 2ry + r^2 > y^2 - 2ry > 2$. Notamos, também, que $r < \dfrac{y^2-2}{2y} = \dfrac{y}{2} - \dfrac{1}{y} < \dfrac{y}{2} < y$, ou seja, $y - r > 0$. Logo, $y - r$ é positivo. Portanto, dado $y \in Y$, existem $y - r \in Y$ e $y - r < y$. Como y é um ponto arbitrário, Y não tem mínimo. Assumimos, agora, que, se $x \in X$ e $y \in Y$, então $x < y$. Pelas definições de X e Y, vemos que $x^2 < 2 < y^2$, ou seja, $x^2 < y^2$. Como $x > 0$ e $y > 0$, então $x < y$.

Por fim, provamos, pelo método da contradição ou do absurdo, que X não tem supremo. Para isso, suponhamos que $a = \sup X$. Então, pela definição de X, notamos que $a > 0$. Além do mais, não pode ser $a^2 < 2$, pois isso implica que $a \in X$ e, então, a seria o máximo de X. Mas, pelo que foi provado, X não tem máximo. Não pode ser, também, $a^2 > 2$, pois, nesse caso, $a \in Y$. Como Y não apresenta mínimo, existiria $b \in Y$ tal que $b < a$. Assim, para todo $x \in X$, ocorre $x < b < a$, já que $b \in Y$. Mas, como a é o supremo de X, dado $\varepsilon = a - b$, ocorre $a - (a-b) < x$, o que implica que $b < x$ e, logo, $b < x < b$, o que caracteriza a contradição. Portanto, X não tem supremo.

Fonte: Elaborado com base em Lima, 2004, p. 78-80.

Completamos o estudo do corpo ordenado dos números racionais definindo o conjunto dos números reais.

1.3.4 Conjunto dos números reais

Para definirmos um corpo ordenado completo do que chamamos de *conjunto dos números reais*, precisamos abordar a noção de cortes de Richard Dedekind (1831-1916).

Seja X_α um subconjunto de $\mathbb{Q}$. Nesse caso, X_α é um **corte de Dedekind** se satisfaz as seguintes condições (Guidorizzi, 2001):

D1) $X_\alpha \neq \emptyset$ e $X_\alpha \neq \mathbb{Q}$, isto é, X_α não é vazio e não é o conjunto dos números racionais;
D2) se $p \in X_\alpha$ e $q \in \mathbb{Q}$, com $q < p$, então $q \in X_\alpha$, isto é, X_a contém todos os racionais menores que seus pontos;
D3) X_α não possui máximo.

Exemplo 1.20

O conjunto $X_\alpha = \{x \in \mathbb{Q}; x < 0\}$ é um corte.

Como $-1 \in \mathbb{Q}$, logo $X_\alpha \neq \emptyset$; além disso, $1 \in \mathbb{Q}$ e $1 \notin X_\alpha$ e, assim, $X_\alpha \neq \mathbb{Q}$. Portanto, a condição D1 é verdadeira.

Agora, sejam $p \in X_\alpha$ e $q \in \mathbb{Q}$, com $q < p$; como $p \in X_\alpha$, logo $p \in \mathbb{Q}$ e $p < 0$; $\mathbb{Q}$ é um corpo ordenado. Assim, $q < p < 0$, sendo $q \in \mathbb{Q}$ e $q < 0$, ou seja, $q \in X_\alpha$. Portanto, a condição D2 é verdadeira.

Agora, suponhamos que X_α tenha máximo $p \in X_\alpha$. Como $p \in X_\alpha$, logo $p < 0$. Mas existe $\frac{p}{2} \in \mathbb{Q}$ tal que $p < \frac{p}{2} < 0$, o que contradiz o fato de p ser o máximo de X_α, pois $\frac{p}{2} \in X_\alpha$ e $p < \frac{p}{2}$. Portanto, a condição D3 também é verdadeira.

Com as três condições comprovadas, afirmamos que X_α é um corte.

Teorema 1.5

Sejam $p, q \in \mathbb{Q}$. Se $p \in X_\alpha$ e $q \notin X_\alpha$, então $p < q$.

Suponhamos, por absurdo, que $p \in X_\alpha$, $q \notin X_\alpha$ e não tenhamos $p < q$; assim, $p \in X_\alpha$ e $p \geq q$; então, pela condição D3, $q \in X_\alpha$, contradizendo o fato de $q \notin X_\alpha$.

Teorema 1.6

Seja $r \in \mathbb{Q}$. O conjunto $X_r = \{x \in \mathbb{Q}; x < r\}$ é um corte.

Pela definição de X_r, vemos que as condições D1 e D2 são satisfeitas.

Para demonstrarmos o atendimento à condição D3, suponhamos que $p \in X_r$ seja o máximo; porém, $p, r \in \mathbb{Q}$, o que implica que $p < \frac{(p+r)}{2} < r$ e, logo, $\frac{p+r}{2} \in X_r$, uma vez que $p < \frac{p+r}{2}$ e $\frac{p+r}{2} \in X_r$; portanto, p não pode ser máximo, o que demonstra o teorema.

Denominamos o corte $X_r = \{x \in \mathbb{Q}; x < r\}$ de *corte racional*, definido pelo número racional r. Em particular, consideramos o corte definido pelo número $0 \in \mathbb{Q}$, dado por $X_0 = \{x \in \mathbb{Q}; x < 0\}$, e o corte definido pelo número $1 \in \mathbb{Q}$, dado por $X_1 = \{x \in \mathbb{Q}; x < 1\}$.

Os cortes X_α e X_β são **iguais** quando $X_\alpha = X_\beta$, isto é, quando os conjuntos desses cortes são iguais. Dizemos que o corte X_α é *menor do que* o corte X_β ($X_\alpha < X_\beta$) quando existe $p \in \mathbb{Q}$ tal que $p \in X_\beta$ e $p \notin X_\alpha$. Nessa situação, também podemos dizer que o corte X_β é *maior do que* o corte X_α $(X_\beta > X_\alpha)$. Além disso, dizemos que o corte X_α é *menor do que ou igual* ao corte X_β ($X_\alpha \leq X_\beta$) quando $X_\alpha = X_\beta$ ou $X_\alpha < X_\beta$. Nessa situação, também podemos dizer que o corte X_β é *maior do que ou igual ao* corte X_α $(X_\beta \geq X_\alpha)$.

Teorema 1.7

Para os cortes X_α e X_β, apenas uma das seguintes sentenças é verdadeira:

i) $X_\alpha = X_\beta$,
ii) $X_\alpha < X_\beta$,
iii) $X_\beta > X_\alpha$.

A definição da igualdade $X_\alpha = X_\beta$ exclui a existência de um ponto $p \in X_\alpha$ e $p \notin X_\beta$ ou $p \in X_\beta$ e $p \in X_\alpha$. Em resumo, não pode acontecer $X_\alpha < X_\beta$ ou $X_\alpha > X_\beta$. Porém suponhamos que $X_\alpha < X_\beta$ e $X_\alpha > X_\beta$. Como $X_\alpha < X_\beta$, existe $p \in \mathbb{Q}$ tal que $p \in X_\beta$ e $p \notin X_\alpha$. Como $X_\alpha < X_\beta$, existe $q \in \mathbb{Q}$ tal que $q \in X_\alpha$ e $q \notin X_\beta$. Por um lado, se $p \in X_\beta$ e $q \notin X_\beta$, então, de acordo com o Teorema 1.6, $p < q$. Por outro lado, se $q \in X_\alpha$ e $p \notin X_\alpha$, então, de acordo com o Teorema 1.6, $q < p$. Dessas duas maneiras, vemos que, simultaneamente, $p < q$ e $q < p$, o que é uma contradição. Portanto, $X_\alpha < X_\beta$ e $X_\alpha > X_\beta$ excluem um ao outro.

Teorema 1.8

Sejam X_α, X_β e X_γ três cortes. Se $X_\alpha < X_\beta$ e $X_\beta < X_\gamma$ então $X_\alpha < X_\gamma$.

Para a hipótese $X_\alpha < X_\beta$, existe $p \in \mathbb{Q}$ tal que $p \in X_\beta$ e $p \notin X_\alpha$.
Para a hipótese $X_\beta < X_\gamma$, existe $q \in \mathbb{Q}$ tal que $q \in X_\gamma$ e $q \notin X_\beta$.
Uma vez que $p \in X_\beta$ e $q \notin X_\beta$, de acordo com o Teorema 1.6, $p < q$. Como $p \notin X_\alpha$, logo $q \notin X_\alpha$, pois, caso contrário, ocorre $q \in X_\alpha$ e $p \in \mathbb{Q}$, com $p < q$. Pela aplicação da condição D3 em X_α, vemos que $p \in X_\alpha$. Assim, existe $q \in \mathbb{Q}$ tal que $q \in X_\gamma$ e $q \notin X_\alpha$, o que demonstra, por definição, que $X_\alpha < X_\gamma$.

A **soma** dos cortes X_α e X_β, representada pelo corte X_γ e definida por $X_\gamma = X_\alpha + X_\beta$, é determinada da seguinte maneira: $X_\gamma = \{x + y; x \in X_\alpha \text{ e } y \in X_\beta\}$.

Teorema 1.9

Se X_α e X_β são cortes, então a soma $X_\alpha + X_\beta$ é um corte.

Consideramos $X_\alpha + X_\beta = X_\gamma = \{x + y; x \in X_\alpha \text{ e } y \in X_\beta\}$.

Como X_α e X_β são cortes, existem números racionais p, q, r, s tais que $p \in X_\alpha$, $q \in X_\beta$, $r \notin X_\alpha$ e $s \notin X_\beta$. Dado que a soma $(p+q) \in X_\gamma$, concluímos que X_γ é um conjunto não vazio. Além disso, de $r \notin X_\alpha$ e $s \notin X_\beta$, deduzimos que $r > x$ e $s > y$ para todo $x \in X_\alpha$ e $y \in X_\beta$ e, logo, $r + s > x + y$, $r + s \notin X_\gamma$ e $X_\gamma \neq \mathbb{Q}$. Portanto, a condição D1 é satisfeita.

Para provarmos a condição D2, suponhamos que $z \in X_\gamma$, $w \in \mathbb{Q}$ e $w < z$. Como $z \in X_\gamma$, existem $p \in X_\alpha$ e $q \in X_\beta$ tais que $z = p + q$. Para $r \in \mathbb{Q}$, tal que $w = r + q$, vemos que $r + q = w < z = p + q$ e, por conseguinte, $r < p$, o que implica, pela condição D2 em X_α, que $r \in X_\alpha$. Assim, $w = r + q$, com $r \in X_\alpha$ e $q \in X_\beta$, ou seja, $w \in X_\gamma$, o que satisfaz também a condição D2.

Para provarmos a condição D3, suponhamos que $z \in X_\gamma$ seja o máximo de X_γ; assim, $z = p + q$, com $p \in X_\alpha$ e $q \in X_\beta$. Como X_α não tem máximo, existe $s \in X_\alpha$ tal que $p < s$. Analogamente, como X_β também não tem máximo, existe $r \in X_\beta$ tal que $q < r$. Portanto, há $w = (s + r) \in X_\gamma$ tal que $z = p + q < s + r = w$. Assim, concluímos que X_γ não tem máximo, atendendo à condição D3.

Como são válidas as condições D1, D2 e D3, segue-se, por definição, que X_γ é um corte.

Teorema 1.10

Se X_α, X_β e X_γ são cortes, então são satisfeitas as seguintes propriedades:

a) Associativa da adição: $(X_\alpha + X_\beta) + X_\gamma = X_\alpha + (X_\beta + X_\gamma)$;
b) Comutativa da adição: $X_\alpha + X_\beta = X_\beta + X_\alpha$;
c) Elemento neutro da adição: existe X_0 tal que $X_\alpha + X_0 = X_\alpha$ para todo X_α;
d) Elemento simétrico da adição: dado um corte X_α, existe um único corte $X_{-\alpha}$ tal que $X_\alpha + X_{-\alpha} = X_0$.

Demonstração:

a) Como $x \in X_\alpha$, $y \in X_\beta$ e $z \in X_\gamma$, e sendo $x, y, z \in \mathbb{Q}$, em decorrência da propriedade da associativa da adição dos números racionais, segue-se que $(x + y) + z = x + (y + z)$; portanto,

$$(X_\alpha + X_\beta) + X_\gamma = \{x + y; x \in X_\alpha, y \in X_\beta\} + X_\gamma = \{(x+y) + z; x \in X_\alpha, y \in X_\beta, z \in X_\gamma\} =$$
$$= \{x + (y+z); x \in X_\alpha, y \in X_\beta, z \in X_\gamma\} = X_\alpha + \{y + z; y \in X_\beta, z \in X_\gamma\} =$$
$$= X_\alpha + (X_\beta + X_\gamma).$$

b) Se $x \in X_\alpha$ e $y \in X_\beta$, então $x, y \in \mathbb{Q}$; em decorrência da propriedade da comutativa da adição dos números racionais, segue-se que $x + y = y + x$; portanto,

$$X_\alpha + X_\beta = \{x + y; x \in X_\alpha, y \in X_\beta\} = \{y + x; x \in X_\alpha, y \in X_\beta\} = X_\beta + X_\alpha.$$

c) Para demonstrarmos essa propriedade, devemos provar que $X_\alpha + X_0 \subset X_\alpha$ e $X_\alpha \subset X_\alpha + X_0$. Seja $r \in X_\alpha + X_0$, então $r = p + q$, com $p \in X_\alpha$ e $q \in X_0$. Como $q \in X_0$, logo $q < 0$ e, assim, $p, q \in \mathbb{Q}$, com $r = p + q < p$. Além disso, como $p \in X_\alpha$ e $r \in \mathbb{Q}$, com $r < p$, ocorre que $r \in X_\alpha$, pela condição D3 que define o corte X_α. Portanto, $X_\alpha + X_0 \subset X_\alpha$.
Seja agora $r \in X_\alpha$. Como X_α não tem máximo, escolhemos $s \in X_\alpha$ tal que $s > r$. Definimos q por $q = r - s < 0$. Como $q < 0$, logo $q \in X_0$. Assim, $r = s + q$, com $s \in X_\alpha$ e $q \in X_0$, o que, por definição, nos dá $r \in X_\alpha + X_0$ e, logo, $X_\alpha \subset X_\alpha + X_0$. Portanto, $X_\alpha = X_\alpha + X_0$.

d) Para provarmos que há um único corte $X_{-\alpha}$ que satisfaz $X_\alpha + X_{-\alpha} = X_0$, inicialmente, demonstramos a unicidade de $X_{-\alpha}$. Suponhamos que $X_\alpha + X_{-\alpha_1} = X_\alpha + X_{-\alpha_2} = X_0$, para os cortes $X_{-\alpha_1}$ e $X_{-\alpha_2}$. Pelo que já foi provado anteriormente, temos:

$$X_{-\alpha_1} = X_0 + X_{-\alpha_1} = \left(X_\alpha + X_{-\alpha_2}\right) + X_{-\alpha_1} = X_\alpha + \left(X_{-\alpha_2} + X_{-\alpha_1}\right) =$$
$$= X_\alpha + \left(X_{-\alpha_1} + X_{-\alpha_2}\right) = \left(X_\alpha + X_{-\alpha_1}\right) + X_{-\alpha_2} = X_0 + X_{-\alpha_2} = X_{-\alpha_2}.$$

Logo, o corte $X_{-\alpha}$ é único.

Agora, demonstramos que o corte $X_{-\alpha}$ existe. Seja $X_{-\alpha} = \{p \in \mathbb{Q}; -p \in \{x; x > p, \forall x \in H_\alpha\}$ e $-p \neq \min\{x; x > p, \forall x \in H_\alpha\}\}$, isto é, $H_{-\alpha}$ é o conjunto de todos os números reais p tais que $-p$ é um número superior a todos os racionais de X_α, excluindo o seu elemento mínimo. Como X_α é corte, então existem números racionais $x \in X_\alpha$ e $y \notin X_\alpha$, com $x < y$. Portanto, existem $y \in X_{-\alpha}$ e $x \notin X_{-\alpha}$, ou seja, $X_{-\alpha}$ é conjunto não vazio e diferente de $\mathbb{Q}$, ou seja, a condição D1 é válida.

Suponhamos agora que $p \in X_{-\alpha}$ e $q \in \mathbb{Q}$, com $q < p$. Logo, $-p \notin X_\alpha$ e $-q > -p$. Portanto, $-q$ é superior a um número que é superior a X_α, ou seja, $-q$ é superior a X_α, mas não o seu mínimo. Assim, $q \in X_{-\alpha}$, ou seja, a condição D2 é válida.

Para provarmos que $X_{-\alpha}$ não tem um máximo, observamos que, se $p \in X_{-\alpha}$, então $-p$ é superior ao corte X_α, não sendo o seu mínimo. Como $-p$ não é o mínimo de X_α, existe $q \in \mathbb{Q}$ tal que $-q < -p$ e $-q \notin X_\alpha$. Logo, $-q < \dfrac{(-p)+(-q)}{2} < -p$, de modo que $-\dfrac{p+q}{2}$ é um número superior a X_α, mas não o seu mínimo. Assim, $\dfrac{p+q}{2} \in X_{-\alpha}$ e $\dfrac{p+q}{2} > p$, ou seja, $X_{-\alpha}$ não tem máximo e, assim, a condição D3 também é válida. Portanto, por definição, $X_{-\alpha}$ é um corte.

Comprovadas a unicidade e a existência do corte $X_{-\alpha}$, demonstramos, agora, que a operação $X_\alpha + X_{-\alpha} = X_0$ é válida, provando as inclusões $(X_\alpha + X_{-\alpha}) \subset X_0$ e $X_0 \subset (X_\alpha + X_{-\alpha})$. Se $p \in (X_\alpha + X_{-\alpha})$, então existem $q \in X_\alpha$ e $r \in X_{-\alpha}$ tais que $p = q + r$. Pela definição de $X_{-\alpha}$, vemos que $-r \notin X_\alpha$ e que $-r > q$, ou, de forma equivalente, $p = q + r < 0$, sendo $p \in X_0$. Logo, $(X_\alpha + X_{-\alpha}) \subset X_0$. Seja $p \in X_0$, então, por definição, $p < 0$, ou $-p > 0$. Assumimos que existem $q, r \in \mathbb{Q}$ tais que $r \in X_\alpha$ e $q \notin X_\alpha$, sendo que q não é o número superior mínimo de X_α e $q - r = -p$. Com efeito, seja $s \in X_\alpha$; logo, definimos, para $n = 0, 1, 2, 3, \ldots$, o ponto $s_n = s + n(-p)$. Desse modo, irá existir um inteiro m tal que $s_m \in X_\alpha$ e $s_{m+1} \notin X_\alpha$. Se s_{m+1} for o superior mínimo de X_α, definimos $r = s_m + \dfrac{(-p)}{2}$ e $q = s_{m+1} + \dfrac{(-p)}{2}$. Caso s_{m+1} não seja o superior mínimo, consideramos $r = s_m$ e $q = s_{m+1}$. Portanto, existem $q \in X_\alpha$ e $r \notin X_\alpha$, quando r não é o superior mínimo, satisfazendo a operação $q - r = -p$. Como $-r \in X_{-\alpha}$, logo $p = q - r = p + (-r) \in (X_\alpha + X_{-\alpha})$, ou seja, $(X_\alpha + X_{-\alpha}) \subset X_0$. Logo, $X_{-\alpha}$ satisfaz $X_\alpha + X_{-\alpha} = X_0$.

Para cada corte X_α, definimos um corte $X_{|\alpha|}$ denominado *valor absoluto* de X_α:

$$X_{|\alpha|} = \begin{cases} X_\alpha, & \text{se } X_\alpha \geq X_0 \\ X_{-\alpha}, & \text{se } X_\alpha < X_0 \end{cases}.$$

(Equação 1.7)

Notamos que decorre da definição que $X_\alpha = X_0$ se e somente $X_{|\alpha|} = X_0$.

Teorema 1.11

Se X_α, X_β e X_γ são cortes tais que $X_\alpha < X_\beta$, então $X_\alpha + X_\gamma < X_\beta + X_\gamma$.

Provamos que $X_\alpha + X_\gamma < X_\beta + X_\gamma$ demonstrando que $X_\alpha + X_\gamma \subset X_\beta + X_\gamma$ e $X_\alpha + X_\gamma \neq X_\beta + X_\gamma$. Seja $r \in (X_\alpha + X_\gamma)$, então existem $p \in X_\alpha$ e $q \in X_\gamma$ tais que $r = p + q$. Como $X_\alpha < X_\beta$, logo, por definição, $X_\alpha \subset X_\beta$ e $X_\alpha \neq X_\beta$, implicando que $p \in X_\beta$ e $r = p + q$, com $p \in X_\beta$ e $q \in X_\gamma$. Assim, $r \in (X_\beta + X_\gamma)$, demonstrando que $X_\alpha + X_\gamma < X_\beta + X_\gamma$; como $X_\alpha \neq X_\beta$, existe $s \in X_\beta$ tal que $s \notin X_\alpha$ e, logo, $r = s + q \in (X_\beta + X_\gamma)$ e $r = s + q \notin (X_\alpha + X_\gamma)$, para todo $q \in X_\gamma$.

De maneira semelhante à do Teorema 1.11, se X_α, X_β e X_γ são cortes tais que $X_\alpha \leq X_\beta$, segue-se que $X_\alpha + X_\gamma \leq X_\beta + X_\gamma$. Decorre do Teorema 1.11 que $X_{|\alpha|} \geq X_0$. De fato, se $X_\alpha < X_0$, então $X_\alpha + X_{-\alpha} < X_0 + X_{-\alpha}$ e, por conseguinte, $X_0 = X_\alpha + X_{-\alpha} < X_0 + X_{-\alpha} = X_{-\alpha}$, isto é, $X_{-\alpha} > X_0$. Portanto, $X_{|\alpha|} = X_{-\alpha} > X_0$. Como $X_\alpha \geq X_0$, logo $X_{|\alpha|} = X_\alpha \geq X_0$. Portanto, em qualquer caso, obtemos $X_{|\alpha|} \geq X_0$.

O **produto** dos cortes X_α e X_β, representado pelo corte X_γ e definido como $X_\gamma = X_\alpha \cdot X_\beta$, é determinado da seguinte forma:

$$X_\gamma = \begin{cases} \{x \in \mathbb{Q}; x < 0\} \cup \{x \cdot y; x \in X_\alpha, x > 0, y \in X_\beta \text{ e } y > 0\}, & \text{se } H_\alpha > 0 \text{ e } H_\beta > 0 \\ X_0, & \text{se } H_\alpha = 0 \text{ ou } H_\beta = 0 \\ -\{X_{-\alpha} \cdot X_\beta\}, & \text{se } H_\alpha < 0 \text{ e } H_\beta > 0 \\ -\{X_\alpha \cdot X_{-\beta}\}, & \text{se } H_\alpha > 0 \text{ e } H_\beta < 0 \\ X_{-\alpha} \cdot X_{-\beta}, & \text{se } H_\alpha < 0 \text{ e } H_\beta < 0 \end{cases}$$

Teorema 1.12
Se X_α e X_β são cortes, então o produto $X_\alpha \cdot X_\beta$ é um corte.

Sejam $X_\alpha > 0$, $X_\beta > 0$ e $X_\alpha \cdot X_\beta = X_\gamma$. Como $\{x \in \mathbb{Q}; x < 0\} \subset X_\gamma$, logo $X_\gamma \neq \varnothing$. Se X_α e X_β são cortes, então existem $p \notin X_\alpha$ e $q \notin X_\beta$ tais que $0 < a < p$ e $0 < b < q$ para todo $a \in X_\alpha$ e $b \in X_\beta$. Como $a, b, p, q \in \mathbb{Q}$, logo $0 < ab < pq$ para todo $a \in X_\alpha$ e $b \in X_\beta$, condição pela qual deduzimos que $p \cdot q \notin X_\alpha \cdot X_\beta$, o que implica que $X_\gamma \neq \mathbb{Q}$, comprovando a condição D1.

Sejam, agora, $p \in X_\gamma$ e $q \in \mathbb{Q}$, com $q < p$; logo, ocorrem três casos: 1) quando $p \leq 0$, $q < p < 0$, sendo $q \in \{x \in \mathbb{Q}; x < 0\} \subset X_\gamma$ e $q \in X_\gamma$; 2) quando $p > 0$ e $q < 0$, então $q \in \{x \in \mathbb{Q}; x < 0\}$, sendo $q \in X_\gamma$; 3) quando $p > 0$ e $q > 0$. Como $p \in H_\gamma$, existem $a \in X_\alpha$ e $b \in X_\beta$, com $a > 0$, e $b > 0$, tais que $p = ab$. Assim, $0 < q < p = ab$ e, dividindo a desigualdade por $a > 0$, obtemos $\frac{q}{a} < b$. Pela aplicação da condição D2 em H_β, obtemos $\frac{q}{a} \in X_\beta$, além de $\frac{q}{a} > 0$. Como $a \in H_\alpha$ e $\frac{q}{a} \in X_\beta$, com $\frac{q}{a} > 0$, vemos, por definição, que $q = a \cdot \frac{q}{a} \in H_\alpha \cdot H_\beta = H_\gamma$, comprovando a condição D2.

Seja, agora, $p \in H_\gamma$, com $p > 0$; logo, existem $a \in X_\alpha$, $b \in X_\beta$, $a > 0$ e $b > 0$ tais que $p = ab$. Como H_α e H_β são cortes e não têm máximo, existem $\bar p \in H_\alpha$ e $\bar q \in H_\beta$ tais que $a < \bar p$ e $b < \bar q$ e, logo, $p = ab < \bar p \bar q$. Portanto, $\bar p \bar q \in H_\alpha \cdot H_\beta = H_\gamma$, comprovando a condição D3, isto é, que p não é máximo de H_γ.

Portanto, H_γ é um corte.

Os demais casos decorrem do que foi demonstrado utilizando $H_{-\alpha}$ ou $H_{-\beta}$.

Teorema 1.13
Sejam X_α, X_β e X_γ cortes. Então são satisfeitas as seguintes propriedades:
a) Associativa da multiplicação: $(X_\alpha \cdot X_\beta) \cdot X_\gamma = X_\alpha \cdot (X_\beta \cdot X_\gamma)$;
b) Comutativa da multiplicação: $X_\alpha \cdot X_\beta = X_\beta \cdot X_\alpha$;
c) Elemento neutro da multiplicação: $X_\alpha \cdot X_1 = X_\alpha$;
d) Elemento inverso da multiplicação: para cada corte $X_\alpha \neq X_0$, existe um único corte $X_{\alpha^{-1}}$ tal que $X_\alpha \cdot X_{\alpha^{-1}} = X_1$;
e) Distributiva da multiplicação em relação à adição: $X_\alpha \cdot (X_\beta + X_\gamma) = X_\alpha \cdot X_\beta + X_\alpha \cdot X_\gamma$.

Demonstração:
a) Se $X_\alpha > 0$, $X_\beta > 0$ e $X_\gamma > 0$, então $x, y, z \in \mathbb{Q}$ para todo $x \in X_\alpha$, $y \in X_\beta$ e $z \in X_\gamma$, e, em decorrência da propriedade da associativa da multiplicação dos números racionais, segue-se que $(x \cdot y) \cdot z = x \cdot (y \cdot z)$. Portanto,

$$(X_\alpha \cdot X_\beta) \cdot X_\gamma = (\{w \in \mathbb{Q}; w < 0\} \cup \{x \cdot y; x \in X_\alpha, y \in X_\beta, x > 0, y > 0\}) \cdot X_\gamma =$$
$$= \{w \in \mathbb{Q}; w < 0\} \cup \{(x \cdot y) \cdot z; x \in X_\alpha, y \in X_\beta, z \in X_\gamma, x > 0, y > 0, z > 0\} =$$
$$= \{w \in \mathbb{Q}; w < 0\} \cup \{x \cdot (y \cdot z); x \in X_\alpha, y \in X_\beta, z \in X_\gamma, x > 0, y > 0, z > 0\} =$$
$$= X_\alpha \cdot (\{w \in \mathbb{Q}; w < 0\} \cup \{y \cdot z; y \in X_\beta, z \in X_\gamma, y > 0, z > 0\}) = X_\alpha \cdot (X_\beta \cdot X_\gamma).$$

Se $X_\alpha = 0$ ou $X_\beta = 0$ ou $X_\gamma = 0$, então $X_\alpha \cdot (X_\beta \cdot X_\gamma) = X_0 = (X_\alpha \cdot X_\beta) \cdot X_\gamma$. Se $X_\alpha < 0$ ou $X_\beta < 0$, e utilizando, respectivamente, $X_{-\alpha} > 0$ ou $X_{-\beta} > 0$, então $X_\alpha \cdot (X_\beta \cdot X_\gamma) = (X_\alpha \cdot X_\beta) \cdot X_\gamma$ decorre do caso provado.

b) Se $X_\alpha > 0$ e $X_\beta > 0$, então $x, y \in \mathbb{Q}$ para todo $x \in X_\alpha$ e $y \in X_\beta$, e, em decorrência da propriedade da comutativa da multiplicação dos números racionais, segue-se que $x \cdot y = y \cdot x$. Portanto,

$$X_\alpha \cdot X_\beta = \{z \in \mathbb{Q}; z < 0\} \cup \{x \cdot y; x \in X_\alpha, y \in X_\beta, x > 0, y > 0\} =$$
$$= \{z \in \mathbb{Q}; z < 0\} \cup \{y \cdot x; x \in X_\alpha, y \in X_\beta, x > 0, y > 0\} = X_\beta \cdot X_\alpha.$$

Se $X_\alpha = 0$ ou $X_\beta = 0$, então $X_\alpha \cdot X_\beta = X_0 = X_\beta \cdot X_\alpha$. Se $X_\alpha < 0$ ou $X_\beta < 0$, e utilizando, respectivamente, $X_{-\alpha} > 0$ ou $X_{-\beta} > 0$, então $X_\alpha \cdot X_\beta = X_\beta \cdot X_\alpha$ decorre do caso provado.

c) Para provarmos que $X_\alpha \cdot X_1 \subset X_\alpha$ e $X_\alpha \subset X_\alpha \cdot X_1$, consideramos, por definição, que, se $X_\alpha > 0$, então $X_\alpha \cdot X_1 = \{z \in \mathbb{Q}; z < 0\} \cup \{x \cdot y; x \in X_\alpha, x > 0, 0 < y < 1\}$. Para $r \in X_\alpha \cdot X_1$, ocorrem dois casos: 1) quando $r < 0$, então $r \in X_\alpha$; 2) quando $r > 0$, então $r = x \cdot y$, sendo $x \in X_\alpha, x > 0$ e $0 < y < 1$; mas, nessas situações, $xy < x$ e, logo, pela aplicação da condição D2 a X_α, vemos que $r = xy \in X_\alpha$. Assim, $X_\alpha \cdot X_1 \subset X_\alpha$.

Para $r \in H_\alpha$, também ocorrem dois casos: 1) quando $r \leq 0$, então $r = 2r \dfrac{1}{2} < 1e$, logo, $r \in H_\alpha \cdot H_1$; 2) quando $r > 0$, então, pela aplicação da condição D3 a H_α, existe $x \in H_\alpha$ tal que $r < x$. Dessa forma, $0 < r < x$ e $0 < \dfrac{r}{x} < 1$ e, assim, chegamos a $r = x \cdot \dfrac{r}{x} \in H_\alpha \cdot H_1$. Logo, $X_\alpha \subset X_\alpha \cdot X_1$.

Portanto, $X_\alpha = X_\alpha \cdot X_1$, quando $H_\alpha > H_0$.

Para, $H_\alpha = H_0$, ocorre $H_\alpha \cdot H_1 = H_0 \cdot H_1 = H_0 = H_\alpha$. Se $H_\alpha < H_0$, então $H_{-\alpha} > H_0$ e, pelo que demonstramos, comprovamos a propriedade "c".

d) Para comprovarmos essa propriedade, consideramos um corte X_α e devemos validar que o corte $X_{\alpha^{-1}}$ é único, existe e satisfaz $X_\alpha \cdot X_{\alpha^{-1}} = X_1$.

De fato, suponhamos que $X_\alpha \cdot X_{\alpha_1^{-1}} = X_\alpha \cdot X_{\alpha_2^{-1}} = X_1$, para os cortes $X_{\alpha_1^{-1}}$ e $X_{\alpha_2^{-1}}$. Pelo que já foi provado, temos:

$$X_{\alpha_1^{-1}} = X_1 \cdot X_{\alpha_1^{-1}} = \left(X_\alpha \cdot X_{\alpha_2^{-1}}\right) \cdot X_{\alpha_1^{-1}} = X_\alpha \cdot \left(X_{\alpha_2^{-1}} \cdot X_{\alpha_1^{-1}}\right) =$$
$$= X_\alpha \cdot \left(X_{\alpha_1^{-1}} \cdot X_{\alpha_2^{-1}}\right) = \left(X_\alpha \cdot X_{\alpha_1^{-1}}\right) \cdot X_{\alpha_2^{-1}} = X_1 \cdot X_{\alpha_2^{-1}} = X_{\alpha_2^{-1}}.$$

Logo, o corte $X_{\alpha-1}$ é único.

Agora, demonstramos que tal corte existe. Seja:

$$X_{\alpha-1} = \{z \in \mathbb{Q}; z < 0\} \cup \left\{p \in \mathbb{Q}; p > 0, \frac{1}{p} \in \{x; x > p, \forall x \in H_\alpha\}, \frac{1}{p} \neq \min\{x; x > p, \forall x \in H_\alpha\}\right\}$$

Em outras palavras, $X_{\alpha-1}$ é o conjunto de todos os números reais p tais que $\frac{1}{p}$ é um número superior a todos os racionais de X_α, excluindo o seu elemento mínimo. Como X_α é um corte, então existem números racionais $x \in X_\alpha$ e $y \notin X_\alpha$, com $x < y$, e, também, $y \in X_{\alpha-1}$ e $x \notin X_\alpha$. Portanto, $X_{\alpha-1}$ é um conjunto não vazio e diferente de $\mathbb{Q}$, ou seja, a condição D1 é válida.

Suponhamos, agora, que $p \in X_{\alpha-1}$ e $q \in \mathbb{Q}$, com $q < p$; logo, $\frac{1}{p} \notin X_{\alpha-1}$ e $\frac{1}{q} > \frac{1}{p}$. Em outras palavras, $\frac{1}{q}$ é superior a um número que é superior a $X_{\alpha-1}$, ou seja, $\frac{1}{q}$ é superior a $X_{\alpha-1}$, mas não o seu mínimo. Portanto, $q \in X_{\alpha-1}$, ou seja, a condição D2 é válida.

Agora, se $p \in X_\alpha$, então $\frac{1}{p}$ é superior ao corte X_α, não sendo o seu mínimo. Como $\frac{1}{p}$ não é o mínimo, existe $q \in \mathbb{Q}$ tal que $\frac{1}{q} < \frac{1}{p}$ e $\frac{1}{q} \notin X_\alpha$. Então, $\frac{1}{q} < \frac{2}{p+q} < \frac{1}{p}$, de modo que $\frac{2}{p+q}$ é um número superior a X_α, mas não o seu mínimo. Portanto, $\frac{2}{p+q} \in X_{\alpha-1}$ e $\frac{2}{p+q} > \frac{1}{p}$, ou seja, $X_{\alpha-1}$ não tem máximo, tornando a condição D3 também válida.

Portanto, por definição, $X_{\alpha-1}$ é um corte.

Agora, para provarmos que tal corte satisfaz $X_\alpha \cdot X_{\alpha-1} = X_1$, devemos demonstrar que as inclusões $X_\alpha \cdot X_{\alpha-1} \subset X_1$ e $X_1 \subset X_\alpha \cdot X_{\alpha-1}$ são válidas.

Assim, se $p \in X_\alpha \cdot X_{\alpha-1}$, então existem $q \in X_\alpha$ e $r \in X_{\alpha-1}$ tais que $p = q \cdot r, q > 0$ e $r > 0$. Pela definição de $X_{\alpha-1}$, vemos que $\frac{1}{r} \notin X_\alpha$ e $\frac{1}{r} > q$, ou, de forma equivalente, $p = q \cdot r < 1$, sendo $p \in X_1$. Logo, $X_\alpha \cdot X_{\alpha-1} \subset X_1$.

Para a comprovação da inclusão contrária, seja $p \in X_1$, seguem dois casos: 1) quando $p \leq 0$, não temos nada a provar; 2) quando $0 < p < 1$, assumimos que existem $q, r \in \mathbb{Q}$ tais que $r \in X_\alpha$ e $q \notin X_\alpha$, com q não sendo o número superior mínimo de X_α e $\frac{r}{q} = p$. Com efeito, seja $s \notin X_\alpha$, então definimos para $n = 0, 1, 2, 3, \ldots$ o ponto $s_n = sp^n$. Desse modo, irá existir um inteiro m tal que $s_m \notin X_\alpha$ e $s_{m+1} \in X_\alpha$. Se s_m for o superior mínimo de X_α, então definimos $r = s_m \cdot p^{-1}$ e $q = s_{m+1} \cdot p$. No caso de s_m não ser o superior mínimo de X_α, consideramos $r = s_{m+1}$ e $q = s_m$.

Portanto, existem $r \in X_\alpha$ e $q \notin X_\alpha$, sendo que q não é o superior mínimo de X_α, satisfazendo $\frac{r}{q} = p$. Como $q \notin X_\alpha$, logo $\frac{1}{q} \in X_{\alpha^{-1}}$ e, por conseguinte, $p = r \cdot \frac{1}{q} \in X_\alpha \cdot X_{\alpha^{-1}}$, ou seja, $X_\alpha \cdot X_{\alpha^{-1}} \subset X_1$.

Portanto, $X_{\alpha^{-1}}$ satisfaz $X_\alpha \cdot X_{\alpha^{-1}} = X_1$.

Se $H_\alpha < 0$, então $H_{-\alpha} > 0$ e, logo, existe $H_{-\alpha^{-1}}$ tal que $H_{-\alpha} \cdot H_{-\alpha^{-1}} = H_1$, igualdade pela qual chegamos a $H_1 = H_{-\alpha} \cdot H_{-\alpha^{-1}} = H_\alpha$.

e) Para provarmos a propriedade, devemos demonstrar que as definições
$X_\alpha \cdot (X_\beta + X_\gamma) \subset (X_\alpha \cdot X_\beta + X_\alpha \cdot X_\gamma)$ e $(X_\alpha \cdot X_\beta + X_\alpha \cdot X_\gamma) \subset X_\alpha \cdot (X_\beta + X_\gamma)$ são válidas.

Para a primeira definição, $X_\alpha > 0$, $X_\beta > 0$ e $X_\gamma > 0$, consideramos $r \in X_\alpha \cdot (X_\beta + X_\gamma)$. Se $r \leq 0$, então $r \in (X_\alpha \cdot X_\beta + X_\alpha \cdot X_\gamma)$ uma vez que $r \in \{x \in \mathbb{Q}; x < 0\}$. Se $r > 0$, então $r = p \cdot q$ para algum $p \in X_\alpha$ e $q \in (X_\beta + X_\gamma)$, com $p > 0$ e $q > 0$. Como $q \in (X_\beta + X_\gamma)$, logo existem $s \in X_\beta$ e $t \in X_\gamma$ tais que $q = s + t$. Assim, $p \cdot s \in X_\alpha \cdot X_\beta$ e $p \cdot t \in X_\alpha \cdot X_\gamma$, ou seja, $p \cdot s + p \cdot t \in (X_\alpha \cdot X_\beta + X_\alpha \cdot X_\gamma)$. Como $r = p \cdot q = p \cdot (s + t) = p \cdot s + p \cdot t$, logo $r \in (X_\alpha \cdot X_\beta + X_\alpha \cdot X_\gamma)$. Portanto, provamos a primeira definição: $X_\alpha \cdot (X_\beta + X_\gamma) \subset (X_\alpha \cdot X_\beta + X_\alpha \cdot X_\gamma)$.

Para a segunda definição, consideramos $r \in (X_\alpha \cdot X_\beta + X_\alpha \cdot X_\gamma)$. Se $r \leq 0$, então $r \in X_\alpha \cdot (X_\beta + X_\gamma)$. Se $r > 0$, então, pela hipótese $X_\alpha \cdot X_\beta > 0$ e $X_\alpha \cdot X_\gamma > 0$, existem $p \in X_\alpha \cdot X_\beta$ e $q \in X_\alpha \cdot X_\gamma$ tais que $p > 0$ e $q > 0$ e $r = p + q$. Assim, segue-se que existem $a, a' \in X_\alpha$, $b \in X_\beta$ e $c \in X_\gamma$, sendo $a > 0$, $a' > 0$, $b > 0$ e $c > 0$, tais que $p = a \cdot b$ e $q = a' \cdot c$. Assim, ocorrem dois casos: quando $a \leq a'$ e quando $a' \leq a$.

No primeiro caso, temos $x = p + q = a \cdot b + a' \cdot c \leq a' \cdot b + a' \cdot c = a' \cdot (b + c) \in X_\alpha \cdot (X_\beta + X_\gamma)$ e, assim, pela aplicação da propriedade D2 a $X_\alpha \cdot (X_\beta + X_\gamma)$, ocorre $x \in X_\alpha \cdot (X_\beta + X_\gamma)$.

No segundo caso, temos $x = p + q = a \cdot b + a' \cdot c \leq a \cdot b + a \cdot c = a \cdot (b + c) \in X_\alpha \cdot (X_\beta + X_\gamma)$ e, assim, pela aplicação da propriedade D2 a $X_\alpha \cdot (X_\beta + X_\gamma)$, ocorre $x \in X_\alpha \cdot (X_\beta + X_\gamma)$.

Portanto, provamos a segunda definição: $X_\alpha \cdot X_\beta + X_\alpha \cdot X_\gamma \subset X_\alpha \cdot (X_\beta + X_\gamma)$.

Os demais casos decorrem deste e também da definição de produto de cortes de Dedekind.

Teorema 1.14

Se X_α, X_β e X_γ são cortes tais que $X_\alpha \leq X_\beta$ e $X_\gamma \geq X_0$, então $X_\alpha \cdot X_\gamma \leq X_\beta \cdot X_\gamma$.

Para provarmos que $X_\alpha \cdot X_\gamma \leq X_\beta \cdot X_\gamma$, devemos demonstrar que $X_\alpha \cdot X_\gamma \subset X_\beta \cdot X_\gamma$.

Seja $r \in X_\alpha \cdot X_\gamma$; logo, por definição, existem $p \in X_\alpha$ e $q \in X_\gamma$, com $q > 0$, tais que $r = p \cdot q$. Como $X_\alpha \leq X_\beta$, por definição, $X_\alpha \subset X_\beta$, ou seja, $p \in X_\beta$ (independentemente do sinal de p) e, logo, $r = p \cdot q$, com $p \in X_\beta$ e $q \in X_\gamma$ (dependendo do sinal de q, que deve ser positivo). Assim, $r \in X_\beta \cdot X_\gamma$, o que demonstra que $X_\alpha \cdot X_\gamma \leq X_\beta \cdot X_\gamma$.

Decorre do Teorema 1.14 que, se $X_\beta \geq X_0$ e $X_\gamma \geq X_0$, então $X_\beta \cdot X_\gamma \geq X_0$.

O **conjunto dos números reais**, representado por $\mathbb{R}$, é o conjunto formado por todos os cortes de Dedekind, isto é,

$$\mathbb{R} = \{X_\alpha ; X_\alpha \text{ é um corte}\}.$$

O conjunto dos números racionais pode ser identificado com o conjunto $X_\mathbb{Q} = \{X_r ; r \in \mathbb{Q}\}$, isto é, $X_\mathbb{Q} \equiv \mathbb{Q}$. Definimos que o **conjunto dos números irracionais**, representado por $\mathbb{I}$, é o conjunto formado por todos os cortes de Dedekind que não pertencem ao conjunto $\mathbb{Q}$:

$$\mathbb{I} = \mathbb{R} - \mathbb{Q}.$$

Exemplo 1.21

O corte $A = \{x \in \mathbb{Q}; x < 0 \text{ e } x^2 \leq 2\}$ define um número irracional.

De fato, o conjunto das cotas superiores de A é: $B = \{x \in \mathbb{Q}; x^2 > 2\}$.

É claro que B não tem mínimo, e o único candidato para máximo de A é o número x tal que $x^2 = 2$. Mas, para isso, x deve ser racional, isto é, devem existir $m \in \mathbb{Z}$ e $n \in \mathbb{Z}^*$, com $\mathrm{mdc}(m,n) = 1$, tais que $x = \dfrac{m}{n}$. Portanto, obtemos $\left(\dfrac{m}{n}\right)^2 = 2$, ou seja,

$$m^2 = 2n^2. \tag{Equação 1.8}$$

Isso implica que m^2 é múltiplo de 2; assim, afirmamos que m é múltiplo de 2. De fato, pela método da contrapositiva, se m não for múltiplo de 2, então m é ímpar, isto é, existe $k \in \mathbb{Z}$ tal que $m = 2k + 1$ e, assim,

$$m^2 = (2k+1)^2 = 4k^2 + 4k + 1 = 2(2k^2 + 2) + 1 = 2k' + 1,$$

significando que m^2 é ímpar, ou seja, m^2 não é par.

Portanto, pelo método da contrapositiva, m é múltiplo de 2, isto é, existe $j \in \mathbb{Z}$ tal que $m = 2j$. Portanto, substituindo m por j na Equação 1.8, obtemos $(2j)^2 = 2n^2$, ou, ainda, $2j^2 = n^2$, implicando que n^2 é múltiplo de 2 e, assim, por um argumento similar ao que utilizamos acima, deduzimos que n é múltiplo de 2. Porém, nessas condições, o máximo divisor comum de m e n é maior do que 2 [$\mathrm{mdc}(m,n) \geq 2$], contradizendo a definição de m e n. Portanto, x não é racional e, logo, A não tem máximo.

O corte A, do Exemplo 1.21, define um número irracional que denotamos por $\sqrt{2}$.

Argumentos similares mostram que todos os números da forma $n\sqrt[m]{p}$, com p sendo número primo e $n \in \mathbb{Z}^*$ e $m \in \mathbb{N}$, são números irracionais. Além disso, existem outros números irracionais, como π (pi), e (número de Euler) e φ (proporção áurea), cujas demonstrações são mais elaboradas e, por isso, não traremos delas.

Pelos Teoremas 1.10 e 1.13, vimos que o conjunto dos números reais é um corpo. Além disso, existe um conjunto $\mathbb{R}_+ = \{X_x \in \mathbb{R}; H_x > H_0\}$ que, pelo Teorema 1.14, satisfaz as condições de conjunto positivo. Portanto, por definição, $(\mathbb{R}, +, \cdot)$ é um corpo ordenado, assim como o é o conjunto dos números racionais $\mathbb{Q}$ com as operações de adição e de multiplicação. A vantagem do corpo dos números reais é a completude, uma vez que, como vimos no Exemplo 1.19, $\mathbb{Q}$ não é completo. Para isso, demonstramos o teorema a seguir.

> ### Teorema 1.15
> Todo subconjunto X de números reais, não vazio e limitado superiormente, possui supremo.
>
> Inicialmente, consideramos o conjunto formado por todos os números reais X_α do conjunto X, isto é,
>
> $$X_\beta = \bigcup_{H_\alpha \in X} X_\alpha = \{x \in \mathbb{Q}; x \in X_\alpha \text{ para algum } X_\alpha \in X\}.$$
>
> Assumimos que X_β é um corte e demonstramos que ele satisfaz as condições D1, D2 e D3.
>
> Como X é um conjunto não vazio, existe um $X_\alpha \in X$ que também é não vazio, assim como, por conseguinte, X_β é não vazio. O conjunto X é limitado superiormente, por isso existe um número real X_r tal que $X_\alpha < X_r$, para todo $X_\alpha \in X$. Além disso, $X_r \in \mathbb{R}$ e existe $a \in \mathbb{Q}$ tal que $a \notin X_r$ e $a \notin X_\alpha$, para todo $X_\alpha \in X$, sendo $a \notin X_\beta$ e implicando que $X_\beta \neq \mathbb{Q}$. Assim, provamos que o conjunto X_β satisfaz a condição D1.
>
> Agora, suponhamos que $p \in X_\beta$, $q \in \mathbb{Q}$ e $q < p$. Como $p \in X_\beta$, então $p \in X_\alpha$ para algum $X_\alpha \in X$. Além disso, como $p \in X_\alpha$, $q \in \mathbb{Q}$ e $q < p$, pela aplicação da condição D2 em X_α, vemos que $q \in X_\alpha$, o que implica que $q \in X_\beta$. Assim, provamos que o conjunto X_β satisfaz a condição D2.
>
> Ainda considerando que $p \in X_\beta$ e, consequentemente, que $p \in X_\alpha$ para algum $X_\alpha \in X$, e como X_α não tem máximo, existe $q \in X_\alpha$ tal que $q > p$, ou seja, por definição, existe $q \in X_\beta$ tal que $q > p$, ou seja, p não é máximo de X_β.
>
> Assumimos, agora, que X_β é o supremo de X. De fato, se $X_\alpha \in X$, então (por definição de X_β) $X_\alpha \subset X_\beta$, ou seja, $X_\alpha \leq X_\beta$ para todo $X_\alpha \in X$. Portanto, X_β é a cota superior de X. Suponhamos, também, que X_γ seja a cota superior de X (e mostramos que X_β é a menor cota superior de X) e, então, $X_\alpha \leq X_\gamma$ para todo $X_\alpha \in X$ ou, equivalentemente, por definição de maior igual, vemos que $X_\alpha \subset X_\gamma$ para todo $X_\alpha \in X$. Como todo o conjunto X_α está contido em X_γ, então a união também está, isto é, $\bigcup_{X_\alpha \in X} X_\alpha \subset X_\gamma$. Assim, $X_\beta \subset X_\gamma$, ou, por definição, $X_\beta \leq X_\gamma$.
>
> Portanto, X_β é a menor cota superior de X, ou seja, $\sup X = X_\beta$.

Pela demonstração do Teorema 1.15, percebemos que o conjunto dos números reais $\mathbb{R}$, com a soma e a multiplicação, é um corpo ordenado completo e, por isso, apresenta vantagens sobre o corpo dos números racionais $\mathbb{Q}$.

Utilizaremos, a partir de agora, as variáveis x, y, z para representar os números reais, mas é desejável que o leitor tenha em mente que os números reais são conjuntos de números racionais que satisfazem as condições de cortes de Dedekind. Considerando o corpo dos números reais $(\mathbb{R}, +, .)$, lembramos que, de acordo com a Equação 1.7, o módulo de um elemento $x \in \mathbb{R}$ é dado por:

$$|x| = \begin{cases} x, & \text{se } x > 0 \\ 0, & \text{se } x = 0 \\ -x, & \text{se } x < 0 \end{cases}$$

A seguir, demonstramos algumas propriedades importantes envolvendo o módulo dos números reais.

Teorema 1.16 – Propriedade de módulo

Sejam $x \in \mathbb{R}$ e $y > 0$, então $|x| \leq y$ se e somente se $-y \leq x \leq y$.

($\Rightarrow$) Suponhamos que $|x| \leq y$, ou, de forma equivalente, $-|x| \geq -y$. Como da definição dos números reais decorre que $x \leq |x|$, logo $-x \leq |x|$ e $x \geq -|x|$. Assim, $-y \leq -|x| \leq x \leq |x| \leq y$, ou seja, $-y \leq x \leq y$.

($\Leftarrow$) Suponhamos agora que $-y \leq x \leq y$; então, $-y \leq x$ e $x \leq y$, ou seja $y \geq -x$ e $x \leq y$. Utilizando essas desigualdades, ocorrem dois casos: 1) se $x \geq 0$, então $|x| = x \leq y$, isto é, $|x| \leq y$; 2) se $x < 0$, então $|x| = -x \leq y$, isto é, $|x| \leq y$.

Portanto, para qualquer caso, obtemos $|x| \leq y$.

Teorema 1.17 – Desigualdade triangular

Sejam $x, y \in \mathbb{R}$; então vale a operação $|x + y| \leq |x| + |y|$.

Nesse caso, observamos que, se $x \geq 0$, então $x = |x|$ e $-x \leq 0 \leq x$, ou seja, $-|x| = -x \leq x = |x|$. Portanto, chegamos a $-|x| \leq x \leq |x|$.

De maneira oposta, se $x < 0$, então $-x = |x|$ e $x < 0 < -x$, o que implica que $x = -|x|$. Assim, segue-se que $-|x| = x < -x = |x|$, ou, comparando x com os seus valores absolutos extremos, $-|x| \leq x \leq |x|$.

Portanto, em qualquer caso, vale:

$-|x| \leq x \leq |x|$, para todo $x \in \mathbb{R}$. **(Equação 1.9)**

De modo semelhante, vale:

$-|y| \leq y \leq |y|$, para todo $y \in \mathbb{R}$. **(Equação 1.10)**

Somando as Equações 1.9 e 1.10 membro a membro, obtemos

$$-(|x| + |y|) \leq x + y \leq |x| + |y|.$$

Finalmente, utilizando o Teorema 1.16, chegamos a $|x + y| \leq |x| + |y|$.

Teorema 1.18
Sejam $x, y \in \mathbb{R}$; então, valem as seguintes relações:

a) $|x \cdot y| \leq |x| \cdot |y|$;
b) $||x| - |y|| \leq ||x| - |y|| \leq |x - y|$.

Notamos que, se $x \geq 0$, então $|x|^2 = x^2$ e, se $x < 0$, então $|x|^2 = (-x)^2 = x^2$, ou seja, $|x|^2 = x^2$. Assim, $|x \cdot y|^2 = (x \cdot y)^2 = x^2 \cdot y^2 = |x|^2 \cdot |y|^2 = (|x| \cdot |y|)^2$, o que resulta em $|x \cdot y| = |x| \cdot |y|$. Portanto, a relação i é válida.

A segunda relação, $|x| - |y| \leq ||x| - |y||$, é óbvia[2] e, assim, demonstramos que $||x| - |y|| \leq |x - y|$. De acordo com o Teorema 1.17, $|x| = |x - y + y| = |(x - y) + y| \leq |x - y| + |y|$, igualdade pela qual chegamos a

$$|x| - |y| \leq |x - y|. \qquad \text{(Equação 1.11)}$$

Para a variável y, obtemos $|y| = |y - x + x| = |(y - x) + x| \leq |y - x| + |x|$, igualdade pela qual chegamos a $|y| - |x| \leq |y - x|$ e $-(|x| - |y|) \leq |x - y|$, ou, ainda:

$$|x| - |y| \geq -|x - y|. \qquad \text{(Equação 1.12)}$$

Comparando as Equações 1.11 e 1.12, obtemos $-|x - y| \leq |x| - |y| \leq |x - y|$; logo, pelo Teorema 1.16, chegamos a $||x| - |y|| \leq |x - y|$. Portanto, a relação ii também é válida.

Para saber mais
IMPA – Instituto Nacional de Matemática Pura e Aplicada. **Análise na reta**: aula 2. Professor Elon Lages Lima. 3 fev. 2015b. Disponível em: < https://www.youtube.com/watch?v=ANX3JVggQYY&index=2&list=PLDf7S3lyZaYxQdfUX8GpzOdeUe2KS93wg>. Acesso em: 30 jan. 2017.
Continuação da aula sobre a análise da reta, com muitas informações interessantes sobre os números reais.

1.4 Conjuntos finitos, infinitos, enumeráveis e não enumeráveis

Os conjuntos finitos e os infinitos são determinados com o uso de um conjunto auxiliar que contém os n primeiros números naturais. Denotamos tal conjunto por $\mathbb{N}_n$ e o definimos por:

$$\mathbb{N}_n = \{1, 2, 3, \ldots, n\}.$$

---

[2] Essa relação decorre da definição de módulo e mostra que todo número real é menor que ou igual ao seu módulo. Por exemplo: $-1 \leq |-1| = 1$ e $1 \leq |1| = 1$.

Assim, para delimitar os **conjuntos finitos**, procedemos da seguinte maneira: observamos que um conjunto X é finito quando é vazio ou existe uma bijeção $f_n : \mathbb{N}_n \to X$ entre $\mathbb{N}_n$ e X, para algum número natural n. Quando X é vazio, dizemos que X não tem elemento; quando existe uma bijeção f_n de $\mathbb{N}_n$ em X, dizemos que X tem n elementos. Dessa forma, escrevemos os elementos do conjunto finito X de forma ordenada: $f_n(1) = x_1$, $f_n(2) = x_2, \ldots, f_n(n) = x_n$ e $X = \{x_1, x_2, \ldots, x_n\}$.

Exemplo 1.22

O conjunto $X = \{x \in \mathbb{N}; x \text{ é um número par positivo e menor que } 100\}$ é finito.

Existe a função $f_{49} : \mathbb{N}_{49} \to X$, dada por $f_{49}(x) = 2x$, que é bijetora, pois, se $x \neq y$, então $2x \neq 2y$ e $f_{49}(x) \neq f_{49}(y)$. Dado $z \in X$, existe $x = \frac{z}{2}$ tal que $f(x) = 2\left(\frac{z}{2}\right) = z$. Essa função bijetora explicita que X tem quarenta e nove elementos.

Um conjunto X é **infinito** quando ele não é finito, isto é, quando, para todo $n \in \mathbb{N}$, não existe uma bijeção $f_n : X \to \mathbb{N}_n$.

Um exemplo de conjunto infinito é o conjunto dos números naturais $(\mathbb{N})$. De fato, se supusermos que o conjunto dos números naturais $\mathbb{N}$ é finito, então existiria $m \in \mathbb{N}$ tal que $f_m : \mathbb{N}_m \to \mathbb{N}$ é bijetora. Assim, poderíamos escrever de forma ordenada os números naturais, isto é, $f_m(1) = n_1$, $f_m(2) = n_2, \ldots, f_m(m) = n_m$. Como vimos no Exemplo 1.14, $n_1 + n_2 + \ldots + n_m$ é um número natural e, por hipótese, temos que f_m é sobrejetora; então existiria $1 \leq i \leq m$ tal que $f_m(i) = n_1 + n_2 + \ldots + n_m$. Portanto, $f_m(i) = n_1 + n_2 + \ldots + n_m > n_i = f_m(i)$, o que caracteriza um absurdo. Logo, o conjunto dos números naturais $\mathbb{N}$ é infinito.

Nosso objetivo agora é demonstrar que os conjuntos dos números inteiros, dos números racionais, dos números irracionais e dos números reais são infinitos. Para isso, provaremos alguns teoremas.

Teorema 1.19

Se X e Y são conjuntos finitos com, respectivamente, n e m elementos tais que $X \cap Y = \emptyset$, então $X \cup Y$ é um conjunto finito e tem $n + m$ elementos.

Se X e Y são conjuntos finitos com, respectivamente, n e m elementos, então existem funções bijetoras $f_n : \mathbb{N}_n \to X$ e $g_m : \mathbb{N}_m \to Y$.

Para demonstrarmos que o conjunto $X \cup Y$ é finito, consideramos a função auxiliar $h_{n+m} : \mathbb{N}_{n+m} \to X \cup Y$, definida da seguinte forma:

$$h_{n+m}(x) = \begin{cases} f_n(x), & \text{se } 1 \leq x \leq n \\ g_m(x-n), & \text{se } n+1 \leq x \leq n+m \end{cases}$$

Como $X \cap Y = \emptyset$, logo $x \neq y$, o que implica que $h_{n+m}(x) \neq h_{n+m}(y)$, demonstrando que a função h é injetora. Por outro lado, as funções f_n e g_m são sobrejetoras e, logo, se $z \in X \cup Y$, então $z \in X$ ou $z \in Y$. No caso de $z \in X$, existe $1 \leq x \leq n$ tal que $h_{n+m}(x) = f_n(x) = z$ e, no caso de $z \in Y$, existe $n+1 \leq x \leq n+m$ tal que $h_{n+m}(x) = g_m(x-n) = z$, demonstrando que a função h é sobrejetora. Portanto, h é bijetora e o conjunto $X \cup Y$ é finito e tem $n+m$ elementos.

Teorema 1.20
Se X é um conjunto finito com n elementos, então todo subconjunto Y de X é finito e tem no máximo n elementos.

Para provarmos esse teorema, utilizamos o método da indução.

Se $n = 1$, então $X = \{x_1\}$, implicando que $Y = \emptyset$ ou $Y = X$. No primeiro caso, Y é finito e tem zero elementos e, no segundo, Y é finito e tem um elemento.

Suponhamos que, se $n = h$, então seja válida a afirmação de que todo subconjunto Y de $X = \{x_1, x_2, ..., x_h\}$ é finito e tem no máximo h elementos.

Se $X' = X \cup \{x_{h+1}\} = \{x_1, x_2, ..., x_h, x_{h+1}\}$, então todo subconjunto Y de X' é finito e tem no máximo $h+1$ elementos. Assim, ocorrem dois casos: ou Y é subconjunto de X, ou $Y = Z \cup \{x_{h+1}\}$, sendo Z subconjunto de X. No primeiro caso, por hipótese, Y é finito e tem no máximo h ou $h+1$ elementos. No segundo caso, também por hipótese, Z é finito e tem no máximo h elementos e, como $\{x_{h+1}\}$ é finito e tem um elemento, vemos, de acordo com o Teorema 1.19, que Y é finito e tem no máximo $h+1$ elementos.

O Teorema 1.20 serve para demonstrar que os conjuntos dos números inteiros, dos números racionais, dos números irracionais e dos números reais são infinitos. De fato, o Teorema 1.20 é equivalente a: "se existe um subconjunto Y de X infinito, então X é infinito". Como existe um subconjunto do números naturais $\mathbb{N}$ do conjunto dos números inteiros $\mathbb{Z}$ que é infinito, logo o conjunto dos números inteiros $\mathbb{Z}$ é infinito. Igualmente, o conjunto dos números racionais $\mathbb{Q}$ é infinito, pois o conjunto dos números inteiros $\mathbb{Z}$ é um subconjunto infinito do conjunto dos números racionais $\mathbb{Q}$. Segue-se que o conjunto dos números reais $\mathbb{R}$ é infinito, pois o conjunto dos números racionais $\mathbb{Q}$ é infinito e é subconjunto dos números reais $\mathbb{R}$.

A demonstração de que o conjunto dos números irracionais $\mathbb{I}$ é infinito requer mais cuidado, mas novamente vamos utilizar um subconjunto X de $\mathbb{I}$ infinito.

Seja a um número irracional; demonstramos, inicialmente, que $n \cdot a$, com $n \in \mathbb{Z}^*$, também é um número irracional. Assim, suponhamos, pelo método da contrapositiva, que $n \cdot a$, com $n \in \mathbb{Z}^*$, não seja irracional; então, existem $p \in \mathbb{Z}$ e $q \in \mathbb{Z}^*$ tais que $n \cdot a = \dfrac{p}{q}$, ou seja, $a = \dfrac{p}{qn}$. Logo, há $p \in \mathbb{Z}$ e $q \cdot n \in \mathbb{Z}^*$ tais que $a = \dfrac{p}{qn}$, ou seja, a não é irracional. Portanto, $n \cdot a$, com $n \in \mathbb{Z}^*$, é irracional.

Agora, definimos o conjunto $X = \{n\sqrt{2}; n \in \mathbb{N}^*\}$; então, pelo que demonstramos, X é subconjunto de $\mathbb{I}$. Mas ainda devemos provar que X é infinito. Pelo método da contrapositiva, suponhamos que X seja finito; logo existem $m \in \mathbb{N}$ e uma bijeção $f_m : \mathbb{N}_m \to X$. Como se trata de uma bijeção, podemos ordenar os elementos de X da seguinte maneira: $f_m(1) = n_1\sqrt{2}$, $f_m(2) = n_2\sqrt{2}$,..., $f_m(m) = n_m\sqrt{2}$. Além disso, como f_m é sobrejetora, existe $i = 1,...,m$ tal que $f_m(i) = (n_1 + ... + n_m)\sqrt{2} \in X$. Porém a igualdade $f_m(i) = (n_1 + ... + n_m)\sqrt{2} > n_i\sqrt{2} = f_m(i)$ caracteriza uma contradição. Portanto, X é infinito. Como encontramos um subconjunto X de números irracionais infinitos, de acordo com o Teorema 1.20, deduzimos que o conjunto dos números irracionais $\mathbb{I}$ é infinito.

Um conceito que nos ajuda a diferenciar os conjuntos infinitos é o de *enumerabilidade*. Seja X um conjunto infinito, ele será um **conjunto enumerável** quando existir uma bijeção $f : \mathbb{N} \to X$ de $\mathbb{N}$ em X. Nesse caso, podemos fazer uma enumeração dos elementos de X dispondo-os da seguinte maneira: $f(1) = x_1$, $f(2) = x_2$, ..., $f(n) = x_n$, ...; nesse caso, definimos X por $X = \{x_1, x_2, x_3, ..., x_n, ...\}$. Quando não houver tal bijeção, temos, então, um conjunto **não enumerável**. Quando o conjunto X é finito, dizemos que X é um *conjunto enumerável*.

Sabemos que o conjunto dos números naturais $\mathbb{N}$ é infinito. Para demonstrarmos que $\mathbb{N}$ é enumerável, basta considerarmos a aplicação identidade $id : \mathbb{N} \to \mathbb{N}$ definida por $id(x) = x$, que é bijetora.

Teorema 1.21
Todo subconjunto X do conjunto dos números naturais $\mathbb{N}$ é enumerável.

Para provarmos esse teorema, pela definição de *conjunto enumerável*, basta demostrarmos o caso em que X é infinito.

Como o conjunto dos números naturais tem um menor elemento, $X \subset \mathbb{N}$ também tem um menor elemento. Denotamos esse elemento por x_1 e o usamos para definir por x_2 o menor elemento de $X - \{x_1\} \subset \mathbb{N}$; de maneira análoga, definimos x_3 como o menor elemento de $Y_2 = X - \{x_1, x_2\}$ e assim sucessivamente.

Suponhamos que, definidos $x_1 < x_2 < ... < x_n$ e $Y_n = X - \{x_1, ..., x_n\}$, exista um menor elemento $x_{n+1} \in Y_n$, pois X é um conjunto infinito. Observamos que $X = \{x_1 < x_2 < ... < x_n < ...\}$, o que mostra que existe uma bijeção $f : \mathbb{N} \to X$, definida por $f(i) = x_i$. De fato, se existe um elemento $x \in X$ tal que $x \neq x_j$ para todo $j \in \mathbb{N}$, então $x \in Y_n$ para todo $n \in \mathbb{N}$. Isso implica que x é maior do que todos os elementos do conjunto $X = \{x_1, ..., x_n, ...\}$, ou seja, X é limitado e, por isso, deve ser finito, pois $x_n < x_{n+1}$. Esse fato contradiz a hipótese de X ser infinito. Logo, todo subconjunto dos números naturais é enumerável.

Teorema 1.22
O conjunto dos números inteiros $\mathbb{Z}$ é enumerável.

Vimos na Seção 1.3.2 que o conjunto dos números inteiros $\mathbb{Z}$ é infinito. Para provarmos que ele é enumerável, devemos estabelecer uma bijeção f de $\mathbb{N}$ em $\mathbb{Z}$. Assim, consideramos a função $f : \mathbb{N} \to \mathbb{Z}$, definida por:

$$f(x) = \begin{cases} \dfrac{x}{2} & \text{se } x \text{ é par} \\ -\dfrac{x+1}{2} & \text{se } x \text{ é ímpar} \end{cases}$$

Agora, devemos demonstrar que a função f é bijetora.

Se $f(x) = f(y)$, então $\dfrac{x}{2} = \dfrac{y}{2}$, ou seja, $x = y$, ou $-\dfrac{x+1}{2} = -\dfrac{y+1}{2}$, igualdade pela qual chegamos a $x + 1 = y + 1$ e $x = y$. Portanto, a função f é injetora.

Para demonstramos que a função f também é sobrejetora, consideramos um número $z \in \mathbb{Z}$ arbitrário. Assim, ocorrem dois casos: $z \geq 0$ e $z < 0$.

No primeiro caso, $z \geq 0$, existe $x = 2z \in \mathbb{N}$ tal que $f(x) = f(2z) = \dfrac{2z}{2} = z$.

No segundo caso, $z < 0$, existe $x = -1 - 2z \in \mathbb{N}\left(z < 0 \Rightarrow -2z > 0 \Rightarrow -1 - 2z > -1 \Rightarrow -1 - 2z \geq 0\right)$ tal que $f(x) = f(-1 - 2z) = -\dfrac{(-1-2z)+1}{2} = -\dfrac{(-2z)}{2} = z$. Em qualquer dos casos, vemos que a função f é sobrejetora.

Portanto, a função f é bijetora, o que demonstra que $\mathbb{Z}$ é enumerável.

Teorema 1.23
O conjunto dos números racionais $\mathbb{Q}$ é enumerável.

Vimos que $\mathbb{Z}$ é enumerável. De maneira semelhante à adotada no Teorema 1.22, para provarmos que o conjunto dos números racionais $\mathbb{Q}$ é enumerável, definimos, inicialmente, a bijeção $\varphi : (\mathbb{N} - \{0\}) \to \mathbb{Z}^*$ por:

$$f(x) = \begin{cases} \dfrac{x}{2}, & \text{se } x \text{ é par} \\ -\dfrac{x+1}{2}, & \text{se } x \text{ é ímpar} \end{cases}$$

Assim, $\mathbb{Z}^*$ é enumerável, uma vez que, de acordo com o Teorema 1.21, existe uma bijeção g de $\mathbb{N}$ em $\mathbb{N} - \{0\}$ e logo existe também uma bijeção definida por $\phi^{-1} = h = f \circ g$ de $\mathbb{N}$ em $\mathbb{Z}^*$.

Portanto, existem as funções $\varphi : \mathbb{Z} \to \mathbb{N}$ e $\phi : \mathbb{Z}^* \to \mathbb{N}$, ambas bijetoras. Além disso, definimos a função $\psi : \mathbb{Z} \cdot \mathbb{Z}^* \to \mathbb{N} \cdot \mathbb{N}$ por $\psi(x,y) = (\varphi(x), \psi(y))$. Como cada função coordenada φ e ϕ é bijetora, logo ψ é bijetora, assim como a função $r : \mathbb{Z} \cdot \mathbb{Z}^* \to \mathbb{Q}$, definida por $r(m,n) = \dfrac{m}{n}$. Além disso, a função $p : \mathbb{N} \cdot \mathbb{N} \to X$, sendo $X = \{x \in \mathbb{N}; x = 2^n \cdot 3^m, \text{com } n \cdot m \in \mathbb{N}\}$, definida por $p(x,y) = 2^n \cdot 3^m$, também é bijetora, pela unicidade de decomposição de um número em fatores primos.

Como X é subconjunto dos números naturais $\mathbb{N}$, logo, de acordo com o Teorema 1.21, existe uma bijeção $q : X \to \mathbb{N}$. Assim, observamos que

$$\mathbb{N} \xrightarrow{q^{-1}} X \xrightarrow{p^{-1}} \mathbb{N} \times \mathbb{N} \xrightarrow{\psi^{-1}} \mathbb{Z} \times \mathbb{Z}^* \xrightarrow{r} \mathbb{Q},$$

sendo que q^{-1}, p^{-1}, ψ^{-1} e r são bijetoras. Finalmente, existe uma bijeção $s : \mathbb{Q} \to \mathbb{N}$, definida por $s = r \circ \psi^{-1} \circ p^{-1} \circ q^{-1}$, demonstrando que o conjunto dos números racionais $\mathbb{Q}$ é enumerável.

Dizemos que um conjunto X é *denso* em $\mathbb{R}$ quando $(a,b) \cap X \neq \emptyset$ para todo $a, b \in \mathbb{R}$, isto é, quando qualquer intervalo (a,b) de $\mathbb{R}$ contiver algum ponto de X.

Teorema 1.24
O conjunto dos números racionais $\mathbb{Q}$ é denso em $\mathbb{R}$.

Para provarmos esse teorema, consideramos um intervalo arbitrário (a,b) em $\mathbb{R}$ e demostramos que existe um ponto racional nesse intervalo.

Como $b - a > 0$, existe um número natural n tal que $0 < \dfrac{1}{n} < b - a$, pois basta escolhermos $n > \dfrac{1}{b-a}$.

Em seguida, definimos um conjunto $X = \left\{ m \in \mathbb{N}; \dfrac{m}{n} \geq b \right\}$ e observamos que X é um conjunto limitado inferiormente por $b \cdot n$ e ilimitado superiormente. Seja m_0 o menor elemento de X, isto é, m_0 é o menor natural tal que $m_0 \geq bn$; assim, $m_0 - 1 < b \cdot n$, ou seja, $\dfrac{m_0 - 1}{n} < b$.

Agora, devemos provar que $\dfrac{m_0 - 1}{n} > a$. Assim, se $\dfrac{m_0 - 1}{n} \leq a$, então $-a \leq -\dfrac{m_0 - 1}{n}$; mas, como $b \leq \dfrac{m_0}{n}$, somando as igualdades membro a membro, segue-se que $b - a \leq \dfrac{m_0}{n} - \dfrac{m_0 - 1}{n} = \dfrac{1}{n}$, contradizendo a escolha de n.

Portanto, $a < \dfrac{m_0 - 1}{n} < b$, e explicitamos, assim, um número racional em todo o intervalo (a,b) de $\mathbb{R}$.

Teorema 1.25

O conjunto dos números irracionais $\mathbb{I}$ é denso em $\mathbb{R}$.

Para essa demonstração, consideramos um intervalo arbitrário (a,b) em $\mathbb{R}$ e demostramos que existe um ponto irracional nesse intervalo.

Como $b - a > 0$, existe um número natural n tal que $0 < \dfrac{\sqrt{2}}{n} < b - a$, pois basta escolhermos $n > \dfrac{\sqrt{2}}{b-a}$.

Definimos um conjunto $X = \left\{ m \in \mathbb{N}; \dfrac{m\sqrt{2}}{n} \geq b \right\}$ e observamos que X é um conjunto limitado inferiormente por $\dfrac{b \cdot n}{\sqrt{2}}$ e ilimitado superiormente. Agora, consideramos m_0 o menor elemento de X, isto é, m_0 é o menor natural tal que $m_0 \geq \dfrac{bn}{\sqrt{2}}$. Assim, $m_0 - 1 < \dfrac{b \cdot n}{\sqrt{2}}$, ou seja, $\left(\dfrac{m_0 - 1}{n}\right)\sqrt{2} < b$.

Para provarmos que $\left(\dfrac{m_0 - 1}{n}\right)\sqrt{2} > a$, vemos que, se $\left(\dfrac{m_0 - 1}{n}\right)\sqrt{2} \leq a$, então $-a \leq -\left(\dfrac{m_0 - 1}{n}\right)\sqrt{2}$; mas, como $b \leq \left(\dfrac{m_0}{n}\right)\sqrt{2}$, somando as desigualdades membro a membro, segue-se que $b - a \leq \left(\dfrac{m_0}{n}\right)\sqrt{2} - \left(\dfrac{m_0 - 1}{n}\right)\sqrt{2} = \dfrac{\sqrt{2}}{n}$, contradizendo a escolha de n.

Portanto, $a < \left(\dfrac{m_0 - 1}{n}\right)\sqrt{2} < b$, e explicitamos, assim, um número irracional em todo o intervalo (a,b) de $\mathbb{R}$.

Nosso objetivo agora é demonstrar que o conjunto dos números reais e o conjunto dos números irracionais são não enumeráveis. Para isso, utilizamos o *Teorema dos intervalos encaixados*, o qual será demonstrado no Teorema 2.6 do Capítulo 2, após desenvolvermos a noção de *sequências*.

Teorema 1.26 – Teorema dos intervalos encaixados

Se existe uma a família de intervalos encaixados $I_n = [x_n, y_n]$, com $n = 1, 2, 3, \ldots$, tais que $I_1 \subset I_2 \subset \ldots \subset I_n \subset \ldots$, então o conjunto da interseção infinita $I_1 \cap I_2 \cap \ldots \cap I_n \cap \ldots$ é não vazio, isto é, existe um ponto a pertencente a todo o intervalo I_n.

Veja a demonstração do Teorema 2.6 do Capítulo 2.

Teorema 1.27

O conjunto dos números reais $\mathbb{R}$ é não enumerável.

Para provarmos esse teorema, utilizamos o método da contradição ou do absurdo.

Suponhamos que o conjunto dos números reais $\mathbb{R}$ seja enumerável; então, existiria uma função $f: \mathbb{N} \to \mathbb{R}$ bijetora. Portanto, poderíamos definir $\mathbb{R}$ por $\mathbb{R} = \{x_1 < x_2 < \ldots < x_n < \ldots\}$. Com essas suposições, determinamos os intervalos $I_1 = [y_1, z_1]$ com $f(1) = x_1 \notin I_1$, e $I_2 = [y_2, z_2] \subset I_1$, com $f(2) = x_2 \notin I_2$, e assim sucessivamente. Construímos, assim, $\ldots \subset I_n \subset \ldots \subset I_2 \subset I_1$, $I_n \in [y_n, z_n]$ tais que $f(n) = x_n \notin I_n$. Observamos que podemos definir essa sequência de intervalos encaixados, pois, se $f(n+1) = x_{n+1} \in I_n$, então pelo menos um dos extremos, y_n ou z_n, é diferente de $f(n+1)$ e, logo, podemos definir $I_{n+1} = [y_{n+1}, z_{n+1}]$ por $\left[y_n, \frac{y_n + z_n}{2}\right]$ ou $\left[\frac{y_n + z_n}{2}, z_n\right]$.

Mas, de acordo com o Teorema 1.27 (demonstrado no Teorema 2.26), verificamos que existe um valor *a* pertencente ao conjunto da interseção infinita $I_1 \cap I_2 \cap \ldots \cap I_n \cap \ldots$ e, logo, $a \neq f(n)$ para todo *n*, o que mostra que a função *f* não é sobrejetora, contrariando o fato de ela ser bijetora.

Portanto, o conjunto dos número reais $\mathbb{R}$ é não enumerável.

Teorema 1.28
O conjunto dos números irracionais $\mathbb{I}$ é não enumerável.

Para provarmos esse teorema, utilizamos novamente o método da contradição ou do absurdo.

Suponhamos que o conjunto dos números irracionais $\mathbb{I}$ seja enumerável. Sabemos que, de acordo com o Teorema 1.23, o conjunto dos números racionais $\mathbb{Q}$ é enumerável. Assim, procuramos demonstrar que $\mathbb{Q} \cup \mathbb{I}$ é enumerável, pois, de fato, existem funções bijetoras $f: \mathbb{N} \to \mathbb{Q}$ e $g: \mathbb{N} \to \mathbb{I}$. Definindo a função $h: \mathbb{N} \times \mathbb{N} \to \mathbb{Q} \cup \mathbb{I}$ por $r(m,n) = (f(m), g(n))$, logo, como *f* e *g* são funções coordenadas, a função *h* é bijetora. Além disso, a função $p: \mathbb{N} \times \mathbb{N} \to X$, sendo $X = \{x \in \mathbb{N}; x = 2^n \cdot 3^m, \text{com } n \cdot m \in \mathbb{N}\}$, definida por $p(x,y) = 2^n \cdot 3^m$, também é bijetora. Como X é subconjunto dos números naturais $\mathbb{N}$, vemos, de acordo com o Teorema 1.21, que existe uma bijeção $q: X \to \mathbb{N}$. Nesse caso, observamos que

$$\mathbb{N} \xrightarrow{q} X \xrightarrow{p^{-1}} \mathbb{N} \times \mathbb{N} \xrightarrow{h} \mathbb{Q} \cup \mathbb{I},$$

sendo q, p^{-1} e h bijetoras. Finalmente, existe uma bijeção $s: \mathbb{N} \to \mathbb{Q} \cup$, definida por $s = h \circ p^{-1} \circ q$. Portanto, $\mathbb{R} = \mathbb{Q} \cup \mathbb{I}$ é enumerável, o que contradiz o Teorema 1.27.

Portanto, o conjunto dos números irracionais $\mathbb{I}$ não é enumerável.

Síntese

Neste capítulo, estudamos alguns métodos de demonstração de teoremas usados na matemática e como se dá a construção dos conjuntos numéricos que estão na base do conhecimento matemático.

Assim, observamos algumas características do conjunto dos números naturais, como o fato de ele ser infinito, enumerável e possuir estrutura de grupo comutativo em relação à operação da adição. Demonstramos que, ao acrescentarmos a ele os números negativos e o zero, mediante classes de equivalência, formamos o conjunto dos números inteiros.

Continuando a apresentação dos conjuntos numéricos, abordamos o conjunto dos números inteiros e as propriedades que fazem dele um conjunto infinito e enumerável, além de ser uma estrutura algébrica de anel comutativo com unidade em relação às operações usuais de soma e de multiplicação. Ao conjunto dos números inteiros, adicionamos, mediante classes de equivalência, seus inversos multiplicativos e obtivemos, assim, o conjunto dos números racionais, o qual é infinito, enumerável e denso no intervalo dos números reais. Vimos que ele tem estrutura de corpo ordenado com as operações usuais de adição e de multiplicação.

Também demonstramos que o conjunto dos números reais foi construído com base nos conjuntos anteriores e nos axiomas de Peano e procuramos esclarecer como ele foi definido para tornar o corpo ordenado do conjunto dos números racionais completo, por meio da noção dos cortes de Dedekind. Exploramos algumas de suas propriedades, as quais serão amplamente utilizadas no decorrer do livro, como o fato de a adição e a multiplicação o tornarem um corpo ordenado completo e infinito, mas não enumerável.

Por fim, vimos que a relação de diferença entre o conjunto dos números reais e o conjunto dos números racionais define o conjunto dos números irracionais, e provamos que esse conjunto numérico é infinito, não enumerável e denso no intervalo dos números reais.

Atividades de autoavaliação

1) Sobre o conjunto dos números naturais, assinale a afirmativa correta:
   a. É infinito e enumerável.
   b. É finito e enumerável.
   c. É infinito e não enumerável.
   d. É finito e não enumerável.

2) Sobre o conjunto dos números inteiros, assinale a afirmativa correta:
   a. É finito e enumerável.
   b. É um anel comutativo com unidade em relação às operações de soma e de multiplicação.
   c. É infinito e não enumerável.
   d. É um corpo ordenado em relação às operações de soma e de multiplicação, mas não é completo.

3) Considerando o conjunto dos números racionais, assinale a afirmativa correta:
   a. É infinito e não enumerável.
   b. Todo subconjunto de números racionais limitados superiormente tem um supremo.
   c. É constituído por todas as frações de números inteiros.
   d. É um corpo ordenado em relação às operações de soma e de multiplicação, mas não é completo.

4) Sobre o conjunto dos números reais, assinale a afirmativa correta:
   a. É finito e não enumerável.
   b. É infinito e enumerável.
   c. Não pode ser definido com base nos cortes de Dedekind.
   d. É um corpo ordenado completo.

5) Considerando o conjunto dos números irracionais, assinale a afirmativa correta:
   a. O resultado da soma de dois números irracionais é um número irracional.
   b. É definido com base em classes de equivalência.
   c. É um conjunto denso no conjunto dos números reais.
   d. Todas as raízes de números naturais são seus elementos.

Atividades de aprendizagem

1) Demostre que o conjunto dos números pares $\mathbb{P} = \{2k, k \in \mathbb{Z}\}$ é um conjunto enumerável.

2) Utilize o método da indução para demonstrar que $1^2 + 2^2 + 3^2 + \ldots + n^2 = \dfrac{n \cdot (n+1) \cdot (2n+1)}{6}$ para todo $n \in \mathbb{N}$.

3) Elabore um diagrama sobre as relações de inclusão entre os conjuntos numéricos estudados considerando a definição de cada um por meio da ampliação de conjuntos.

Neste capítulo, trabalhamos com conceitos envolvendo sequências e séries numéricas. A convergência de somas infinitas, a que denominamos *série*, está relacionada à convergência de sequências de somas parciais.

Também desenvolvemos teoremas cujos resultados servem para demonstrar que, no conjunto dos números reais, toda sequência de Cauchy é convergente, ao contrário de outras estruturas matemáticas. Por fim, estudamos vários testes utilizados para classificar as séries em convergentes ou divergentes.

As referências para este capítulo são Rudin (1971), Bartle e Sherbert (2000), Matos (2002), Lima (2004; 2006), Ávila (2005) e Panonceli (2015).

2 Sequências e séries de números reais

2.1 Sequências de números reais

Uma **sequência de números reais** é uma função $x : \mathbb{N} \to \mathbb{R}$ que, a cada número natural n, associa um número real $x(n) = x_n$. Chamamos o número n de *índice da sequência* e o x_n, de *n-ésimo* termo ou de *termo geral* da sequência.

Para denotar uma sequência, utilizamos $(x_n)_{n \in \mathbb{N}}$ ou $(x_1, x_2, \ldots, x_n, \ldots)$. Quando o conjunto de índices for explícito, utilizamos simplesmente a notação (x_n). Ressaltamos que não podemos confundir $(x_n)_{n \in \mathbb{N}}$ com $\{x_n\}_{n \in \mathbb{N}}$, pois $(x_n)_{n \in \mathbb{N}}$ representa uma sequência, isto é, uma função definida dos números naturais nos números reais, e $\{x_n\}_{n \in \mathbb{N}}$ representa o conjunto dos valores da sequência.

A representação geométrica para sequências é dada com base na representação de funções, na qual, para cada número natural n, associamos um número real denotado por x_n. Podemos representar alguns dos valores de x_n, com $n \in \mathbb{N}$, como pontos distribuídos na reta real, como apresentamos na Figura 2.1.

Figura 2.1 – Representação de sequências

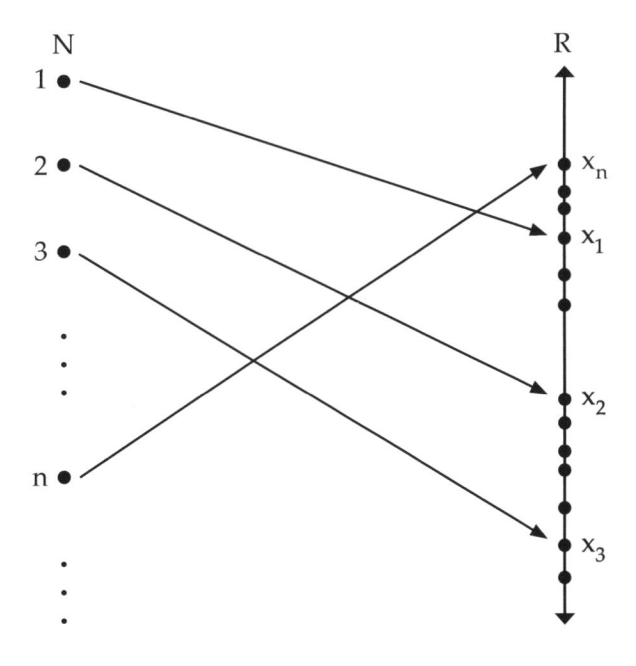

Exemplo 2.1

A função $x : \mathbb{N} \to \mathbb{R}$, dada por $x(n) = (-1)^n$, define a sequência $\left((-1)^n\right)_{n \in \mathbb{N}}$ ou, de forma equivalente, $(-1, 1, -1, 1, -1, 1, \ldots)$.

O conjunto de valores da sequência $\left((-1)^n\right)_{n \in \mathbb{N}}$ é igual a $\{-1, 1\} \subset \mathbb{R}$.

Uma sequência $(x_n)_{n \in \mathbb{N}}$ é **limitada** quando o seu conjunto de termos é limitado, isto é, quando existe um número $R \in \mathbb{R}_+$ tal que $|x_n| \leq R$ para todo $n \in \mathbb{N}$. Quando a sequência não for limitada, então ela será **ilimitada**.

Uma sequência $(x_n)_{n \in \mathbb{N}}$ é **crescente** quando $x_n < x_{n+1}$ para todo $n \in \mathbb{N}$, e **decrescente** quando $x_n > x_{n+1}$ para todo $n \in \mathbb{N}$; ela é **não decrescente** quando $x_n \leq x_{n+1}$ para todo $n \in \mathbb{N}$, e **não crescente** quando $x_n \geq x_{n+1}$ para todo $n \in \mathbb{N}$. Em qualquer desses casos, a sequência $(x_n)_{n \in \mathbb{N}}$ é **monótona**.

Exemplo 2.2

A sequência $\left(1 - \dfrac{1}{n}\right)_{n \in \mathbb{N}}$ é uma sequência limitada, uma vez que, pela desigualdade triangular, podemos desenvolvê-la para $\left|1 - \dfrac{1}{n}\right| = |1| + \left|\dfrac{1}{n}\right| < 1 + 1 = 2$, para $n \in \mathbb{N}$. Além disso, como $n < 1 + n$, logo $\dfrac{1}{n} > \dfrac{1}{1+n}$ e $-\dfrac{1}{n} < -\dfrac{1}{n+1}$; adicionando o número 1 em ambos os membros da desigualdade, obtemos $1 - \dfrac{1}{n} < 1 - \dfrac{1}{n+1}$, ou seja, $x_n < x_{n+1}$, demonstrando que $\left(1 - \dfrac{1}{n}\right)_{n \in \mathbb{N}}$ é uma sequência crescente.

Uma **subsequência de uma sequência** $(x_n)_{n \in \mathbb{N}}$ é uma restrição dessa sequência a um subconjunto infinito $\mathbb{N}' = \{n_1 < n_2 < \ldots < n_i < \ldots\}$ do conjunto $\mathbb{N}$.

Denotamos uma subsequência por $(x_n)_{n \in \mathbb{N}'}$ ou por $(x_{n_i})_{n_i \in \mathbb{N}}$.

Observamos que uma subsequência não é de fato uma sequência (a não ser que $\mathbb{N}' = \mathbb{N}$), pois o domínio da subsequência não é $\mathbb{N}$. Porém podemos pensar que uma subsequência é uma composição de funções e, assim, uma função com domínio $\mathbb{N}$.

De fato, considerando uma sequência $(x_n)_{n \in \mathbb{N}}$ definida por $x : n \to x_n$ e uma sequência crescente $(n_i)_{i \in \mathbb{N}}$ definida por $n : i \to n_i \in \mathbb{N}' \subset \mathbb{R}$, com $\mathbb{N}' = \{n_1 < n_2 < \ldots < n_i < \ldots\} \subset \mathbb{N}$, vemos que a subsequência de $(x_{ni})_{n \in \mathbb{N}}$ é definida como $x \circ n$, pois:

$$(x \circ n)(i) = x(n(i)) = x(n_i) = x_{n_i}.$$

Exemplo 2.3

A restrição ao conjunto dos números pares positivos $\mathbb{P} = \{2k; k \in \mathbb{N}\}$, da sequência $\left((-1)^n\right)_{n \in \mathbb{N}}$, produz a subsequência $\left((-1)^{2k}\right)_{k \in \mathbb{N}} = (1)_{k \in \mathbb{N}}$.

2.1.1 Limite de uma sequência

Uma sequência (x_n) converge para o limite L quando, para todo $\varepsilon > 0$, existe $N > 0$ tal que, para todo $n > N$, ocorre $|x_n - L| < \varepsilon$. Representamos essa situação por $(x_n) \to L$ ou $\lim_{n \to +\infty} x_n = L$.

Uma sequência que converge para um limite é classificada de **convergente**.

Caso contrário, ela é **divergente**. Assim, uma sequência é convergente para um número real L quando todo intervalo $(L - \varepsilon, L + \varepsilon)$, para todo $\varepsilon > 0$, contém todos os termos da sequência a partir de um índice $N > 0$.

Geometricamente, cada valor $\varepsilon > 0$ induz um intervalo $(L - \varepsilon, L + \varepsilon)$. A convergência da sequência (x_n) para o valor L se verifica quando encontramos um número $N > 0$ para o qual todos os termos de ordem maior do que N, isto é, $x_{N+1}, x_{N+2}, \ldots$, e assim por diante, pertencem ao intervalo $(L - \varepsilon, L + \varepsilon)$. Notamos que não importa em que posição da reta os termos $x_1, x_2, \ldots, x_N$ estejam, como mostramos na Figura 2.2.

Figura 2.2 – Convergência de sequência

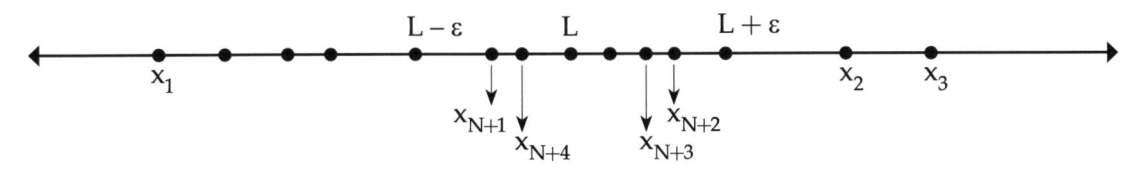

O valor $\varepsilon > 0$ é arbitrário, mas a noção de convergência da sequência é mais interessante quando trabalhamos com valores pequenos de ε, uma vez que, quando ε é grande, o intervalo $(L - \varepsilon, L + \varepsilon)$ é grande e pode conter vários pontos da sequência. Quando escolhemos um valor pequeno para ε, estamos dispondo os termos da sequência arbitrariamente próximos do limite desta.

Exemplo 2.4

A sequência $\left(1 - \dfrac{1}{n}\right)_{n \in \mathbb{N}}$ converge para 1.

De fato, dado $\varepsilon > 0$, existe $N = \dfrac{1}{\varepsilon}$ tal que $n > N$. Assim, obtemos

$$|x_n - L| = \left|1 - \frac{1}{n} - 1\right| = \left|\frac{1}{n}\right| = \frac{1}{n} < \frac{1}{N} = \varepsilon.$$

Nesse caso, utilizamos $n > N$ ou $\dfrac{1}{n} < \dfrac{1}{N} = \varepsilon$.

Portanto, $\left(1 - \dfrac{1}{n}\right)_{n \in \mathbb{N}}$ converge para 1.

Teorema 2.1
Toda sequência convergente é limitada.

Seja $\varepsilon > 0$. Como (x_n) é convergente – por exemplo, $(x_n) \to L$ – logo existe $N > 0$ tal que $n > N$, o que implica que

$$|x_n - L| < \varepsilon. \qquad \text{(Equação 2.1)}$$

Logo, somando e subtraindo L, utilizando a desigualdade triangular e a Equação 2.1, segue-se que

$$|x_n| = |x_n - L + L| \le |x_n - L| + |L| \le \varepsilon + |L|, \text{ para } n > N.$$

Por outro lado, se $n \le N$, então $|x_n| \le \max\{|x_1|, |x_2|, \ldots, |x_N|\}$. Portanto, considerando $M = \max\{|x_1|, |x_2|, \ldots, |x_N|, \varepsilon + |L|\}$, obtemos $|x_n| < M$ para todo $n \in \mathbb{N}$.

Exemplo 2.5
O Exemplo 2.4 mostra que a sequência $\left(1 - \dfrac{1}{n}\right)_{n \in \mathbb{N}}$ é convergente e, logo, de acordo com o Teorema 2.1, vemos que ela é limitada, o que pode ser comprovado pelo Exemplo 2.2.

Exemplo 2.6
A recíproca do Teorema 2.1 não é verdadeira, isto é, nem sempre uma sequência (x_n) limitada é convergente. Observamos que a sequência $\left((-1)^n\right)_{n \in \mathbb{N}}$ é limitada, pois $\left|(-1)^n\right| \le 1$, mas não converge, como veremos no Exemplo 2.8.

Uma sequência (x_n) diverge para $+\infty$ quando, dado qualquer $M > 0$, existe $N > 0$ tal que $n > N$ implique que $x_n > M$. Representamos esse caso por $r \lim_{n \to +\infty} x_n = +\infty$ ou $(x_n) \to +\infty$. De forma semelhante, uma sequência (x_n) diverge para $-\infty$ quando, dado qualquer $M > 0$, existe $N > 0$ tal que $n > N$ implique que $x_n < -M$.

Teorema 2.2
Toda sequência monótona e limitada é convergente.

Suponhamos que (x_n) seja uma sequência não decrescente. Como a sequência é limitada, então ela é limitada superiormente. Portanto, pelo Teorema 1.15, seu conjunto de termos possui um supremo L. Demonstramos que (x_n) converge para L. De fato, dado $\varepsilon > 0$, como L é o supremo do conjunto dos termos de (x_n), existe um índice $N > 0$ tal que $L - \varepsilon < x_N \le L$.

> Como a sequência é não decrescente, satisfaz $x_N \leq x_n$ para todo $n > N$. Assim, para $n > N$, temos $L - \varepsilon < x_N \leq x_n \leq L < L + \varepsilon$, em que a desigualdade $x_N \leq L$ decorre da limitação de (x_n). Portanto, existe $N > 0$ tal que, para todo $n > N$, há $|x_n - L| < \varepsilon$, demonstrando o resultado.
> Os demais casos são demonstrados de forma análoga.

Exemplo 2.7

De acordo com os Exemplos 2.2 e 2.4 e o Teorema 2.1, a sequência $\left(1 - \dfrac{1}{n}\right)_{n \in \mathbb{N}}$ é limitada e crescente. Pelo Teorema 2.2, vemos que ela é convergente, o que pode ser comprovado pelo Exemplo 2.5.

Alguns limites são importantes no estudo da análise matemática. Vejamos alguns deles na sequência.

a) $\lim\limits_{n \to \infty} \left(1 + \dfrac{1}{n}\right)^n$

Em primeiro lugar, demostramos que o limite existe. Para isso, assumimos que a sequência $\left(\left(1 + \dfrac{1}{n}\right)^n\right)$ é limitada e mostramos, pelo método da indução, que $\left(1 + \dfrac{1}{n}\right)^n < 3$ para todo $n \geq 3$.

Para $n = 3$, obtemos $\left(1 + \dfrac{1}{3}\right)^3 = \left(\dfrac{4}{3}\right)^3 = \dfrac{64}{27} < \dfrac{81}{27} = 3$.

Suponhamos, então, que $\left(1 + \dfrac{1}{h}\right)^h > 3$, com $h \geq 3$. Agora, devemos demostrar que $\left(1 + \dfrac{1}{h+1}\right)^{h+1} > 3$.

Por um lado, como $h + 1 > h$, logo $\dfrac{1}{h+1} < \dfrac{1}{h}$, ou, somando 1 em ambos os membros da desigualdade, obtemos $1 + \dfrac{1}{h+1} < 1 + \dfrac{1}{h}$, o que implica que $\left(1 + \dfrac{1}{h+1}\right)^{h+1} > \left(1 + \dfrac{1}{h}\right)^{h+1}$.

Por outro lado, pela hipótese de indução, obtemos

$$\left(1 + \dfrac{1}{h}\right)^{h+1} = \left(1 + \dfrac{1}{h}\right)^h \left(1 + \dfrac{1}{h}\right) = \left(1 + \dfrac{1}{h}\right)^h \dfrac{h+1}{h} > 3 \dfrac{h+1}{h} > 3 \cdot 1 = 3,$$

provando que $\left(1 + \dfrac{1}{h+1}\right)^{h+1} > 3$.

Portanto, a sequência $\left(\left(1 + \dfrac{1}{n}\right)^n\right)$ é limitada por $R = \max\{|x_1|, |x_2|, 3\}$.

Devemos, agora, provar que a sequência $\left(\left(1 + \dfrac{1}{n}\right)^n\right)$ é crescente.

Pelo binômio de Newton, obtemos

$$\left(1+\frac{1}{n}\right)^n = \binom{n}{0}1^n\left(\frac{1}{n}\right)^0 + \binom{n}{1}1^{n-1}\left(\frac{1}{n}\right)^1 + \binom{n}{2}1^{n-2}\left(\frac{1}{n}\right)^2 + \binom{n}{3}1^{n-3}\left(\frac{1}{n}\right)^3 + \ldots + \binom{n}{n}1^0\left(\frac{1}{n}\right)^n$$

$$= 1 + n\frac{1}{n} + \frac{n(n-1)}{2!}\cdot\frac{1}{n^2} + \frac{n(n-1)(n-2)}{3!}\frac{1}{n^3} + \ldots + \frac{n(n-1)(n-2)\ldots 2\cdot 1}{n!}\cdot\frac{1}{n^n} =$$

$$= 1 + 1 + \frac{1}{2!}\left(1-\frac{1}{n}\right) + \frac{1}{3!}\left(1-\frac{1}{n}\right)\left(1-\frac{2}{n}\right) + \ldots + \frac{1}{n!}\left(1-\frac{1}{n}\right)\left(1-\frac{2}{n}\right)\ldots\left(1-\frac{n-1}{n}\right).$$

Como $\left(1-\frac{k}{n}\right) > 0$ para $k = 1, 2, \ldots, n-1$, vemos que $\left(1-\frac{1}{n}\right)^n$ é uma soma de termos positivos e, portanto, a sequência $\left(\left(1+\frac{1}{n}\right)^n\right)$ é crescente.

Assim, como a sequência $\left(\left(1+\frac{1}{n}\right)^n\right)$ é limitada e crescente, de acordo com o Teorema 2.2, ela também é convergente. Seu limite é definido pelo número irracional e (número de Euler), isto é,

$$e = \lim_{n\to\infty}\left(1+\frac{1}{n}\right)^n.$$

b) $\lim \sqrt[n]{n} = 1$

Incialmente, demostramos que $\left(\sqrt[n]{n}\right)$ é decrescente e limitado inferiormente. A limitação inferior decorre de $\sqrt[n]{n} \geq \sqrt[n]{1} = 1$ para todo $n \geq 1$. Provamos que ele é decrescente ao verificar, por indução, que $\left(1+\frac{1}{n}\right)^n < n$ para todo $n \geq 3$. Para $h = 3$, vemos que $\left(1+\frac{1}{3}\right)^3 = \left(\frac{4}{3}\right)^3 = \frac{64}{27} < \frac{81}{27} = 3$.

Suponhamos que $\left(1+\frac{1}{h}\right)^h < h$, com $h \geq 3$, para provarmos que $\left(1+\frac{1}{h+1}\right)^{h+1} < h+1$.

Por um lado, vemos que $h+1 > h$, ou seja $\frac{1}{h+1} < \frac{1}{h}$. Adicionando o número 1 a ambos os membros da desigualdade, obtemos $1 + \frac{1}{h+1} < 1 + \frac{1}{h}$ e, logo, $\left(1+\frac{1}{h+1}\right)^{h+1} > \left(1+\frac{1}{h}\right)^{h+1}$.

Por outro lado, pela hipótese da indução, obtemos

$$\left(1+\frac{1}{h}\right)^{h+1} = \left(1+\frac{1}{h}\right)^h\left(1+\frac{1}{h}\right) = \left(1+\frac{1}{h}\right)^h\frac{h+1}{h} < h\frac{h+1}{h} = h+1.$$

Comparando os extremos, obtemos $\left(1+\frac{1}{h+1}\right)^{h+1} < h+1$.

Portanto, $\left(1+\frac{1}{n}\right)^n < n$ ou, de forma equivalente, $\left(\frac{n+1}{n}\right)^n < n$, o que implica que $(n+1)^n < n^{n+1}$. Ou, finalmente, obtemos $\sqrt[n+1]{n+1} < \sqrt[n]{n}$.

Portanto, a sequência $\left(\sqrt[n]{n}\right)$ é decrescente. Como ela é monótona e limitada, então, de acordo com o Teorema 2.2, ela é convergente, digamos, para L. Porém, $\lim_{n\to\infty}\sqrt[n]{n} = L$ implica que

$$L^2 = \lim_{n\to\infty} \sqrt[2n]{2n} = \lim_{n\to\infty} 2^{\frac{1}{n}}\sqrt[n]{n} = 2^{\lim_{n\to\infty}\frac{1}{n}} \lim_{n\to\infty}\sqrt[n]{n} = 1\cdot L = L.$$

Como $L \neq 0$, logo $L = 1$, demonstrando a existência do $\lim \sqrt[n]{n} = 1$.

Os seguintes teoremas (Teorema 2.3 e Teorema 2.4) tratam da convergência nas subsequências, propriedades que serão necessárias, posteriormente, para a demonstração de alguns resultados.

Teorema 2.3

Se (x_n) converge para L, então toda subsequência de (x_n) converge para L

Seja $(x_{n_k})_{k\in\mathbb{N}}$ uma subsequência de (x_n) e $\varepsilon > 0$. Se (x_n) converge para L, então existe $N > 0$ tal que $n > N$ implica que

$$|x_n - L| < \varepsilon. \quad \text{(Equação 2.2)}$$

Como o subconjunto de índices n_k é crescente e infinito, em algum momento ocorre $n_k > n > N$, implicando, pela Equação 2.2, que $|x_{n_k} - L| < \varepsilon$.

Portanto, $\lim_{k\to\infty} x_{n_k} = L$.

Mediante o Teorema 2.3, podemos demonstrar que uma sequência é divergente exibindo ou uma subsequência sua que seja divergente, ou duas subsequências suas que convirjam para limites diferentes.

Exemplo 2.8

A sequência $\left((-1)^n\right)_{n\in\mathbb{N}}$ é divergente.

Se a sequência $\left((-1)^n\right)_{n\in\mathbb{N}}$ converge para um valor L, vemos que as subsequências de ordem par e ímpar convergem para L, mas $\left((-1)^{2k}\right)_{k\in\mathbb{N}} = (1)_{k\in\mathbb{N}}$ converge para 1 e $\left((-1)^{2k+1}\right)_{k\in\mathbb{N}} = (-1)_{k\in\mathbb{N}}$ converge para -1, e logo temos a contradição $-1 = L = 1$. Portanto, a sequência $\left((-1)^n\right)_{n\in\mathbb{N}}$ é divergente.

Teorema 2.4

Se as sequências $(x_{2k})_{k\in\mathbb{N}}$ e $(x_{2k+1})_{k\in\mathbb{N}}$ convergem para o mesmo limite L, então $(x_n)_{n\in\mathbb{N}}$ converge para L.

Dado $\varepsilon > 0$, como $(x_{2k})_{k\in\mathbb{N}}$ e $(x_{2k+1})_{k\in\mathbb{N}}$ convergem para o mesmo limite L, existem $N_1 > 0$ e $N_2 > 0$, tais que $2k > N_1$ e $2k+1 > N_2$. Assim,

$$|x_{2k} - L| < \varepsilon \qquad \text{(Equação 2.3)}$$

e

$$|x_{2k+1} - L| < \varepsilon. \qquad \text{(Equação 2.4)}$$

Desse modo, existe $N = \max\{N_1, N_2\}$ tal que $n > N$. O índice n ou é ímpar, ou é par, implicando, pelas Equações 2.3 e 2.4, que $|x_n - L| < \varepsilon$.

Um número real L será o **ponto de aderência** de uma dada sequência (x_n) quando L for o limite de alguma subsequência de (x_n) ou quando todo intervalo $(L - \varepsilon, L + \varepsilon)$, para todo $\varepsilon > 0$, contiver infinitos termos da sequência a partir de um índice $N > 0$.

2.1.2 Operações com limites

O próximo resultado trata do limite das operações de soma, de produto e de divisão de sequências e de multiplicação por escalar envolvendo sequências convergentes.

Teorema 2.5

Se (x_n) e (y_n) são sequências convergentes para L_1 e L_2, respectivamente, então são verdadeiras as seguintes afirmativas:

a) A sequência $(x_n + y_n)$ é convergente e o $\lim(x_n + y_n) = \lim x_n + \lim y_n = L_1 + L_2$;
b) A sequência (kx_n), com $k \in \mathbb{R}$, é convergente e o $\lim(kx_n) = k \lim x_n = kL_1$;
c) A sequência $(x_n y_n)$ é convergente e o $\lim(x_n y_n) = \lim x_n \lim y_n = L_1 L_2$;

d) Se $L_2 \neq 0$, então a sequência $\left(\dfrac{x_n}{y_n}\right)$ é convergente e o $\lim\left(\dfrac{x_n}{y_n}\right) = \dfrac{\lim x_n}{\lim y_n} = \dfrac{L_1}{L_2}$.

Demonstração:

a) Dado $\varepsilon > 0$. Como $(x_n) \to L_1$, existe $M_1 > 0$ tal que, para todo $n > M_1$,

$$|x_n - L_1| < \frac{\varepsilon}{2}. \qquad \text{(Equação 2.5)}$$

Como $(y_n) \to L_2$, existe $M_2 > 0$ tal que, para todo $n > M_2$,

$$|y_n - L_2| < \frac{\varepsilon}{2}. \qquad \text{(Equação 2.6)}$$

Assumimos que $(x_n + y_n) \to L_1 + L_2$; observamos que existe $M = \max\{M_1, M_2\}$ tal que, para todo $n > M$, obtemos, utilizando a desigualdade triangular e as Equações 2.5 e 2.6:

$$|(x_n + y_n) - (L_1 + L_2)| = |x_n - L_1 + y_n - L_2| \leq |x_n - L_1| + |y_n - L_2| < \frac{\varepsilon}{2} + \frac{\varepsilon}{2} = \varepsilon.$$

b) Dados $\varepsilon > 0$ e $k \in \mathbb{R}$. Como $(x_n) \to L_1$, existe $M_1 > 0$ tal que, para todo $n > M_1$,

$$|x_n - L_1| < \frac{\varepsilon}{|k|}. \qquad \text{(Equação 2.7)}$$

Assim, considerando $M = M_1$, obtemos, para todo $n > M_1$, utilizando a propriedade de módulo e a Equação 2.7:

$$|kx_n - kL_1| = |k(x_n - L_1)| = |k||x_n - L_1| < |k|\frac{\varepsilon}{|k|} = \varepsilon.$$

c) Dado $\varepsilon > 0$. Como (y_n) é convergente, de acordo com o Teorema 2.1, (y_n) é limitada, digamos, por uma constante $M > 0$, isto é,

$$|y_n| \leq M, \text{ para todo } n \in \mathbb{N}. \quad \text{(Equação 2.8)}$$

Como (x_n) é convergente para L_1, existe $N_1 > 0$ tal que $n > N_1$ implica que

$$|x_n - L_1| < \frac{\varepsilon}{2M}. \quad \text{(Equação 2.9)}$$

Como (y_n) é convergente para L_2, existe $N_2 > 0$ tal que $n > N_2$ implica que

$$|y_n - L_2| < \frac{\varepsilon}{2|L_1|}. \quad \text{(Equação 2.10)}$$

Portanto, existe $N = \max\{N_1, N_2\}$ tal que, para $n > N$, obtemos, utilizando a desigualdade triangular e as Equações 2.8, 2.9 e 2.10 e somando e subtraindo $L_1 y_n$ ao segundo termo da desigualdade:

$$|x_n \cdot y_n - L_1 \cdot L_2| = |x_n y_n - L_1 y_n + L_1 y_n - L_1 L_2| =$$
$$= |(x_n - L_1)y_n + L_1(y_n - L_2)| \leq |(x_n - L_1)y_n| + |L_1(y_n - L_2)| =$$
$$= |x_n - L_1||y_n| + |L_1||y_n - L_2| < \frac{\varepsilon}{2M}M + |L_1|\frac{\varepsilon}{2|L_1|} = \varepsilon.$$

Ou seja, de fato, $(x_n y_n)$ converge para $L_1 L_2$.

d) Inicialmente, demonstramos que $\left(\frac{1}{y_n}\right)$ converge para $\frac{1}{b}$.

Assim, dado $\varepsilon > 0$, como (y_n) converge para $L_2 \neq 0$, então existe $N_1 > 0$ tal que, para $n > N_1$, chegamos a $|y_n - L_2| \leq \frac{|L_2|}{2}$, o que implica que $-|y_n - L_2| \geq -\frac{|L_2|}{2}$. Logo, pela desigualdade triangular:

$$|L_2| = |(L_2 - y_n) + (y_n)| \leq |y_n - L_2| + |y_n|.$$

Assim, vemos que $|L_2| - |y_n - L_2| \leq |y_n|$ e, logo, obtemos

$$|y_n| \geq |L_2| - |y_n - L_2| \geq |L_2| - \frac{|L_2|}{2} = \frac{|L_2|}{2}.$$

Portanto, para $n > N_1$, invertendo a desigualdade, chegamos a

$$\frac{1}{|y_n|} \leq \frac{2}{|L_2|}. \quad \text{(Equação 2.11)}$$

Além disso, como (y_n) converge a L_2, existe um $N_2 > 0$ tal que, para $n > N_2$,

$$|y_n - L_2| < \frac{|L_2|^2 \varepsilon}{2}.$$ (Equação 2.12)

Assim, existe $N = \max\{N_1, N_2\}$ tal que, para $n > N$, obtemos, utilizando as Equações 2.11 e 2.12:

$$\left|\frac{1}{y_n} - \frac{1}{L_2}\right| = \frac{|L_2 - y_n|}{|y_n||L_2|} = \frac{1}{|y_n|}\frac{1}{|L_2|}|y_n - L_2| < \frac{2}{|L_2|}\frac{1}{|L_2|}\frac{|L_2|^2 \varepsilon}{2} = \varepsilon.$$

Demonstrando, dessa maneira, que $\left(\dfrac{1}{y_n}\right)$ converge para $\dfrac{1}{L_2}$.

Finalmente, como (x_n) converge para L_1 e $\left(\dfrac{x_n}{y_n}\right) = \left(x_n \cdot \dfrac{1}{y_n}\right)$, vemos que, conforme a demonstração da afirmativa anterior ("c"), $\left(\dfrac{x_n}{y_n}\right)$ converge para $\dfrac{L_1}{L_2}$.

Exemplo 2.9

O Teorema 2.5 dá rigor matemático a cálculos de limites como:

$$\lim_{n\to\infty}\frac{2n^2 + 3n}{7n^2 - 2} = \lim_{n\to\infty}\frac{\frac{2n^2 + 3n}{n^2}}{\frac{7n^2 - 2}{n^2}} = \lim_{n\to\infty}\frac{2 + \frac{3}{n}}{7 - \frac{2}{n^2}} = \frac{\lim_{n\to\infty} 2 + \lim_{n\to\infty}\frac{3}{n}}{\lim_{n\to\infty} 7 - \lim_{n\to\infty}\frac{2}{n^2}} = \frac{2 + 0}{7 - 0} = \frac{2}{7}.$$

Estamos interessados em apresentar o teorema de Bolzano-Weierstrass para o caso do corpo ordenado completo dos números reais. Mas, antes, precisamos demonstrar o teorema a seguir.

Teorema 2.6 – Teorema dos intervalos encaixados

Se existe uma a família de intervalos encaixados $I_n = [x_n, y_n]$, com $n = 1, 2, 3, \ldots$, tais que $I_1 \subset I_2 \subset \ldots \subset I_n \subset \ldots$, então o conjunto da interseção infinita $I_1 \cap I_2 \cap \ldots \cap I_n \cap \ldots$ é não vazio, isto é, existe um ponto a pertencente a todo o intervalo I_n.

Se, além disso, a sequência dos tamanhos dos intervalos tender a zero, isto é, $|y_n - x_n| \to 0$, então a interseção é o ponto a, isto é, $I_1 \cap I_2 \cap \ldots \cap I_n \cap \ldots = \{a\}$.

Como os intervalos são encaixantes, então as sequências (x_n) e (y_n) são, respectivamente, não decrescente e não crescente, satisfazendo $x_1 \leq x_n < y_n \leq y_1$, sendo que a condição estrita $x_n < y_n$ é a condição de existência do intervalo I_n.

Decorre dessa desigualdade que as sequências (x_n) e (y_n) são limitadas por $r = \max\{|x_1|, |y_1|\}$. Como as sequências (x_n) e (y_n) são monótonas e limitadas, logo, de acordo com o Teorema 2.2, elas são convergentes, digamos, para X e Y, respectivamente.

Como $x_n < y_n$, logo $X \leq Y$ Assim, mostramos, pelo método da contradição ou do absurdo, que $X > Y$ implica que $X - Y < 0$ e $y_n - x_n < 0$. Logo, de acordo com o Teorema 2.5, o $\lim_{n\to\infty}(y_n - x_n) = (Y - X)$ e, assim, dado $\varepsilon = \dfrac{(Y-X)}{2} > 0$, existe $N > 0$ tal que $|(y_n - x_n) - (Y - X)| <$ $< \dfrac{(Y-X)}{2}$, ou seja, de acordo com o Teorema 1.16, vemos que $\dfrac{(X-Y)}{2} < (y_n - x_n) - (Y - X) <$ $< \dfrac{(Y-X)}{2}$; somando $(Y - X)$ em todos os membros dessa desigualdade, obtemos $\dfrac{(Y-X)}{2} < (y_n - x_n) < \dfrac{3(Y-X)}{2}$, ou, utilizando apenas os dois primeiros membros da desigualdade, vemos que $(y_n - x_n) > \dfrac{(Y-X)}{2} > 0$, contradizendo o fato de que $y_n - x_n < 0$. Portanto, $X \leq Y$ e $[X,Y] \subset I_n$ para todo n e, então

$$I_1 \cap I_2 \cap ... \cap I_n \cap ... = [X, Y].$$

Se $X = Y$ (isso ocorre no caso em que $y_n - x_n \to 0$), então

$$I_1 \cap I_2 \cap ... \cap I_n \cap ... = \{X\}.$$

Teorema 2.7 – teorema de Bolzano-Weierstrass
Toda sequência limitada possui uma subsequência convergente.

Seja (x_n) uma sequência limitada; então seus termos estão contidos em um intervalo fechado I, de comprimento c. Dividimos esse intervalo em dois subintervalos fechados de comprimento $\dfrac{c}{2}$. Dessa forma, pelo menos um dos intervalos contém infinitos termos da sequência. Escolhemos esse intervalo e o denominamos I_1. Repetimos esse procedimento em I_1, obtendo um intervalo I_2, de tamanho $\dfrac{c}{2^2}$, que contém infinitos elementos da sequência.

Aplicando esse mesmo processo repetidamente, obtemos um intervalo fechado I_n, de comprimento $\dfrac{c}{2^n}$, que contém infinitos elementos da sequência. Assim, obtemos uma sequência de intervalos fechados $I_1 \subset I_2 \subset ... \subset I_n \subset ...$, dos quais os tamanhos formam uma sequência que tende a zero.

Seja L o elemento que está presente em todos os intervalos – isso é garantido pelo *Teorema dos intervalos encaixados* (ver a demonstração do Teorema 2.6). Escolhemos, em cada intervalo I_i, com $i \in \mathbb{N}$, um elemento x_{n_i} de (x_n) de modo que $n_1 < n_2 < ... < n_i < ...$(devemos levar em conta essa condição de índices para garantir uma subsequência).

> Assumimos que $(x_{n_i})_{i \in \mathbb{N}}$ converge para L. Assim, dado $\varepsilon > 0$, existe $N > 0$ tal que $\dfrac{c}{2^N} < \varepsilon$, implicando que $I_i \subset (L - \varepsilon, L + \varepsilon)$ para $i > N$. Como $x_{n_i} \in I_i$, $n_i > N$, logo $x_{n_i} \in (L - \varepsilon, L + \varepsilon)$, ou seja, $L - \varepsilon < x_{n_i} < L + \varepsilon$, implicando que $|x_{n_i} - L| < \varepsilon$ para $n_i > N$.
> Portanto, $(x_{n_i})_{i \in \mathbb{N}}$ converge para L.

Dito de outra forma, o Teorema 2.7 assevera que toda sequência limitada possui pelo menos um ponto de aderência.

Exemplo 2.10

Sabemos que a sequência $((-1)^n)_{n \in}$ é divergente, ainda que limitada. Logo, ela admite uma subsequência $((-1)^{2n})_{n \in \mathbb{N}}$ que, por ser constante e igual a 1, é convergente para 1.

> **Para saber mais**
> IMPA – Instituto Nacional de Matemática Pura e Aplicada. **Análise na reta**: aula 3. Professor Elon Lages Lima. 3 fev. 2015c. Disponível em: <http://www.youtube.com/watch?v=05OnjvnrWyI&index=3&list=PLDf7S31yZaYxQdfUX8GpzOdeUe2KS93wg>. Acesso em: 3 fev. 2017.
> Terceira parte da aula sobre a análise da reta, com muitas informações interessantes sobre os números reais.

2.1.3 Sequências de Cauchy

Uma sequência (x_n) é uma **sequência de Cauchy** quando, dado $\varepsilon > 0$, existe $N > 0$ tal que, para todo $n > N$ e todo $m > N$, então $|x_n - x_m| < \varepsilon$.

Exemplo 2.11

A sequência $\left(1 - \dfrac{1}{n}\right)$ é uma sequência de Cauchy.

Dado $\varepsilon > 0$, existe $N = \dfrac{1}{2\varepsilon}$ tal que $n > N$, $m > N$ e $n > m$, ou seja, $\dfrac{m}{2} > \varepsilon$ e $\dfrac{1}{n} < \dfrac{1}{m}$.

Utilizando a desigualdade triangular, obtemos

$$|x_n - x_m| = \left|\left(1 - \dfrac{1}{n}\right) - \left(1 - \dfrac{1}{m}\right)\right| = \left|\dfrac{1}{m} - \dfrac{1}{n}\right| \leq \left|\dfrac{1}{m}\right| + \left|\dfrac{1}{n}\right| = \dfrac{1}{m} + \dfrac{1}{n} < \dfrac{1}{m} + \dfrac{1}{m} = \dfrac{2}{m} < \varepsilon.$$

Portanto, $\left(1 - \dfrac{1}{n}\right)$ é uma sequência de Cauchy.

No Exemplo 2.5, vimos que $\left(1-\frac{1}{n}\right)$ é uma sequência convergente e, no Exemplo 2.11, vimos que $\left(1-\frac{1}{n}\right)$ é uma sequência de Cauchy. Assim, podem surgir as seguintes dúvidas: será que toda sequência convergente é uma sequência de Cauchy? E a recíproca é verdadeira? As respostas a essas dúvidas são afirmativas para o corpo ordenado completo dos números reais, como comprovaremos no próximo teorema.

Teorema 2.8

Seja (x_n) uma sequência de números reais; então (x_n) será convergente se e somente se (x_n) for uma sequência de Cauchy.

$(\Rightarrow)$ Para provarmos que (x_n) é uma sequência de Cauchy, suponhamos que ela seja convergente para L e $\varepsilon > 0$. Então, pela definição de convergência, existe $N > 0$ tal que, para $n > N$ e $m > N$,

$$|x_n - L| < \frac{\varepsilon}{2} \text{ e } |x_m - L| < \frac{\varepsilon}{2} \qquad \text{(Equação 2.13)}$$

Portanto, existe $N > 0$ tal que, para $n > N$ e $m > N$, somando e subtraindo L e utilizando a desigualdade triangular e a Equação 2.12:

$$|x_n - x_m| = |(x_n - L) + (L - x_m)| \leq |x_n - L| + |L - x_m| < \frac{\varepsilon}{2} + \frac{\varepsilon}{2} = \varepsilon.$$

Portanto, (x_n) é uma sequência de Cauchy.

$(\Leftarrow)$ Para provarmos que (x_n) é uma sequência convergente, suponhamos que ela seja uma sequência de Cauchy. Assim, demonstramos, inicialmente, que a sequência (x_n) é limitada.

Como assumimos que (x_n) é uma sequência de Cauchy, dado $\varepsilon > 0$, existe $N_1 > 0$ tal que, para todo $n > N_1$ e todo $m = N_1 + 1 > N$, então $|x_n - x_{N_1+1}| < 1$. Logo,

$$|x_n| = |x_n - x_{N_1+1} + x_{N_1+1}| \leq |x_n - x_{N_1+1}| + |x_{N_1+1}| < \varepsilon + |x_{N_1+1}|.$$

Assim, considerando-se $R = \max\{|x_1|, |x_2|, \ldots, |x_{N_1}|, \varepsilon + |x_{N_1+1}|\}$, logo $|x_n| \leq R$ para todo $n \in \mathbb{N}$, demonstrando que a sequência (x_n) é limitada (notamos que, como ε está fixo, o valor de R é uma constante).

Como (x_n) é limitada, então, de acordo com o teorema de Bolzano-Weierstrass (Teorema 2.7), (x_n) tem uma subsequência (x_{n_i}) convergente para L. Assim, para $\varepsilon > 0$, existe $N_2 > 0$ tal que, para todo $n_i > N_2$,

$$|x_{n_i} - L| < \frac{\varepsilon}{2}. \qquad \text{(Equação 2.14)}$$

Como (x_n) é uma sequência de Cauchy, existe $N_3 > 0$ tal que, para $n > N_3$ e $n_i > N_3$,

$$|x_n - x_{n_i}| < \frac{\varepsilon}{2}. \qquad \text{(Equação 2.15)}$$

> Portanto, existe $N = \max\{N_1, N_2, N_3\}$ tal que, para $n > N$, utilizando a desigualdade triangular e as Equações 2.14 e 2.15 e somando e subtraindo x_{n_i}, obtemos
>
> $$|x_n - L| = |x_n - x_{n_i} + x_{n_i} - L| \leq |x_n - x_{n_i}| + |x_{n_i} - L| < \frac{\varepsilon}{2} + \frac{\varepsilon}{2} = \varepsilon.$$
>
> Portanto, (x_n) é uma sequência convergente (converge para L).

2.2 Séries numéricas

Consideramos uma sequência de números naturais (x_n) e definimos uma **série** s como sendo a soma infinita da qual os termos são os elementos da sequência (x_n), isto é:

$$s = \sum_{n=1}^{\infty} x_n = x_1 + x_2 + \ldots + x_n + \ldots$$

Exemplo 2.12

A série definida pela sequência

$$(x_n) = \left(\frac{1}{10}, \frac{1}{100}, \frac{1}{1000}, \frac{1}{10000}, \ldots\right)$$

é a soma infinita

$$s = \frac{1}{10} + \frac{1}{100} + \frac{1}{1000} + \frac{1}{10000} + \ldots$$

Nesse caso, podemos calcular o valor da soma infinita escrevendo cada fração em sua forma decimal e somando termo a termo. Assim,

$$s = 0{,}1 + 0{,}01 + 0{,}001 + 0{,}0001 + \ldots = 0{,}11111\ldots$$

Já a série definida pela sequência

$$(x_n) = (1, 2, 3, 4, 5, \ldots)$$

não pode ser calculada, pois:

$$s = 1 + 2 + 3 + 4 + 5 + \ldots = +\infty.$$

A seção seguinte foi desenvolvida para responder quando uma série é convergente, isto é, quando a soma infinita representa um valor numérico.

2.2.1 Séries convergentes

Ao observarmos a soma da sequência $(x_n) = (1, 2, 3, 4, 5, \ldots)$ do Exemplo 2.12, surge o seguinte questionamento: o que seria uma soma infinita? Para responder a essa dúvida, vamos definir uma sequência auxiliar:

$$S_1 = x_1, S_2 = x_1 + x_2, S_3 = x_1 + x_2 + x_3, S_n = \sum_{i=1}^{n} x_i,$$

em que o termo S_n consiste na soma finita envolvendo os *n* primeiros termos da sequência (x_n). O termo S_n é denominado *soma parcial de n elementos*. Observamos que todas as somas parciais são somas finitas de números reais, as quais conseguimos operar de maneira usual.

Consideramos a sequência de somas parciais (S_n) se existir o limite

$$s = \lim_{n \to \infty} S_n = \lim_{n \to \infty}(x_1 + x_2 + \ldots + x_n) = \lim_{n \to \infty} \sum_{i=1}^{n} x_i = \sum_{i=1}^{\infty} x_i.$$

Nesse caso, dizemos que a série $\sum_{n=1}^{\infty} x_n$ é **convergente** e o seu valor é *s*. Caso contrário, dizemos que a série $\sum_{n=1}^{\infty} x_n$ é **divergente**. Em síntese, o valor de uma série definida pela sequência (x_n) é o limite da sequência de somas parciais (S_n) definida por $S_n = \sum_{i=1}^{n} x_i$.

O teorema seguinte define a condição necessária para uma série ser convergente, isto é, qual é a condição que uma série deve satisfazer para tal. É importante ressaltar que o resultado obtido não garante a convergência, mas pode ser utilizado para afirmarmos que uma série é divergente. Por essa razão, o teorema é chamado de *critério de divergência*.

Teorema 2.9 – Critério de divergência

Se $\sum_{n=1}^{\infty} x_n$ é convergente, então $\lim_{n \to \infty} x_n = 0$.

Consideramos as somas parciais $S_n = x_1 + x_2 + \ldots + x_{n-1} + x_n$ e $S_{n-1} = x_1 + x_2 + \ldots + x_{n-1}$.

Por um lado, como a série é convergente, logo

$$\lim_{n \to \infty} S_n = \sum_{n=1}^{\infty} x_n = \lim_{n \to \infty} S_{n-1}.$$

Ou seja, pela operação de subtração usual, obtemos

$$\lim_{n \to \infty} S_n - \lim_{n \to \infty} S_{n-1} = 0.$$

Por outro lado, $S_n = S_{n-1} + x_n$ implica que $x_n = S_n - S_{n-1}$. Portanto, de acordo com o Teorema 2.5, obtemos

$$\lim_{n \to \infty} x_n = \lim_{n \to \infty}(S_n - S_{n-1}) = \lim_{n \to \infty} S_n - \lim_{n \to \infty} S_{n-1} = 0.$$

Exemplo 2.13

No exemplo 2.12, observamos que a série $\sum_{n=1}^{\infty} n = 1 + 2 + 3 + \ldots$ é divergente.

Podemos, agora, justificar essa afirmação observando que $\lim_{n \to \infty} n \neq 0$.

Notamos que a recíproca do Teorema 2.9 é falsa. O exemplo a seguir explicita esse fato.

Exemplo 2.14 – Série harmônica

A série $\sum_{n=1}^{\infty} \frac{1}{n}$ diverge, mesmo com $\lim_{n \to \infty} \frac{1}{n} = 0$.

De fato, ao calcularmos a soma

$$s = 1 + \frac{1}{2} + \left(\frac{1}{3} + \frac{1}{4}\right) + \left(\frac{1}{5} + \frac{1}{6} + \frac{1}{7} + \frac{1}{8}\right) + \left(\frac{1}{9} + \frac{1}{10} + \ldots + \frac{1}{16}\right) + \left(\frac{1}{17} + \frac{1}{18} + \ldots + \frac{1}{32}\right) + \ldots,$$

percebemos que cada grupo indicado entre parênteses, é maior que $\frac{1}{2}$.

Assim,

$$\frac{1}{3} + \frac{1}{4} > \frac{1}{4} + \frac{1}{4} = \frac{2}{4} = \frac{1}{2}$$

$$\frac{1}{5} + \frac{1}{6} + \frac{1}{7} + \frac{1}{8} > \frac{1}{8} + \frac{1}{8} + \frac{1}{8} + \frac{1}{8} = \frac{4}{8} = \frac{1}{2}$$

e assim por diante. Generalizando, obtemos

$$\frac{1}{2^k + 1} + \frac{1}{2^k + 2} + \ldots + \frac{1}{2^{k+1}} > \frac{1}{2^{k+1}} + \frac{1}{2^{k+1}} + \ldots \frac{1}{2^{k+1}} = \frac{2^k}{2^{k+1}} = \frac{1}{2}$$

para todo $k \geq 2$.

Dessa maneira, chegamos a

$$s = 1 + \frac{1}{2} + \left(\frac{1}{3} + \frac{1}{4}\right) + \left(\frac{1}{5} + \frac{1}{6} + \frac{1}{7} + \frac{1}{8}\right) + \left(\frac{1}{9} + \frac{1}{10} + \ldots + \frac{1}{16}\right) +$$

$$+ \left(\frac{1}{17} + \frac{1}{18} + \ldots + \frac{1}{32}\right) + \ldots > 1 + \frac{1}{2} + \frac{1}{2} + \frac{1}{2} + \frac{1}{2} + \frac{1}{2} + \ldots = \infty,$$

ou seja, a série $\sum_{n=1}^{\infty} \frac{1}{n}$ tem soma maior do que ∞.

Portanto, a série $\sum_{n=1}^{\infty} \frac{1}{n}$ diverge.

Exemplo 2.15 – Série geométrica

A série $\sum_{n=1}^{\infty} p^{n-1}$ converge para $|p| < 1$ e diverge para $|p| \geq 1$.

A sequência de somas parciais é definida por:

$$S_n = 1 + p + p^2 + \ldots + p^{n-1}.$$

Multiplicando ambos os membros por $-p$, obtemos

$$-p \cdot S_n = -p - p^2 - p3 \ldots - p^n.$$

Logo, somando membro a membro, chegamos a

$$(1-p)S_n = 1 - p^n.$$

Ou, de forma equivalente,

$$S_n = \frac{1 - p^n}{1 - p}.$$

Portanto, por definição, vemos que

$$\sum_{n=1}^{\infty} p^{n-1} = \lim_{n\to\infty} S_n = \lim_{n\to\infty} \frac{1-p^n}{1-p} = \lim_{n\to\infty} \frac{1}{1-p} + \lim_{n\to\infty} \frac{-p^n}{1-p} = \frac{1}{1-p} + \frac{\lim_{n\to\infty} -p^n}{1-p}.$$

Suponhamos que $|p| < 1$. Logo, segue-se que $\lim_{n\to\infty} p^n = 0$.

Assim, a série geométrica $\sum_{n=1}^{\infty} p^{n-1}$ converge para $\frac{1}{1-p}$. Caso contrário, se $|p| \geq 1$, então $\lim_{n\to\infty} p^n = \infty$ e, portanto, a série $\sum_{n=1}^{\infty} p^{n-1}$ diverge.

Fonte: Elaborado com base em Ávila, 2005, p. 109-110.

Exemplo 2.16 – Série de Euler

Mostramos que $e = \sum_{n=1}^{\infty} \frac{1}{n!}$.

Por definição, vemos que

$$e = \lim_{n\to\infty} \left(1 + \frac{1}{n}\right)^n.$$

Por um lado, utilizando o binômio de Newton e o fato de que $\left(1 - \frac{k}{n}\right) < 1$ para $k = 1, 2, \ldots, n-1$, chegamos a

$$\left(1+\frac{1}{n}\right)^n = 1 + 1 + \frac{1}{2!}\left(1-\frac{1}{n}\right) + \frac{1}{3!}\left(1-\frac{1}{n}\right)\left(1-\frac{2}{n}\right) + \ldots + \frac{1}{n!}\left(1-\frac{1}{n}\right)\left(1-\frac{2}{n}\right)\cdots\left(1-\frac{n-1}{n}\right) <$$
$$< 1 + 1 + \frac{1}{2!} + \frac{1}{3!} + \ldots + \frac{1}{n!}.$$

Logo, aplicando limite em ambos os membros da igualdade acima, obtemos

$$e = \lim_{n\to\infty}\left(1-\frac{1}{n}\right)^n \leq \lim_{n\to\infty} \sum_{i=0}^{n} \frac{1}{i!} = \sum_{n=0}^{\infty} \frac{1}{n!}.$$

Por outro lado, para todo $p \in \mathbb{N}$ fixo, como $\left(\left(1-\frac{1}{n}\right)^n\right)$ é uma sequência crescente, logo, para todo $n > p$:

$$\left(1+\frac{1}{n}\right)^n = 1 + 1 + \frac{1}{2!}\left(1-\frac{1}{n}\right) + \frac{1}{3!}\left(1-\frac{1}{n}\right)\left(1-\frac{2}{n}\right) + \ldots + \frac{1}{n!}\left(1-\frac{1}{n}\right)\left(1-\frac{2}{n}\right)\cdots\left(1-\frac{n-1}{n}\right) >$$
$$> 1 + 1 + \frac{1}{2!}\left(1-\frac{1}{n}\right) + \frac{1}{3!}\left(1-\frac{1}{n}\right)\left(1-\frac{2}{n}\right) + \ldots + \frac{1}{p!}\left(1-\frac{1}{n}\right)\left(1-\frac{2}{n}\right)\cdots\left(1-\frac{p-1}{n}\right).$$

Mas, para $k = 1, 2, \ldots, p-1$, vemos que $\lim_{n\to\infty}\left(1-\frac{k}{n}\right) = 1$.

Portanto, considerando $n \to \infty$, chegamos a $e = \lim_{n\to\infty}\left(1+\frac{1}{n}\right)^n \geq \sum_{i=0}^{p} \frac{1}{i!}$.

Finalmente, com $p \to \infty$, obtemos

$$e \geq \lim_{p\to\infty} \sum_{i=0}^{p} \frac{1}{i!} = \sum_{n=0}^{\infty} \frac{1}{n!}.$$

Portanto, $\sum_{n=0}^{\infty} \frac{1}{n!} = e$.

Teorema 2.10

Sejam $\sum_{n=1}^{\infty} x_n$ e $\sum_{n=1}^{\infty} y_n$ séries que diferem em uma quantidade finita de termos. Nesse caso, ambas são convergentes ou ambas são divergentes.

Assim, existe um índice N tal que, para todo $n > N$, ocorre $x_n = y_n$.

Consideramos as sequências de somas parciais de $\sum_{n=1}^{\infty} x_n$ e $\sum_{n=1}^{\infty} y_n$ como sendo, respectivamente, (S_n) e (T_n). Assim, para $n > N$, temos

$$S_n = x_1 + x_2 + \ldots + x_N + x_{N+1} + \ldots + x_n \quad \text{(Equação 2.16)}$$

e

$$T_n = y_1 + y_2 + \ldots + y_N + y_{N+1} + \ldots + y_n. \quad \text{(Equação 2.17)}$$

Como $x_n = y_n$, para $n > N$, obtemos, subtraindo membro a membro a Equação 2.17 da Equação 2.16,

$$S_n - T_n = x_1 + x_2 + \ldots + x_N - (y_1 + y_2 + \ldots + y_N).$$

Ou, de forma equivalente, adicionando T_n em ambos os membros,

$$S_n = T_n + \big((x_1 - y_1) + (x_2 - y_2) + \ldots + (x_N - y_N)\big). \quad \text{(Equação 2.18)}$$

Como a parcela $(x_1 - y_1) + (x_2 - y_2) + \ldots + (x_N - y_N)$ é constante, considerando o limite quando $n \to \infty$ em ambos os membros da Equação 2.18, chegamos a

$$\lim_{n\to\infty} S_n = \lim_{n\to\infty}(T_n) + \big((x_1 - y_1) + (x_2 - y_2) + \ldots + (x_N - y_N)\big)$$

Portanto, (S_n) converge se e somente se (T_n) converge; e (S_n) diverge se e somente se (T_n) diverge.

Uma aplicação comum desse resultado ocorre quando estudamos as séries $\sum_{n=1}^{\infty} x_n$ e $\sum_{n=k_0}^{\infty} x_n$, com $k_0 \in \mathbb{N}$, em que são ambas convergentes ou ambas divergentes. Portanto, nesse caso, precisamos analisar apenas a soma dos últimos termos da série.

Teorema 2.11

Sejam $\sum_{n=1}^{\infty} x_n$ e $\sum_{n=1}^{\infty} y_n$ séries convergentes e $k \in \mathbb{R}$. Então $\sum_{n=1}^{\infty}(x_n + y_n)$ e $\sum_{n=1}^{\infty} kx_n$ são séries convergentes se são satisfeitas as igualdades,

$$\sum_{n=1}^{\infty}(x_n + y_n) = \sum_{n=1}^{\infty} x_n + \sum_{n=1}^{\infty} y_n \text{ e } \sum_{n=1}^{\infty} kx_n = k\sum_{n=1}^{\infty} x_n.$$

Sejam $(S_n), (T_n), (R_n)$ e (U_n) as sequências de somas parciais das séries $\sum_{n=1}^{\infty} x_n$, $\sum_{n=1}^{\infty} y_n$, $\sum_{n=1}^{\infty}(x_n + y_n)$ e $\sum_{n=1}^{\infty} kx_n$, respectivamente. Notamos que $R_n = S_n + T_n$ e que $U_n = kS_n$.

De fato,

$$\begin{aligned}R_n &= x_1 + y_1 + x_2 + y_2 + \ldots + x_n + y_n = \\ &= x_1 + x_2 + \ldots + x_n + y_1 + y_2 + \ldots + y_n = \\ &= S_n + T_n\end{aligned}$$

(Equação 2.19)

e

$$U_n = kx_1 + kx_2 + \ldots + kx_n = k(x_1 + x_2 + \ldots + x_n) = kS_n$$

(Equação 2.20)

Utilizando o Teorema 2.5 e as Equações 2.19 e 2.20, obtemos

$$\sum_{n=1}^{\infty}(x_n + y_n) = \lim_{n \to \infty} R_n = \lim_{n \to \infty}(S_n + T_n) = \lim_{n \to \infty} S_n + \lim_{n \to \infty} T_n = \sum_{n=1}^{\infty} x_n + \sum_{n=1}^{\infty} y_n,$$

e

$$\sum_{n=1}^{\infty} kx_n = \lim_{n \to \infty} U_n = \lim_{n \to \infty} kS_n = K \lim_{n \to \infty} S_n = k\sum_{n=1}^{\infty} x_n.$$

Uma série de encaixe é uma série em que o termo geral é da forma $x_n = y_n - y_{n+1}$, em que (y_n) é uma sequência, isto é, $\sum_{n=1}^{\infty} x_n = \sum_{n=1}^{\infty}(y_n - y_{n+1})$.

Exemplo 2.17 – Série de encaixe

Quando uma sequência (y_n) converge, a série de encaixe $\sum_{n=1}^{\infty} x_n$, com $x_n = y_n - y_{n+1}$, também converge.

De fato, a sequência de somas parciais é dada por:

$$S_n = x_1 + x_2 + \ldots + x_n = y_1 - y_2 + y_2 - y_3 + \ldots + y_n - y_{n+1} = y_1 - y_{n+1}.$$

(Equação 2.21)

Isso implica, por definição e utilizando a Equação 2.21, que

$$\sum_{n=1}^{\infty}(y_n - y_{n+1}) = \lim_{n \to \infty} S_n = \lim_{n \to \infty}(y_1 - y_{n+1}) = y_1 - \lim_{n \to \infty} y_{n+1}.$$

Assim, a série $\sum_{n=1}^{\infty} x_n$ é convergente quando a sequência (y_n) é convergente.

Como exemplo, a série $\sum_{n=1}^{\infty} \frac{1}{n^2+n}$ é convergente, pois $\frac{1}{n^2+n} = \frac{n+1-n}{n(n+1)} = \frac{1}{n} - \frac{1}{n+1}$ e $\lim_{n\to\infty} \frac{1}{n} = 0$.

Portanto,

$$\sum_{n=1}^{\infty} \frac{1}{n^2+n} = \frac{1}{1} - \lim_{n\to\infty} \frac{1}{n} = 1.$$

2.2.2 Teste de convergência

Em geral, não é uma tarefa fácil encontrar o valor de uma série, mas podemos demonstrar se ela converge ou diverge. Existem vários testes que podem auxiliar nesse estudo. O objetivo desta seção é apresentar alguns desses testes.

Dizemos que uma série $\sum_{n=1}^{\infty} x_n$ é de termos positivos quando cada termo x_n é positivo, isto é, $x_n > 0$ para todo $n \in \mathbb{N}$. Dizemos que a série $\sum_{n=1}^{\infty} x_n$ é *dominada* pela série $\sum_{n=1}^{\infty} y_n$ quando $x_n \leq y_n$ para todo $n \in \mathbb{N}$. Nesse caso, dizemos também que $\sum_{n=1}^{\infty} y_n$ é a *série dominante*.

Teorema 2.12 – Teste da comparação

Sejam $\sum_{n=1}^{\infty} x_n$ e $\sum_{n=1}^{\infty} y_n$ duas séries de termos positivos, sendo $\sum_{n=1}^{\infty} x_n$ dominada por $\sum_{n=1}^{\infty} y_n$. Dessa maneira:

a) Se a série dominante $\sum_{n=1}^{\infty} y_n$ converge, então a série dominada $\sum_{n=1}^{\infty} x_n$ converge e vale $\sum_{n=1}^{\infty} x_n \leq \sum_{n=1}^{\infty} y_n$;

b) Se a série dominada $\sum_{n=1}^{\infty} x_n$ diverge, então a série dominante $\sum_{n=1}^{\infty} y_n$ diverge.

Notamos que os itens "a" e "b" são equivalentes utilizando o método da contrapositiva. Assim, demonstramos a solução apenas do item "a".

Sejam (S_n) e (T_n) as sequências de somas parciais das séries $\sum_{n=1}^{\infty} x_n$ e $\sum_{n=1}^{\infty} y_n$.

Como $\sum_{n=1}^{\infty} y_n$ é convergente, logo (T_n) também é convergente. De acordo com o Teorema 2.1, (T_n) é limitada, digamos por R. Se $\sum_{n=1}^{\infty} x_n$ é uma sequência de termos positivos, então (S_n) é não decrescente e não negativa. Além disso, $\sum_{n=1}^{\infty} y_n$ domina $\sum_{n=1}^{\infty} x_n$ e, assim, $S_n \leq T_n$. Portanto,

$$0 \leq S_n \leq T_n < R$$

para todo $n \in \mathbb{N}$. Vemos ainda que (S_n) é monótona e limitada e, de acordo com o Teorema 2.2, sabemos que é ela convergente. Portanto, $\sum_{n=1}^{\infty} x_n$ é convergente.

O Teorema 2.12 permite também que demonstremos a convergência da série $\sum_{n=1}^{\infty}\frac{1}{n^2}$.

Exemplo 2. 18

A série $\sum_{n=1}^{\infty}\frac{1}{n^2}$ é convergente.

De fato, vemos que, para todo $n > 1$, $n^2 \leq n^2 + n$, ou seja $\frac{1}{n^2} \geq \frac{1}{n^2+1}$. Somando de $n=1$ a infinito, obtemos

$$\sum_{n=1}^{\infty}\frac{1}{n^2} \geq \sum_{n=1}^{\infty}\frac{1}{n^2+n}.$$

Pelo Exemplo 2.18, observamos que $\sum_{n=1}^{\infty}\frac{1}{n^2+n}$ converge. Portanto, de acordo com o Teorema 2.12, $\sum_{n=1}^{\infty}\frac{1}{n^2}$ também converge.

Vimos, assim, que $\sum_{n=1}^{\infty}\frac{1}{n}$ diverge e que $\sum_{n=1}^{\infty}\frac{1}{n^2}$ converge. De certa forma, isso tem a ver com que velocidade as sequências $\left(\frac{1}{n}\right)$ e $\left(\frac{1}{n^2}\right)$ convergem a zero, sendo que $\left(\frac{1}{n^2}\right)$ converge mais rápido do que $\left(\frac{1}{n}\right)$. Para ampliar os estudos sobre a velocidade de convergência, sugerimos a leitura do livro *Um estudo de buscas unidirecionais aplicadas ao método BFGS*, de Panonceli (2015).

Dizemos que uma série $\sum_{n=1}^{\infty} x_n$ é *absolutamente convergente* quando a série $\sum_{n=1}^{\infty}|x_n|$ também é convergente.

Exemplo 2.19

A série $\sum_{n=1}^{\infty}\frac{(-1)^n}{n^2}$ é uma série absolutamente convergente, pois $\sum_{n=1}^{\infty}\left|\frac{(-1)^n}{n^2}\right| = \sum_{n=1}^{\infty}\frac{1}{n^2}$ é convergente, de acordo com o Exemplo 2.12.

O próximo teorema mostra que toda série absolutamente convergente é convergente e, portanto, $\sum_{n=1}^{\infty}\frac{(-1)^n}{n^2}$ também é convergente.

Teorema 2.13

Se $\sum_{n=1}^{\infty} x_n$ é absolutamente convergente, então $\sum_{n=1}^{\infty} x_n$ é convergente.

Inicialmente, definimos os valores p_n e q_n da seguinte forma: sejam p_n a soma dos valores absolutos dos termos não negativos ($x_n \geq 0$) entre os *n* primeiros termos da sequência (x_n) e q_n a soma dos valores absolutos dos termos negativos entre os *n* primeiros termos da sequência. Sejam, também, (T_n) a sequência de somas parciais de $\sum_{n=1}^{\infty}|x_n|$ e (S_n) a sequência de soma parciais de $\sum_{n=1}^{\infty} x_n$. Então, pela definição de p_n e q_n, obtemos

$$T_n = |x_1| + |x_2| + \ldots + |x_n| = p_n + q_n$$

e

$$S_n = x_1 + x_2 + \ldots + x_n = p_n - q_n. \qquad \text{(Equação 2.22)}$$

Notamos que as sequências (T_n), (p_n) e (q_n) são não decrescentes e que, além disso, (T_n) é convergente, digamos para T. Agora, pela construção de (T_n), vemos que $q_n \leq T_n \leq T$ e $q_n \leq T_n \leq T$ e, assim, as sequências (p_n) e (q_n) são convergentes, por serem monótonas e limitadas por $R = |T|$.

Sejam p e q os limites de (p_n) e (q_n). Assim, podemos concluir que (S_n) é convergente.

De fato, utilizando a Equação 2.22 e o Teorema 2.5, chegamos a

$$\lim_{n \to \infty} S_n = \lim_{n \to \infty} p_n - q_n = \lim_{n \to \infty} p_n - \lim_{n \to \infty} q_n = p - q.$$

Como (S_n) é convergente, logo $\sum_{n=1}^{\infty} x_n$ é convergente.

A recíproca do Teorema 2.13 é falsa: mostramos isso no exemplo seguinte.

Exemplo 2.20

A série $\sum_{n=1}^{\infty} \frac{(-1)^n}{n}$ é convergente, mas não é absolutamente convergente.

De fato, para provarmos que a série $\sum_{n=1}^{\infty} \frac{(-1)^n}{n}$ não é absolutamente convergente, vemos, no Exemplo 2.14, que $\sum_{n=1}^{\infty} \left| \frac{(-1)^n}{n} \right| = \sum_{n=1}^{\infty} \frac{1}{n}$ não é convergente. Já a convergência da série $\sum_{n=1}^{\infty} \frac{(-1)^n}{n}$ decorre do próximo teorema.

Teorema 2.14 – Teste de Leibniz

Sejam (x_n) uma sequência tal que $x_n > 0$, $x_{n+1} \leq x_n$, para todo n, e $\lim_{n \to \infty} x_n = 0$. Então $\sum_{n=1}^{\infty} (-1)^n x_n$ converge.

Notamos que a sequência $y_n = (-1)^n x_n$ satisfaz a condição de que $y_{2n-1} < 0$ e $y_{2n} > 0$, isto é, a subsequência de índices ímpares é formada por termos negativos e a subsequência de índices pares, por termos positivos. Além disso, a hipótese $x_{n+1} \leq x_n$ garante que $y_{2n-1} + y_{2n} \leq 0$ e $y_{2n} + y_{2n+1} \geq 0$. Portanto, a sequência

$$S_{2n} = (y_1 + y_2) + (y_3 + y_4) + \ldots + (y_{2n-1} + y_{2n})$$

é monótona decrescente, pois somamos termos negativos. Além disso, (S_{2n}) é limitada inferiormente por y_1, pois, como $y_{2n} + y_{2n+1} \geq 0$, logo

$$S_{2n} = y_1 + (y_2 + y_3) + (y_4 + y_5) + \ldots + (y_{2n-2} + y_{2n-1}) + y_{2n} \geq y_1 + 0 = y_1.$$

Portanto, (S_{2n}) é monótona decrescente e limitada inferiormente. Logo, de acordo com o Teorema 2.2, (S_{2n}) é convergente.

De maneira semelhante, (S_{2n-1}) é convergente. Como as subsequências de ordem ímpar e de ordem par convergem, logo, de acordo com o Teorema 2.4, (S_n) converge, demonstrando, assim, o teorema.

Agora, enunciamos e provamos dois testes, o da razão e o da raiz, utilizados para verificar a convergência de séries. Em seguida, apresentaremos as suas aplicações.

Teorema 2.15 – Teste da razão

Consideremos uma série $\sum_{n=1}^{\infty} x_n$ em que cada elemento x_n é não nulo. Assim:

a) Se $\lim_{n \to \infty} \left| \dfrac{x_{n+1}}{x_n} \right| = l < 1$, então a série converge absolutamente;

b) Se $\lim_{n \to \infty} \left| \dfrac{x_{n+1}}{x_n} \right| = l > 1$ ou $l = \infty$, então a série diverge.

Demonstração:

a) Suponhamos que $\lim_{n \to \infty} \left| \dfrac{x_{n+1}}{x_n} \right| = l < 1$. Podemos escolher um número real r tal que $l < r < 1$, utilizando, por exemplo, $r = \dfrac{l+1}{2}$. Como $\lim_{n \to \infty} \left| \dfrac{x_{n+1}}{x_n} \right| = l < 1$, logo, pela definição de convergência de sequência, dado $\varepsilon = r - l > 0$, existe $N > 0$ tal que, para todo $n > N$, ocorre

$$\left| \left| \dfrac{x_{n+1}}{x_n} \right| - l \right| < r - l.$$

Ou, de forma equivalente,

$$-r + l < \left| \dfrac{x_{n+1}}{x_n} \right| - l < r - l.$$

Utilizando apenas a desigualdade $\left| \dfrac{x_{n+1}}{x_n} \right| - l < r - l$, obtemos, somando $l > 0$ membro a membro,

$$\left| \dfrac{x_{n+1}}{x_n} \right| < r.$$

Portanto, para todo $n > N$,

$$|x_{n+1}| < r |x_n|.$$

Fazendo, sucessivamente, $n = N$, $n = N+1$, $n = N+2$, ..., vemos que

$$|x_{N+2}| < r|x_{N+1}| = r(r|x_N|) = r^2 |x_N|$$

$$|x_{N+3}| < r|x_{N+2}| = r(r^2 |x_N|) = r^3 |x_N|.$$

Em geral, obtemos

$$|x_{N+k}| < r^k |x_N|, \forall\, k \in \mathbb{N}.$$

Somando, membro a membro, para todo $k \in \mathbb{N}$, chegamos a

$$\sum_{k=1}^{\infty} |x_{N+k}| < \sum_{k=1}^{\infty} r^k |x_N| = |x_N| \sum_{k=1}^{\infty} r^k,$$

já que $|x_N|$ é uma constante. Como $0 < r < 1$, logo a série geométrica $\sum_{k=1}^{\infty} r^k$ é convergente. De acordo como Teorema 2.12, segue-se que $\sum_{k=1}^{\infty} |x_{N+k}|$ é convergente. Além disso, de acordo com o Teorema 2.10, $\sum_{n=1}^{\infty} |x_n|$ é convergente, provando, assim, o item "a".

b) Suponhamos que $\lim_{n \to \infty} \left|\dfrac{x_{n+1}}{x_n}\right| = l < 1$ e consideremos r tal que $1 < r < l$.

Novamente, pela definição de limite, dado $\varepsilon = 1 - r > 0$, existe $N > 0$ tal que, para todo $n > N$, ocorre

$$\left|\left|\dfrac{x_{n+1}}{x_n}\right| - 1\right| < 1 - r;$$

Ou, de forma equivalente:

$$-1 + r < \left|\dfrac{x_{n+1}}{x_n}\right| - 1 < 1 - r.$$

Utilizando apenas a desigualdade $-1 + r < \left|\dfrac{x_{n+1}}{x_n}\right| - 1$ e adicionando $1 > 0$ membro a membro, obtemos

$$r < \left|\dfrac{x_{n+1}}{x_n}\right|.$$

Ainda, como $1 < r$, logo $|x_n| < |x_{n+1}|$. Fazendo sucessivamente $n = N, n = N + 1, n = N + 2, \ldots$, chegamos a

$$|x_N| < |x_{N+1}|$$

$$|x_{N+2}| > |x_{N+1}| > |x_N|$$

$$|x_{N+3}| > |x_{N+2}| > |x_N|.$$

Ou seja,

$$|x_N| < |x_{N+k}|, \forall\, k \in \mathbb{N},$$

implicando que $(x_{N+k})_{k \in \mathbb{N}}$ não converge para zero e, assim, $(x_n)_{n \in \mathbb{N}}$ também não converge para zero.

Portanto, de acordo com o Teorema 2.9, $\sum_{n=1}^{\infty} |x_n|$ é divergente, completando a demonstração.

Exemplo 2.21

A série $\sum_{n=1}^{\infty} \dfrac{1}{n!}$ converge.

De fato, vemos que

$$\lim_{n\to\infty}\left|\dfrac{x_{n+1}}{x_n}\right| = \lim_{n\to\infty}\left|\dfrac{\dfrac{1}{(n+1)!}}{\dfrac{1}{n!}}\right| = \lim_{n\to\infty}\dfrac{n!}{(n+1)n!} = \lim_{n\to\infty}\dfrac{1}{n+1} = 0 < 1.$$

De acordo com o Teorema 2.15, $\sum_{n=1}^{\infty}\dfrac{1}{n!}$ converge absolutamente e, logo, segundo o Teorema 2.13, $\sum_{n=1}^{\infty}\dfrac{1}{n!}$ converge.

Exemplo 2.22

A série $\sum_{n=1}^{\infty}\dfrac{n^n}{n!}$ diverge.

De fato, vemos que

$$\lim_{n\to\infty}\left|\dfrac{x_{n+1}}{x_n}\right| = \lim_{n\to\infty}\left|\dfrac{\dfrac{(n+1)^{n+1}}{(n+1)!}}{\dfrac{n^n}{n!}}\right| = \lim_{n\to\infty}\dfrac{(n+1)^n \cdot (n+1)n!}{n^n(n+1)!} = \lim_{n\to\infty}\left(\dfrac{n+1}{n}\right)^n = e > 1.$$

Portanto, de acordo com o Teorema 2.15, a série $\sum_{n=1}^{\infty}\dfrac{n^n}{n!}$ diverge.

Observamos que, quando $\lim_{n\to\infty}\left|\dfrac{x_{n+1}}{x_n}\right| = 1$, o Teorema 2.15 não se aplica. O Exemplo 2.23 demonstra isso.

Exemplo 2.23

Sabemos que a série $\sum_{n=1}^{\infty}\dfrac{1}{n}$ diverge e a série $\sum_{n=1}^{\infty}\dfrac{(-1)^n}{n}$ converge.

Porém, os limites são $\lim_{n\to\infty}\left|\dfrac{\dfrac{1}{n+1}}{\dfrac{1}{n}}\right| = 1$ e $\lim_{n\to\infty}\left|\dfrac{\dfrac{(-1)^{n+1}}{n+1}}{\dfrac{(-1)^n}{n}}\right| = 1.$

O Teorema 2.16 também é um teste de convergência. Sua demonstração é análoga à do Teorema 2.15 e, por essa razão, não a desenvolveremos.

Teorema 2.16 – Teste da raiz

Consideramos uma série $\sum_{n=1}^{\infty} x_n$. Assim,

a) Se $\lim_{n\to\infty} \sqrt[n]{|x_n|} = l < 1$, então a série converge absolutamente;

b) Se $\lim_{n\to\infty} \sqrt[n]{|x_n|} = l > 1$ ou $l = \infty$, então a série diverge.

Demonstração: análoga à do Teorema 2.15.

Observamos que, quando $\lim_{n\to\infty} \sqrt[n]{|x_n|} = 1$, o Teorema 2.16 não se aplica, pois existem séries convergentes e divergentes que satisfazem tal condição.

Exemplo 2.24

A série $\sum_{n=1}^{\infty} \dfrac{n^2}{2^n}$ converge.

De fato, vemos que

$$\lim_{n\to\infty} \sqrt[n]{|x_n|} = \lim_{n\to\infty} \sqrt[n]{\left|\dfrac{n^2}{2^n}\right|} = \lim_{n\to\infty} \sqrt[n]{\dfrac{n^2}{2^n}} = \lim_{n\to\infty} \dfrac{\left(\sqrt[n]{n}\right)^2}{2} = \dfrac{\left(\lim_{n\to\infty} \sqrt[n]{n}\right)^2}{2} = \dfrac{1}{2} < 1.$$

Logo, de acordo com o Teorema 2.16, observamos que a série $\sum_{n=1}^{\infty} \dfrac{n^2}{2^n}$ converge.

Exemplo 2.25

A série $\sum_{n=1}^{\infty} \left(\dfrac{2n}{n+2}\right)^n$ diverge.

De fato, vemos que

$$\lim_{n\to\infty} \sqrt[n]{|x_n|} = \lim_{n\to\infty} \sqrt[n]{\left|\left(\dfrac{2n}{n+2}\right)^n\right|} = \lim_{n\to\infty} \dfrac{2n}{n+2} = \lim_{n\to\infty} \dfrac{2}{1+\dfrac{2}{n}} = \dfrac{2}{1+0} = 2 > 1.$$

Logo, de acordo com o Teorema 2.16, observamos que a série $\sum_{n=1}^{\infty} \left(\dfrac{2n}{n+2}\right)^n$ diverge.

Para saber mais

IMPA – Instituto Nacional de Matemática Pura e Aplicada. **Análise na reta**: aula 4. Professor Elon Lages Lima. 3 fev. 2015d. Disponível em: <https://www.youtube.com/watch?v=J-A2a0BuiI4&index=4&list=PLDf7S31yZaYxQdfUX8GpzOdeUe2KS93wg>. Acesso em: 6 fev. 2017.

Nessa continuação da aula sobre a reta, são demonstrados conceitos sobre séries de números reais.

Síntese

Neste capítulo, vimos que uma sequência é convergente para um número real L quando qualquer intervalo $(L-\varepsilon, L+\varepsilon)$, para todo $\varepsilon > 0$, contém todos os termos da sequência maiores que um índice $N > 0$. Percebemos que uma propriedade importante diz que toda sequência de números reais de Cauchy é convergente. Além disso, de acordo com o teorema de Bolzano-Weierstrass, observamos que toda sequência limitada possui um ponto de aderência.

Mais adiante, percebemos que uma série converge quando a sequência de somas parciais é convergente. Estudamos várias ferramentas para demonstrar que uma série é convergente ou divergente por meio da verificação de hipóteses, como o teste da razão, o teste da raiz, o teste da comparação e o teste de Leibniz, além do critério de divergência.

Assim, ao analisarmos que as séries $\sum_{n=1}^{\infty}\frac{1}{n}$ e $\sum_{n=1}^{\infty}p^n$, com $|p|\geq 1$, divergem e que as séries $\sum_{n=1}^{\infty}\frac{1}{n!}$, $\sum_{n=1}^{\infty}\frac{1}{n^2}$ e $\sum_{n=1}^{\infty}p^n$, com $|p|<1$, convergem, compreendemos que elas podem ser utilizadas, por meio do teste da comparação, para demonstrar que várias séries são convergentes ou divergentes.

Atividades de autoavaliação

1) Em relação às sequências de números reais, assinale a afirmativa correta:
   a. Toda sequência monótona é convergente.
   b. Toda sequência convergente é monótona e limitada.
   c. Toda sequência limitada é convergente.
   d. Toda sequência monótona e limitada é convergente.

2) Analise as sentenças abaixo e julgue-as verdadeiras (V) ou falsas (F):
   ( ) Se uma sequência converge, então toda subsequência sua converge.
   ( ) Toda sequência possui uma subsequência convergente.
   ( ) Se as subsequências de ordem ímpar e de ordem par convergem para o mesmo limite, então a sequência converge.
   ( ) Toda sequência monótona e limitada é convergente.

   Assinale a sequência obtida:
   a. F, V, F, F.
   b. V, F, V, V.
   c. V, V, V, F.
   d. V, F, F, F.

3) Sobre sequências de Cauchy, assinale a afirmativa correta:
   a. Todas as sequências de números reais são sequências de Cauchy.
   b. Existem sequências convergentes, de números reais, que não são sequências de Cauchy.
   c. Existem sequências de Cauchy que são divergentes.
   d. Nos números reais, toda sequência de Cauchy é convergente, e toda sequência convergente é de Cauchy.

4) Em relação às séries numéricas, assinale a afirmativa correta:
   a. A série $\sum_{n=0}^{\infty}(-1)^n$ converge.
   b. Sempre que a sequência formada pelo termo geral de uma série converge para zero, podemos dizer que essa série é divergente.
   c. Quando $\lim_{n\to\infty}\left|\dfrac{x_{n+1}}{x_n}\right| \leq 1$, podemos dizer que a série $\sum_{n=0}^{\infty} x_n$ converge.
   d. Uma série converge quando uma sequência de somas parciais converge.

5) Em relação ao teste de convergência para séries, assinale a afirmativa correta:
   a. Se $\lim_{n\to\infty} x_n = 0$, então $\sum_{n=0}^{\infty} x_n$ converge.
   b. Se $\lim_{n\to\infty} x_n = 0$, em que (x_n) é uma sequência não crescente de termos positivos, então $\sum_{n=0}^{\infty}(-1)^n x_n$ converge.
   c. Se $\lim_{n\to\infty}\left|\dfrac{x_{n+1}}{x_n}\right| = 1$, então $\sum_{n=0}^{\infty} x_n$ diverge.
   d. Se $\sum_{n=0}^{\infty} y_n$ converge e $y_n \leq x_n$, então $\sum_{n=0}^{\infty} x_n$ converge.

Atividades de aprendizagem

1) Sobre a sequência $\left(\dfrac{(-1)^n}{n} + (-1)^n\right)$, responda as seguintes questões com argumentos que justifiquem suas afirmações:

   a. Ela é limitada?
   b. Ela é convergente?
   c. Encontre uma subsequência dela que seja convergente. Isso lembra algum resultado? Qual?

2) Sobre a série $\sum_{n=0}^{\infty} \dfrac{n}{3^n}$, responda:

   a. Aplicando a ela o teste da divergência, podemos concluir que ela converge?
   b. Demonstre que ela converge por meio de um teste de convergência.

3) Elabore um esquema-resumo demonstrando o estudo de convergência e de divergência de séries.

Neste capítulo, desenvolvemos as noções topológicas de reta, de limite, de continuidade e de continuidade uniforme de funções. Pretendemos relacionar essas noções entre si para facilitar o estudo dos assuntos apresentados.

Para isso, abordamos os conceitos da topologia da reta real – como os conjuntos abertos, os fechados e os compactos e os pontos interiores, os aderentes e os de acumulação de um conjunto – e as suas propriedades, além dos limites e da continuidade de funções reais.

Apresentamos as noções de limite e de limite lateral e como se comportam as operações de função em limites e discutimos os conceitos de continuidade e de continuidade uniforme e os relacionamos a sequências e a conjuntos compactos.

As referências dos conceitos e das demonstrações matemáticas deste capítulo são: Rudin (1971), Leithold (1994), Bartles e Sherbert (2000), Lima (2004; 2006) e Ávila (2005).

3
Limite e continuidade

3.1 Noções topológicas da reta real

Dado um conjunto $X \subset \mathbb{R}$, um ponto $x \in X$ é um **ponto interior** de X quando existe $\varepsilon > 0$ tal que o intervalo $(x - \varepsilon, x + \varepsilon)$ está contido no conjunto X. Notamos que os candidatos a serem pontos interiores de um conjunto X são apenas os elementos de X.

Denotamos o conjunto de pontos interiores de X por $X°$ e o denominamos do *interior de X*. O conjunto X será um **conjunto aberto** quando todos os seus pontos forem pontos interiores a ele, isto é, $X° = X$.

O conceito de vizinhança é definido mediante conjuntos abertos. Uma vizinhança de um ponto x, denotada por $V(x)$, é qualquer conjunto aberto que contenha x. Em particular, são vizinhanças os intervalos $(x - \varepsilon, x + \varepsilon)$ para qualquer valor de $\varepsilon > 0$ fixo.

Exemplo 3.1

Se $X = (a, b) = \{x \in \mathbb{R}; a < x < b\}$, então X é um conjunto aberto.

De fato, provamos que X é aberto demonstrando que $X° = (a, b) = X$.

Seja $x \in (a, b)$; assim, existe $\varepsilon = \min\{x - a, b - a\}$ tal que $(x - \varepsilon, x + \varepsilon) \subset (a, b)$, pois, se $y \in (x - \varepsilon, x + \varepsilon)$, então $x - \varepsilon < y < x + \varepsilon$, mas $a = x - x + a = x - (x - a) \leq x - \varepsilon$. De forma semelhante, $b \geq x + \varepsilon$.

Dessa maneira, $a \leq x - \varepsilon < y < x + \varepsilon \leq b$, implicando que $y \in (a, b)$.

Portanto, $X° = (a, b)$ e X é aberto.

Dado um conjunto X, o ponto $x \in \mathbb{R}$ é um **ponto aderente** a X quando é o limite de alguma sequência de elementos (x_n) de X. Salientamos que o ponto x não precisa pertencer ao conjunto X. Além disso, observamos que os casos mais interessantes ocorrem quando $x \notin X$, uma vez que $x \in X$ implica que x é ponto aderente ao conjunto X (é o limite da sequência constante definida por $x_n = x \in X$ para todo $x \in \mathbb{N}$). O conjunto de todos os pontos aderentes a um conjunto X é o **fecho** de X e é denotado por $\overline{X}$. Um conjunto X será **fechado** quando todos os pontos aderentes a X pertencerem ao conjunto X, ou seja, quando verificar-se a igualdade $\overline{X} = X$.

O próximo teorema relaciona conjuntos abertos a conjuntos fechados.

Teorema 3.1

Um conjunto X será fechado se e somente se o seu conjunto complementar $X^C = \mathbb{R} - X$ for aberto.

($\Rightarrow$) Seja X um conjunto fechado, com $x \in X^C$. Devemos demonstrar que existe alguma vizinhança de x contida em X^C. Para isso, assumimos que existe uma vizinhança $V_\varepsilon(x)$ que não contém pontos de X. De fato, pelo método da contradição ou do absurdo, vemos que, se toda vizinhança $V_\varepsilon(x)$ contém pontos de X, então cada intervalo $\left(x - \dfrac{1}{n}, x + \dfrac{1}{n}\right)$, com $n \in \mathbb{N}$, também contém um ponto $x_n \in X$ e, assim, definimos uma sequência $(x_n) \subset X$ que converge para um ponto $x \notin X^C$, ou seja, $x \in \bar{X}$ e $x \notin X$, o que implica que $\bar{X} \neq X$, contradizendo o fato de X ser fechado. Portanto, existe uma vizinhança de $V_\varepsilon(x)$ que não contém pontos de X; logo $V_\varepsilon(x) \subset X^C$, provando que o conjunto X^C é aberto.

($\Leftarrow$) Sejam X^C um conjunto aberto e $x \in \bar{X}$. Devemos demonstrar que $x \in X$. Como $x \in \bar{X}$, logo, por definição, existe uma sequência $(x_n) \subset X$ tal que $\lim_{n \to \infty} x_n = x$, ou seja, para todo $\varepsilon > 0$, existe um índice N tal que $|x_n - x| < \varepsilon$. Isso implica que, para todo n suficientemente grande, $x_n \in V_\varepsilon(x) = (x - \varepsilon, x + \varepsilon)$, ou seja, o ponto x não é interior a X^C, uma vez que toda vizinhança de x contém pontos de X. Como X^C é aberto, logo vemos que $x \notin X^C$. Portanto, $x \in X$, demonstrando que X é fechado.

Exemplo 3.2

Sejam $Y = [a, b] = \{x \in \mathbb{R}; a \leq x \leq b\}$ e $Z = (a, b] = \{x \in \mathbb{R}; a < x \leq b\}$. Nesse caso, Y é um conjunto fechado e Z não é nem aberto, nem fechado.

De fato, provamos que o conjunto Y é fechado demonstrando que $Y^C = (-\infty, a) \cup (b, +\infty)$ é aberto.

Se $y \in Y^C$, então $y \in (-\infty, a)$ ou $y \in (b, +\infty)$.

No primeiro caso, vemos que existe $\varepsilon = a - y$ tal que $(y - \varepsilon, y + \varepsilon) \subset (-\infty, a)$, pois, se $z \in (y - \varepsilon, y + \varepsilon)$, então $z < y + \varepsilon = y + a - y = a$, ou seja, $z \in (-\infty, a)$.

No segundo caso, existe $\varepsilon = y - b$ tal que $(y - \varepsilon, y + \varepsilon) \subset (b, \infty)$, pois, se $z \in (y - \varepsilon, y + \varepsilon)$, então $z > y - \varepsilon = y - (y - b) = b$, ou seja, $z \in (b, \infty)$.

Em qualquer dos casos, observamos que existe uma vizinhança contida em Y^C, o que demonstra que Y^C é aberto. Portanto, de acordo com o Teorema 3.1, vemos que Y é fechado.

Por sua vez, o conjunto Z não é aberto porque, para todo $\varepsilon > 0$, ocorre $(b - \varepsilon, b + \varepsilon) \cap Z^C \neq \emptyset$; e o conjunto Z também não é fechado, pois Z^C não é aberto, uma vez que, para todo $\varepsilon > 0$, vemos que $(a - \varepsilon, a + \varepsilon) \cap (Z^C)^C \neq \emptyset$.

Nos números reais, há dois conjuntos que são ao mesmo tempo abertos e fechados. São precisamente os conjuntos $\emptyset$ (vazio) e o próprio $\mathbb{R}$ (o conjunto dos números reais).

De fato, para que o conjunto vazio $\emptyset$ não seja aberto, deve existir um ponto de aderência x em $\emptyset$ que não seja ponto interior a este, mas isso não pode ocorrer, já que $\emptyset$ não tem elementos. Então, por ambiguidade, deduzimos que $\emptyset$ é aberto.

No caso do conjunto dos números reais $\mathbb{R}$, verificamos que ele é aberto pois, para todo ponto $x \in \mathbb{R}$, existe $\varepsilon = 1$ tal que $(x - \varepsilon, x + \varepsilon) \subset \mathbb{R}$. Por um lado, como $\emptyset^C = \mathbb{R}$ e $\mathbb{R}$ é aberto, vemos que $\emptyset$ é fechado. Por outro lado, como $\mathbb{R}^C = \emptyset$ e $\emptyset$ é aberto, deduzimos que $\mathbb{R}$ é fechado.

A unicidade é mais complicada de ser demonstrada e, por isso, convidamos você, leitor, a estudá-la no livro *Análise na reta*, de Lima (2006).

Um elemento $x \in \mathbb{R}$ é um **ponto de acumulação** do conjunto $X \subset \mathbb{R}$ quando, para todo $\varepsilon > 0$, ocorre $(x - \varepsilon, x + \varepsilon) \cap (X - \{x\}) \neq \emptyset$, isto é, toda vizinhança V_x de x contém algum ponto de X diferente do ponto x. O conjunto que contém todos os pontos de acumulação de um conjunto X é denotado por X'. Observamos que não é necessário que x pertença ao conjunto X e também que podemos ter pontos que pertençam ao conjunto X e que não sejam pontos de acumulação, diferentemente do que acontecia com os pontos de aderência. Assim, o ponto $x \in X$ é um **ponto isolado** do conjunto X quando não é ponto de acumulação de X.

Exemplo 3.3

O valor $0 \in \mathbb{R}$ é um ponto de acumulação do conjunto $X = \left\{ \dfrac{1}{n}; n \in \mathbb{N} \right\}$.

De fato, como $\left(\dfrac{1}{n}\right)$ converge para 0, para todo $\varepsilon > 0$ existe um índice suficientemente grande $(n > N)$ tal que $|x_n - 0| < \varepsilon$, ou $x_n \in (0 - \varepsilon, 0 + \varepsilon) \cap (X - \{0\}) \neq \emptyset$. Portanto, $0 \in X'$.

Abordamos, agora, o conceito de *conjunto compacto*, pois, na Seção 3.3, ele será fundamental para a demonstração do resultado de que toda função contínua definida em um conjunto compacto é uniformemente contínua. Lembramos que um conjunto X é limitado quando existe $R > 0$ tal que $|x| \leq R$ para todo $x \in X$. Assim, definimos **conjuntos compactos** como todo conjunto que é simultaneamente fechado e limitado.

Exemplo 3.4

O conjunto $[a, b]$ é compacto.

De acordo com o Exemplo 3.2, vemos que $[a, b]$ é fechado. Além disso, existe $R = \max\{|a|, |b|\}$ tal que, se $x \in [a, b]$, então $-R \leq -|a| \leq a \leq x \leq b \leq |b| \leq R$. Ou, comparando x com os extremos, segue-se que $|x| \leq R$, e o conjunto $[a, b]$ é limitado.

Então, por definição, ele é compacto.

> **Para saber mais**
>
> IMPA – Instituto Nacional de Matemática Pura e Aplicada. **Análise na reta**: aula 6. Professor Elon Lages Lima. 3 fev. 2015f. Disponível em: < http://www.youtube.com/watch?v=bqFuK_qupt8&index=6&list=PLDf7S31yZaYxQdfUX8GpzOdeUe2KS93wg>. Acesso em: 7 fev. 2017.
>
> IMPA – Instituto Nacional de Matemática Pura e Aplicada. **Análise na reta**: aula 7. Professor Elon Lages Lima. 3 fev. 2015g. Disponível em: < http://www.youtube.com/watch?v=1dUIr3PY8Q8&list=PLDf7S31yZaYxQdfUX8GpzOdeUe2KS93wg&index=7>. Acesso em: 7 fev. 2017.
>
> Indicamos as continuações da aula sobre a análise na reta para que você aprofunde seus conhecimentos sobre noções topológicas da reta real.

3.2 Limites de funções

Estudaremos, agora, aspectos essenciais dos limites de funções.

3.2.1 Definições e propriedades

Considerando uma função f com domínio X e um ponto de acumulação x_0 de X, dizemos que L é o *limite* de $f(x)$ quando x tende a x_0 e quando, dado $\varepsilon > 0$, existe $\delta > 0$ tal que $0 < |x - x_0| < \delta$ e $x \in X$ implicam que

$$|f(x) - L| < \varepsilon.$$

Nessas situações, escrevemos $\lim_{x \to x_0} f(x) = L$ ou $f(x) \to L$ quando $x \to x_0$.

Observamos que x_0 pode não pertencer ao domínio X, pois basta que x seja um ponto de acumulação para o domínio X. Além disso, a condição $0 < |x - x_0| < \delta$ ressalta que estudamos as imagens de f em pontos $x \in X$ próximos, porém diferentes de x_0. Não importa, portanto, se f está definida no ponto x_0. Outras situações que devemos observar são: para todo $\varepsilon > 0$, deve existir um valor $\delta > 0$ que, geralmente, depende de ε; e a condição $0 < |x - x_0| < \delta$ deve implicar que $|f(x) - L| < \varepsilon$ quando consideramos apenas os pontos x pertencentes ao domínio da função e que distam no máximo δ de x.

Geometricamente, a definição de $\lim_{x \to x_0} f(x) = L$ significa que, dado $\varepsilon > 0$, há um intervalo em torno do ponto L, por exemplo, $(L - \varepsilon, L + \varepsilon)$. Demonstramos o limite encontrando um valor $\delta > 0$ que gere um intervalo $(x_0 - \delta, x_0 + \delta)$ em que todo ponto x pertencente a $(x_0 - \delta, x_0 + \delta)$ tenha a imagem $f(x)$ pertencente ao intervalo $(L - \varepsilon, L + \varepsilon)$, como apresentamos na Figura 3.1.

Figura 3.1 – Interpretação geométrica de limite[1]

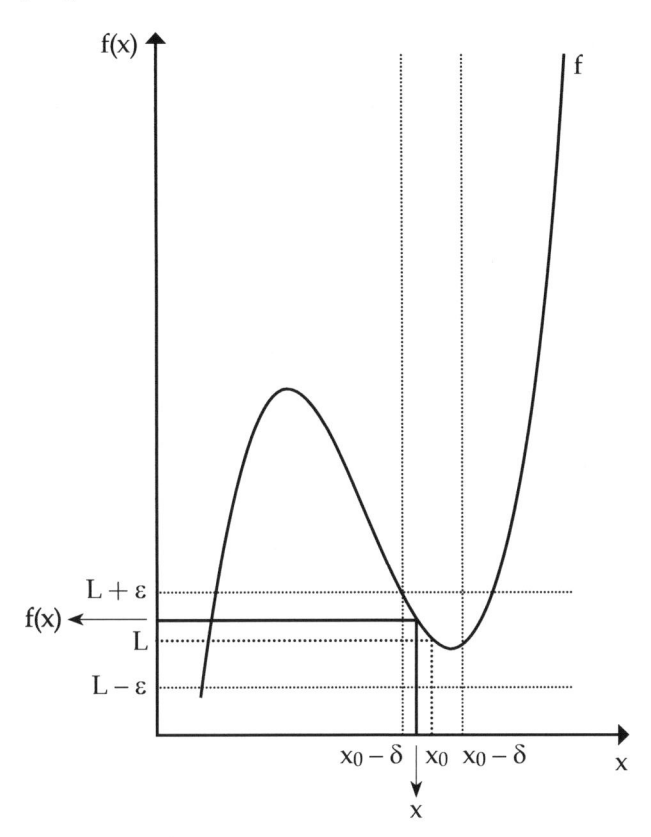

A definição de limite deve ser satisfeita para qualquer valor $\varepsilon > 0$ dado. Porém, quanto menor é o valor de ε, menor é o intervalo $(L-\varepsilon, L+\varepsilon)$. Isso requer que os valores de $f(x)$ estejam muito próximos de L, implicando, em geral, que o valor $\delta > 0$ a ser encontrado seja cada vez menor, o que, por sua vez, demanda que os valores de x estejam muito próximos de x_0. Portanto, a noção intuitiva de $\lim_{x \to x_0} f(x) = L$ é que, quando x se aproxima de x_0, as imagens da função $f(x)$ ficam arbitrariamente próximas de L.

Exemplo 3.5

Se $f : \mathbb{R} - \{2\} \to \mathbb{R}$ é definida por $f(x) = 2x - 3$, então $\lim_{x \to 2} f(x) = 1$.

De fato, observamos primeiramente que $2 \in (\mathbb{R} - \{2\})' = \mathbb{R}$ e, assim, faz sentido calcularmos o limite de f quando x tende a 2.

Dado $\varepsilon > 0$, existe $\delta = \dfrac{\varepsilon}{2} > 0$ tal que $0 < |x - 2| < \delta$ e $x \in X'$ resultam em

$$|f(x) - L| = |2x - 3 - 1| = |2x - 4| = |2(x-2)| = 2|x - 2| < 2\dfrac{\varepsilon}{2} = \varepsilon.$$

---

[1] Essa interpretação vale para qualquer limite quando *x* tende a um ponto específico. Porém ela não vale para quando o limite é mais ou menos infinito ou quando *x* tende a mais ou a menos infinito.

Teorema 3.2 – Unicidade do limite

Sejam $f : X \to \mathbb{R}$ e $x_0 \in X'$. Se $\lim_{x \to x_0} f(x) = L_1$ e $\lim_{x \to x_0} f(x) = L_2$, então $L_1 = L_2$.

Dado $\varepsilon = \dfrac{|L_1 - L_2|}{3} > 0$, existe $\delta > 0$ tal que $0 < |x - x_0| < \delta$ e $x \in X$ implicam que

$$|f(x) - L_1| < \frac{|L_1 - L_2|}{3} \text{ e } |f(x) - L_2| < \frac{|L_1 - L_2|}{3}. \qquad \text{(Equação 3.1)}$$

Logo, somando e subtraindo $f(x)$, usando a desigualdade triangular e a Equação 3.1, obtemos

$$|L_1 - L_2| = |L_1 - f(x) + f(x) - L_2| \leq |L_1 - f(x)| + |f(x) - L_2| < \frac{|L_1 - L_2|}{3} + \frac{|L_1 - L_2|}{3} = \frac{2}{3}|L_1 - L_2|.$$

Portanto, comparando os extremos, segue-se que $|L_1 - L_2| \leq \dfrac{2}{3}|L_1 - L_2|$, ou $\dfrac{1}{3}|L_1 - L_2| \leq 0$.

Finalmente, como o módulo de um número é sempre não negativo, vemos que $|L_1 - L_2| = 0$, ou seja, $L_1 - L_2 = 0$, resultando em $L_1 = L_2$.

Este Teorema 3.2 assevera que, quando existe o limite de uma função e quando x tende a x_0, então esse limite é único.

O Teorema 3.3, apresentando a seguir, demonstra que, se existe o limite de f em x_0, então a função f é limitada em uma vizinhança de x_0.

Teorema 3.3

Sejam $f : X \to \mathbb{R}$ e $x_0 \in X'$. Se $\lim_{x \to x_0} f(x) = L$, então existem $\delta > 0$ tal que $0 < |x - x_0| < \delta$, $x \in X$ e $R > 0$ implicam que $|f(x)| \leq R$.

Como existe o limite $\lim_{x \to x_0} f(x) = L$, vemos, pela definição de limite, que, dado $\varepsilon = 1$, existe $\delta > 0$ tal que $0 < |x - x_0| < \delta$ e $x \in X$ implicam que $|f(x) - L| < 1$.

Somando e subtraindo L e aplicando a desigualdade triangular à desigualdade anterior, obtemos

$$|f(x)| = |f(x) - L + L| \leq |f(x) - L| + |L| < 1 + |L|.$$

Assim, para $\delta > 0$, deduzimos, considerando $R = 1 + |L|$, que $|f(x)| < R$.

Exemplo 3.6

De acordo com o Exemplo 3.5, vimos que o limite da função $f : \mathbb{R} - \{2\} \to \mathbb{R}$, definida por $f(x) = 2x - 3$, quando x tende a 2, é igual a 1.

De acordo com o Teorema 3.3, a função f é limitada em uma vizinhança de $x = 2$. Mais precisamente, f é limitada em qualquer vizinhança $(2 - \delta, 2 + \delta)$, com $\delta > 0$.

Observamos, assim, que a função f não é limitada em seu domínio $\mathbb{R} - \{2\}$.

Teorema 3.4

Sejam as funções $f: X \to \mathbb{R}$ e $g: X \to \mathbb{R}$, os limites $\lim_{x \to x_0} f(x) = L_1$ e $\lim_{x \to x_0} g(x) = L_2$ e os elementos $k \in \mathbb{R}$ e $x \in X'$. Então são válidas as propriedades abaixo:

a) $\lim_{x \to x_0} (f(x) + g(x)) = L_1 + L_2 = \lim_{x \to x_0} f(x) + \lim_{x \to x_0} g(x)$;

b) $\lim_{x \to x_0} kf(x) = kL_1 = k \lim_{x \to x_0} f(x)$;

c) $\lim_{x \to x_0} f(x)g(x) = L_1 L_2 = \lim_{x \to x_0} f(x) \lim_{x \to x_0} g(x)$;

d) Se $L_2 \neq 0$, então $\lim_{x \to x_0} \dfrac{f(x)}{g(x)} = \dfrac{L_1}{L_2}$;

e) $\lim_{x \to x_0} |f(x)| = |L_1|$.

Demonstração:

a) Consideramos $\varepsilon > 0$ arbitrário. Das hipótese, vemos, por definição, que existem $\delta_1 > 0$ e $\delta_2 > 0$ tais que, para $x \in X$, obtemos

$$0 < |x - x_0| < \delta_1 \Rightarrow |f(x) - L_1| < \frac{\varepsilon}{2} \qquad \text{(Equação 3.2)}$$

e

$$0 < |x - x_0| < \delta_2 \Rightarrow |g(x) - L_2| < \frac{\varepsilon}{2}. \qquad \text{(Equação 3.3)}$$

Portanto, existe $\delta = \min\{\delta_1, \delta_2\}$ tal que $0 < |x - x_0| < \delta$ e $x \in X$, com a utilização da desigualdade triangular e das Equações 3.2 e 3.3, implicam que

$$|f(x) + g(x) - (L_1 + L_2)| = |f(x) - L_1 + g(x) - L_2| \leq |f(x) - L_1| + |g(x) - L_2| < \frac{\varepsilon}{2} + \frac{\varepsilon}{2} = \varepsilon.$$

Portanto, a propriedade é válida.

b) Consideramos $\varepsilon > 0$. Pela hipótese $\lim_{x \to x_0} f(x) = L_1$, vemos que existe, por definição, $\delta > 0$ tal que $0 < |x - x_0| < \delta$ e $x \in X$ implicam que

$$|f(x) - L_1| < \frac{\varepsilon}{|k|}. \qquad \text{(Equação 3.4)}$$

Portanto, existe $\delta > 0$ tal que $0 < |x - x_0| < \delta$ e $x \in X$, com a utilização das propriedades de módulo e da Equação 3.4, implicam que

$$|kf(x) - kL_1| = |k(f(x) - L_1)| = |k||f(x) - L_1| < |k| \frac{\varepsilon}{|k|} = \varepsilon.$$

Portanto, a propriedade é válida.

c) Consideramos $\varepsilon > 0$. Pela hipótese $\lim_{x \to x_0} f(x) = L_1$, vemos que, de acordo com o Teorema 3.3, existe $\delta_1 > 0$ e $R > 0$ tal que $0 < |x - x_0| < \delta_1$ e $x \in X$ implicam que

$$|f(x)| \leq R. \qquad \text{(Equação 3.5)}$$

Como $\lim_{x \to x_0} f(x) = L_1$ e $\lim_{x \to x_0} g(x) = L_2$, existem $\delta_2 > 0$ e $\delta_3 > 0$ tais que

$$0 < |x - x_0| < \delta_2 \text{ e } x \in X \Rightarrow |f(x) - L_1| < \frac{\varepsilon}{2|L_2|} \qquad \text{(Equação 3.6)}$$

e

$$0 < |x - x_0| < \delta_3 \text{ e } x \in X \Rightarrow |g(x) - L_2| < \frac{\varepsilon}{2R}, \text{ com } x \in X. \qquad \text{(Equação 3.7)}$$

Assim, existe $\delta = \min\{\delta_1, \delta_2, \delta_3\}$ tal que $0 < |x - x_0| < \delta$ e $x \in X$, somando e subtraindo $f(x)L_2$, aplicando a desigualdade triangular e usando as Equações 3.5, 3.6 e 3.7, implicam que

$$|f(x)g(x) - L_1L_2| = |f(x)g(x) - f(x)L_2 + f(x)L_2 - L_1L_2| =$$
$$= |f(x)(g(x) - L_2) + L_2(f(x) - L_1)| \leq$$
$$\leq |f(x)||g(x) - L_2| + |L_2||f(x) - L_1| < R\frac{\varepsilon}{2R} + |L_2|\frac{\varepsilon}{2|L_2|} = \varepsilon.$$

Portanto, $\lim_{x \to x_0} f(x)g(x) = L_1L_2$, e a propriedade é válida.

d) Devemos provar, primeiramente, que $\lim_{x \to x_0} \frac{1}{g(x)} = \frac{1}{L_2}$.

De fato, seja $\varepsilon > 0$. Como $\lim_{x \to x_0} g(x) = L_2$, então, por definição, existe $\delta_1 > 0$ tal que $0 < |x - x_0| < \delta_1$ e $x \in X$ implicam que $|g(x) - L_2| < \frac{|L_2|}{2}$, ou, de forma equivalente,

$$-|g(x) - L_2| > -\frac{|L_2|}{2}. \qquad \text{(Equação 3.8)}$$

Somando e subtraindo $g(x)$ e aplicando a desigualdade triangular, obtemos

$$|L_2| = |L_2 - g(x) + g(x)| \leq |L_2 - g(x)| + |g(x)|.$$

Reescrevendo essa expressão e usando a Equação 3.8, chegamos a

$$|g(x)| \geq |L_2| - |L_2 - g(x)| > |L_2| - \frac{|L_2|}{2} = \frac{|L_2|}{2}.$$

Portanto, existe $\delta_1 > 0$ tal que $0 < |x - x_0| < \delta_1$ e $x \in X$ implicam que

$$\frac{1}{|g(x)|} \leq \frac{2}{|L_2|}. \qquad \text{(Equação 3.9)}$$

Agora, pela hipótese $\lim_{x \to x_0} g(x) = L_2$, vemos, por definição, que existe $\delta_2 > 0$ tal que $0 < |x - x_0| < \delta_1$ e $x \in X$ implicam que

$$|g(x)-L_2| < \frac{\varepsilon |L_2|^2}{2}.$$ (Equação 3.10)

Assim, existe $\delta > 0$ tal que $0 < |x - x_0| < \delta_1$ e $x \in X$, usando as propriedades de módulo e as Equações 3.9 e 3.10, levam ao seguinte resultado:

$$\left|\frac{1}{g(x)} - \frac{1}{L_2}\right| = \frac{|L_2 - g(x)|}{|g(x)||L_2|} = \frac{1}{|g(x)|}\frac{1}{|L_2|}|g(x)-L_2| < \frac{2}{|L_2|}\frac{1}{|L_2|}\frac{\varepsilon|L_2|^2}{2} = \varepsilon.$$

Portanto, $\lim_{x \to x_0} \frac{1}{g(x)} = \frac{1}{L_2}$.

Finalmente, como $\lim_{x \to x_0} f(x) = L_1$, logo $\lim_{x \to x_0} \frac{1}{g(x)} = \frac{1}{L_2}$ e $\frac{f(x)}{g(x)} = f(x)\frac{1}{g(x)}$.

Assim, de acordo com a demonstração da propriedade "c", vemos que $\lim_{x \to x_0} \frac{f(x)}{g(x)} = \frac{L_1}{L_2}$. Ou seja, a propriedade é válida.

e) Consideramos $\varepsilon > 0$. Como $\lim_{x \to x_0} f(x) = L_1$, existe, por definição, $\delta > 0$ tal que $0 < |x - x_0| < \delta$ e $x \in X$ implicam que $|f(x) - L_1| < \varepsilon$. Utilizando a desigualdade $||a| - |b|| \le |a - b|$, para todo $a, b \in \mathbb{R}$, provada pelo Teorema 1.18, vemos que existe $\delta > 0$ tal que $0 < |x - x_0| < \delta$ e $x \in X$ implicam que

$$||f(x)| - |L_1|| \le |f(x) - L_1| < \varepsilon.$$

Portanto, $\lim_{x \to x_0} |f(x)| = |L_1|$, e a propriedade é válida.

Ressaltamos que as propriedades anteriormente citadas são válidas para as funções que possuem limites nos pontos estudados. Essas propriedades dão rigor a cálculos de limite, como os do Exemplo 3.7, a seguir.

Exemplo 3.7

Sejam f e $g : \mathbb{R} - \{2\} \to \mathbb{R}$ definidas por $f(x) = 2x - 3$ e $g(x) = 3x - 2$ e os limites $\lim_{x \to 2} f(x) = 1$ e $\lim_{x \to 2} g(x) = 4$. Então,

$$\lim_{x \to 2} \frac{2x-3}{3x-2} = \frac{\lim_{x \to 2} 2x - 3}{\lim_{x \to 2} 3x - 2} = \frac{1}{4}.$$

3.2.2 Limites Laterais

O ponto $x_0 \in \mathbb{R}$ é um **ponto de acumulação à direita** de um conjunto X quando, para todo $\varepsilon > 0$, ocorre $[x_0, x_0 + \varepsilon) \cap (X - \{x_0\}) \ne \emptyset$, isto é, quando todo intervalo à direita de x_0, $[x_0, x_0 + \varepsilon)$, contém algum ponto de X diferente do próprio ponto x_0. Denotamos o conjunto de pontos de acumulação à direta de um conjunto X por X'_+.

De forma semelhante, o ponto $x_0 \in \mathbb{R}$ é um **ponto de acumulação à esquerda** de um conjunto X quando, para todo $\varepsilon > 0$, ocorre $(x_0 - \varepsilon, x_0] \cap (X - \{x_0\}) \neq \varnothing$, isto é, quando todo intervalo à esquerda de x_0, $(x_0 - \varepsilon, x_0]$, contém algum ponto de X diferente do próprio ponto x_0. Denotamos o conjunto de pontos de acumulação à esquerda de um conjunto X por X'_-.

Para $f : X \to \mathbb{R}$ e $x_0 \in X'_+$, o limite à direita de f quando x tende a x_0 é L, o que denotamos por $\lim_{x \to x_0^+} f(x) = L$, quando, para todo $\varepsilon > 0$, existe $\delta > 0$ tal que $0 < x - x_0 < \delta$ e $x \in X$ implicam que $|f(x) - L| < \varepsilon$.

Para $f : X \to \mathbb{R}$ e $x_0 \in X'_-$, o limite à esquerda de f quando x tende a x_0 é L, o que denotamos por $\lim_{x \to x_0^-} f(x) = L$, quando, para todo $\varepsilon > 0$, existe $\delta > 0$ tal que $0 < x_0 - x < \delta$ e $x \in X$ implicam que $|f(x) - L| < \varepsilon$.

Salientamos que precisamos encontrar um δ para a condição $0 < x - x_0 < \delta$ para provar limites à direita, e para a condição $0 < x_0 - x < \delta$ para provar limites à esquerda. Essas condições mostram que estamos aproximando x de x_0 pela direita, nos limites à direta, e pela esquerda, nos limites à esquerda.

Exemplo 3.8

Seja $f : \{x \in \mathbb{R}; x > 2\} \to \mathbb{R}$ definida por $f(x) = 2x - 3$. Observamos que 2 pertence ao conjunto dos pontos de acumulação à direita do domínio de f, isto é, $2 \in (\{x \in \mathbb{R}; x > 2\})'_+ = \{x \in \mathbb{R}; x \geq 2\}$. Assim, $\lim_{x \to 2^+} f(x) = 1$.

De fato, dado $\varepsilon > 0$, existe $\delta = \dfrac{\varepsilon}{2} > 0$ tal que, se $x \in X'_+$ e $0 < x - 2 < \delta$, então

$$|f(x) - L| = |2x - 3 - 1| = |2x - 4| = |2(x-2)| = 2|x-2| = 2(x-2) < 2\dfrac{\varepsilon}{2} = \varepsilon.$$

Utilizamos o fato de que $0 < x - 2$ para calcular $|x - 2| = x - 2$.

O teorema a seguir relaciona o limite de uma função com os seus limites laterais em um ponto dado.

Teorema 3.5

Sejam $X \subset \mathbb{R}$, $f : X \to \mathbb{R}$ e $x_0 \in X'_+ \cup X'_-$. Então, $\lim_{x \to x_0} f(x) = L$ se e somente se $\lim_{x \to x_0^+} f(x) = L = \lim_{x \to x_0^-} f(x)$.

($\Rightarrow$) Suponhamos que $\lim_{x \to x_0} f(x) = L$ e $\varepsilon > 0$. Então, por definição, existe $\delta > 0$ tal que $0 < |x - x_0| < \delta$ e $x \in X'_+ \cup X'_-$ implicam que $|f(x) - L| < \varepsilon$. Mas, restringindo a função a todo $x \in X'_+$, vemos que $0 < x - x_0 < \delta$ implica que $|f(x) - L| < \varepsilon$, isto é, $\lim_{x \to x_0^+} f(x) = L$. Igualmente, $\lim_{x \to x_0^-} f(x) = L$.

($\Leftarrow$) Suponhamos agora que $\lim_{x \to x_0^+} f(x) = L = \lim_{x \to x_0^-} f(x)$ e $\varepsilon > 0$. De $\lim_{x \to x_0^+} f(x) = L$, existe $\delta_1 > 0$ tal que $0 < x - x_0 < \delta_1$ e $x \in X$ implicam que $|f(x) - L| < \varepsilon$. De $\lim_{x \to x_0^-} f(x)$, existe $\delta_2 > 0$ tal que $0 < x_0 - x < \delta_2$ e $x \in X$ implicam que $|f(x) - L| < \varepsilon$. Portanto, existe $\delta = \min\{\delta_1, \delta_2\}$ tal que $0 < |x - x_0| < \delta$, com $x \in X$, que implica que $|f(x) - L| < \varepsilon$, demonstrando que $\lim_{x \to x_0} f(x) = L$.

Assim, demonstramos a não existência do limite de uma função provando que os seus limites laterais não existem ou existem e são diferentes, como fazemos no Exemplo 3.9, a seguir.

Exemplo 3.9

Se $f : \mathbb{R} \to \mathbb{R}$ é definida por $f(x) = \begin{cases} x, & \text{se } x < 2 \\ x - 2, & \text{se } x \geq 2 \end{cases}$ então não existe o limite $\lim_{x \to 2} f(x)$.

De fato, como $\lim_{x \to 2^+} f(x) = 0$ e $\lim_{x \to 2^-} f(x) = 2$, de acordo com o Teorema 3.5, não existe $\lim_{x \to 2} f(x)$.

3.2.3 Limites infinitos e limites no infinito

Quando x tende a um ponto x_0, o limite da função vale infinito, ou seja, a imagem da função tende a mais ou a menos infinito. Tal limite é denominado *limite infinito*.

Como exemplo, consideramos a função $f : X \to \mathbb{R}$ e $x_0 \in X'$. Nesse caso, o limite de f quando x tende a x_0 é **mais infinito** e escrevemos $\lim_{x \to x_0} f(x) = +\infty$ quando, dado $M > 0$, existir $\delta > 0$ tal que $0 < |x - x_0| < \delta$ e $x \in X$ implicam que $f(x) > M$.

De modo semelhante, o limite de f quando x tende a x_0 é **menos infinito**, e escrevemos $\lim_{x \to x_0} f(x) = -\infty$ quando, dado $M > 0$, existe $\delta > 0$ tal que $0 < |x - x_0| < \delta$ e $x \in X$ implicam que $f(x) < -M$.

Por fim, o limite de f quando x tende a x_0 é **infinito**, e escrevemos $\lim_{x \to x_0} f(x) = \infty$, quando, dado $M > 0$, existir $\delta > 0$ tal que $0 < |x - x_0| < \delta$ e $x \in X$ implicam que $|f(x)| > M$.

Exemplo 3.10

Consideramos a função $f : (\mathbb{R} - \{2\}) \to \mathbb{R}$, definida por $f(x) = \dfrac{1}{x - 2}$, e o $\lim_{x \to 2} f(x) = \infty$.

De fato, dado $M > 0$, existe $\delta = \dfrac{1}{M}$ tal que $0 < |x - 2| < \delta$ (ou seja, $\dfrac{1}{|x - 2|} > M$) e $x \in \mathbb{R} - \{2\}$ implicam que

$$|f(x)| = \left|\dfrac{1}{x - 2}\right| = \dfrac{1}{|x - 2|} > 2.$$

Portanto, $\lim_{x \to 2} f(x) = \infty$.

Quando x tende a mais ou a menos infinito, isto é, quando x assume valores suficientemente grandes ou pequenos, ocorrem as seguintes situações:

- Considerando-se a função $f: X \to \mathbb{R}$ e que X' é ilimitado superiormente, então o limite de f quando x tende a $+\infty$ é L, e escrevemos $\lim_{x \to +\infty} f(x) = L$ quando, dado $\varepsilon > 0$, existir $N > 0$ tal que $x > N$ e $x \in X$ implicam que $|f(x) - L| < \varepsilon$.
- De maneira semelhante, considerando-se a função $f: X \to \mathbb{R}$ e que X' é ilimitado inferiormente, então o limite de f quando x tende a $-\infty$ é L, e escrevemos $\lim_{x \to -\infty} f(x) = L$, quando, dado $\varepsilon > 0$, existe $N > 0$ tal que $x < -N$ e $x \in X$ implicam que $|f(x) - L| < \varepsilon$.

Exemplo 3.11

Consideramos a função $f: (0, +\infty) \to \mathbb{R}$, definida por $f(x) = \dfrac{1}{x}$, e $\lim_{x \to \infty} \dfrac{1}{x} = 0$.

De fato, dado $\varepsilon > 0$, existe $N = \dfrac{1}{\varepsilon}$ tal que $x > N$ (ou $\dfrac{1}{x} < \dfrac{1}{N} = \varepsilon$) e $x \in (0, +\infty)$ implicam que

$$\left|\dfrac{1}{x} - 0\right| = \left|\dfrac{1}{x}\right| = \dfrac{1}{x} < \varepsilon,$$

em que utilizamos $x > N > 0$ para calcular $|x| = x$.

Portanto, $\lim_{x \to \infty} \dfrac{1}{x} = 0$.

As definições de *limite infinito* ou *limite tendendo a infinito* seguem a seguinte lógica:

- Quando o resultado do limite é um número L, consideramos um valor $\varepsilon > 0$ arbitrário e temos como objetivo demonstrar que $|f(x) - L| < \varepsilon$;
- Quando o resultado do limite é $+\infty$, consideramos um valor $M > 0$ arbitrário e temos como objetivo demonstrar que $f(x) > M$;
- Quando o resultado do limite é $-\infty$, consideramos um valor $M > 0$ e temos como objetivo demonstrar que $f(x) < -M$;
- Quando o resultado do limite é ∞, consideramos um valor $M > 0$ e temos como objetivo demonstrar que $|f(x)| > M$;
- Quando x tende a um valor x_0, precisamos encontrar um valor $\delta > 0$ e utilizamos as hipóteses $0 < |x - x_0| < \delta$ e $x \in X'$;
- Quando x tende a $+\infty$ em um conjunto X ilimitado superiormente, precisamos encontrar um valor $N > 0$ e utilizamos as hipóteses $x > N$ e $x \in X'$;
- Quando x tende a $-\infty$ em um conjunto X ilimitado inferiormente, precisamos encontrar um valor $N > 0$ e utilizamos as hipóteses $x < -N$ e $x \in X'$.

Existem mais alguns tipos de limites infinitos ou com x tendendo a infinito: $\lim_{x \to +\infty} f(x) = +\infty$, $\lim_{x \to +\infty} f(x) = -\infty$, $\lim_{x \to +\infty} f(x) = \infty$, $\lim_{x \to -\infty} f(x) = +\infty$, $\lim_{x \to -\infty} f(x) = -\infty$ e $\lim_{x \to -\infty} f(x) = \infty$.

Esses limites podem ser definidos mediante as regras expostas acima – assim como os demais limites apresentados ao longo deste capítulo.

Deixamos para você, leitor, demonstrar as definições desses limites. Explicitamos apenas a definição do limite $\lim_{x \to -\infty} f(x) = +\infty$ como um exemplo.

Sejam a função $f : X \to \mathbb{R}$ e o conjunto X ilimitado inferiormente. Então, o limite de f quando x tende a menos infinito é mais infinito quando, para todo M > 0, existe N > 0 tal que x < –N e $x \in X$ implicam que $f(x) > M$.

Exemplo 3.12

Consideramos a função $f : \mathbb{R} \to \mathbb{R}$, definida por $f(x) = -x^2$, e o $\lim_{x \to +\infty} f(x) = -\infty$.

De fato, dado M > 0, existe $N = \sqrt{M} > 0$ tal que x > N e $x \in \mathbb{R}$ implicam que $f(x) = -x^2 < -M$, pois $x > N = \sqrt{M}$ implica que $x^2 > M$, ou, de forma equivalente, $-x^2 < -M$.

Portanto, $\lim_{x \to +\infty} -x^2 = -\infty$.

3.3 Funções contínuas

Apresentamos, agora, alguns aspectos relevantes das funções contínuas.

3.3.1 Definições e propriedades

Uma função $f : X \to \mathbb{R}$ é **contínua em um ponto** $x_0 \in X$ quando, dado $\varepsilon > 0$, existe $\delta > 0$ tal que $|x - x_0| < \delta$ e $x \in X$ implicam que $|f(x) - f(x_0)| < \varepsilon$. Notamos que, nessa definição, sempre que tomamos pontos $x \in X$ suficientemente pertos de x_0 garantimos que $f(x)$ esteja suficientemente perto de $f(x_0)$. Para tanto, precisamos tomar x_0 pertencente ao domínio X, pois mostramos a continuidade mediante a imagem $f(x_0)$. Assim, uma função $f : X \to \mathbb{R}$ é **contínua** se ela é contínua em todo ponto x pertencente ao domínio X.

A representação geométrica de uma função f contínua em um ponto x_0 é basicamente a da Figura 3.1, na qual trocamos L por $f(x_0)$. Por definição, desejamos que os valores das imagens $f(x)$ estejam arbitrariamente perto de $f(x_0)$ quando x está arbitrariamente próximo de x_0.

Exemplo 3.13

Se a função $f : \mathbb{R} \to \mathbb{R}$ é definida por $f(x) = 2x - 2$, então f é contínua em todo ponto $x_0 \in \mathbb{R}$.

De fato, dado $\varepsilon > 0$, existe $\delta = \dfrac{\varepsilon}{2}$ tal que $|x - x_0| < \delta$, com $x \in \mathbb{R}$, e que implica que

$$|f(x) - f(x_0)| = |(2x - 2) - (2x_0 - 2)| = |2(x - x_0)| = 2|x - x_0| < 2\frac{\varepsilon}{2} = \varepsilon.$$

Assim, $f(x) = 2x - 2$ é contínua em todo ponto $x_0 \in \mathbb{R}$.

Portanto, f é contínua em $\mathbb{R}$.

Teorema 3.6

Seja $x_0 \in X$ um ponto de acumulação de X. Então $f : X \to \mathbb{R}$ é contínua em x_0 se e somente se $\lim_{x \to x_0} f(x) = f(x_0)$.

($\Rightarrow$) Sejam f contínua em $x_0 \in X$ e $\varepsilon > 0$. Como f é contínua, existe $\delta > 0$ tal que $|x - x_0| < \delta$ e $x \in X$ implicam que $|f(x) - f(x_0)| < \varepsilon$. Assim, existe $\delta > 0$ tal que $0 < |x - x_0| < \delta$ e $x \in X$ implicam que $|x - x_0| < \delta$ e $x \in X$, que, por sua vez, implicam que $|f(x) - f(x_0)| < \varepsilon$. Portanto, demonstramos que $\lim_{x \to x_0} f(x) = f(x_0)$.

($\Leftarrow$) Sejam $\lim_{x \to x_0} f(x) = f(x_0)$ e $\varepsilon > 0$. Por hipótese, existe $\delta > 0$ tal que $0 < |x - x_0| < \delta$ e $x \in X$ implicam que $|f(x) - f(x_0)| < \varepsilon$. Como $x_0 \in X'$, então $(x_0 - \delta, x_0 + \delta)$ contém algum ponto de X diferente de x_0. Assim, segue-se que $|x - x_0| < \delta$ e $x \in X$ implicam que $0 < |x - x_0| < \delta$ e $x \in X$, que, por sua vez, implicam que $|f(x) - f(x_0)| < \varepsilon$. Portanto, demonstramos que $f : X \to \mathbb{R}$ é contínua em x_0.

Exemplo 3.14

A função $f(x) = \begin{cases} x, & \text{se } x < 1 \\ x^2, & \text{se } x \geq 1 \end{cases}$ é contínua em $x_0 = 1$.

De fato, de acordo com o Teorema 3.5, $\lim_{x \to 1} f(x) = 1$, uma vez que os limites laterais $\lim_{x \to 1^+} x^2 = 1$ e $\lim_{x \to 1^-} x = 1$ existem e são iguais. Como $f(1) = 1^2 = 1$, vemos, pelo Teorema 3.6, que f é contínua em $x_0 = 1$.

O próximo teorema relaciona *continuidade de função* com *convergência de sequências*, sendo muito utilizado na demonstração de resultados teóricos.

Teorema 3.7

Sejam $f : X \to \mathbb{R}$ e $x_0 \in X'$. Então, f é contínua no ponto x_0 se e somente se para toda sequência $(x_n) \subset X - \{x_0\}$ que convirja para x_0 ocorre $f(x_n)$ convergindo para $f(x_0)$.

($\Rightarrow$) Suponhamos que f seja contínua em x_0 e que a sequência x_n convirja para x_0. Dado $\varepsilon > 0$, vemos que, da continuidade de f, existe $\delta > 0$ tal que $|x - x_0| < \delta$ e $x \in X$ implicam que $|f(x) - f(x_0)| < \varepsilon$. Para esse $\delta > 0$, como $x_n \to x_0$, existe $N > 0$ tal que $n > N$ implica que $|x_n - x_0| < \delta$. Considerando $x = x_n$ em X, vemos que existe $N > 0$ tal que $n > N$ implica que $|x_n - x_0| < \delta$, que resulta em $|f(x_n) - f(x_0)| < \varepsilon$. Portanto, $f(x_n) \to f(x_0)$.

($\Leftarrow$) Agora, utilizamos o método da contradição ou do absurdo. Suponhamos que em toda sequência $(x_n) \subset X - \{x_0\}$, tal que $x_n \to x_0$, ocorra $f(x_n) \to f(x_0)$ e que f não seja contínua em x_0. Dessa maneira, existe $\varepsilon > 0$ tal que, para todo $\delta = \dfrac{1}{n}$, podemos encontrar um ponto $x_n \in X$ tal que $|x_n - x_0| < \dfrac{1}{n}$ e $|f(x_n) - f(x_0)| \geq \varepsilon$. Assim, construímos uma sequência (x_n) de pontos de X que converge para x_0, mas $f(x_n)$ não converge para $f(x_0)$, contradizendo a hipótese. Portanto, f é contínua em x_0.

O próximo teorema trata da continuidade nas operações entre funções.

Teorema 3.8

Se as funções $f: X \to \mathbb{R}$ e $g: X \to \mathbb{R}$ são contínuas em x_0, então as funções $f + g: X \to \mathbb{R}$, $f \cdot g: X \to \mathbb{R}$ e $\dfrac{f}{g}: X \to \mathbb{R}$, considerando-se $g(x_0) \neq 0$, são contínuas em x_0.

De acordo com os Teoremas 2.5 e 3.6, vemos que, para toda sequência x_n convergindo para x_0:

$$\lim(f+g)(x_n) = \lim(f(x_n) + g(x_n)) = \lim f(x_n) + \lim g(x_n) = f(x_0) + g(x_0) = (f+g)(x_0) \text{ e}$$

$$\lim(fg)(x_n) = \lim(f(x_n)g(x_n)) = \lim f(x_n)\lim g(x_n) = f(x_0)g(x_0) = (f \cdot g)(x_0).$$

Além disso,

$$\lim\left(\frac{f}{g}\right)(x_n) = \lim\left(\frac{f(x_n)}{g(x_n)}\right) = \frac{\lim f(x_n)}{\lim g(x_n)} = \frac{f(x_0)}{g(x_0)} = \left(\frac{f}{g}\right)(x_0).$$

Portanto, de acordo com o Teorema 3.7, as funções $f + g$, $f \cdot g$ e $\dfrac{f}{g}$, quando $g(x_0) \neq 0$, são contínuas em x_0.

Quando duas funções são contínuas, então a soma, a multiplicação e a divisão delas são contínuas. Além disso, a composição entre elas também é contínua, como mostramos no Teorema 3.9, a seguir.

Teorema 3.9

Sejam as funções $f: X \to \mathbb{R}$ e $g: Y \to \mathbb{R}$, com $f(X) \subset Y$. Se f é contínua em x_0 e g é contínua em $y_0 = f(x_0)$, então a função composta $g \circ f$ é contínua em x_0.

Seja $\varepsilon > 0$. Como a função g é contínua em $y_0 = f(x_0)$, existe $\delta_1 > 0$ tal que $|y - y_0| < \delta_1$ e $y \in Y$ implicam que $|g(y) - g(y_0)| < \varepsilon$. Por outro lado, como a função f é contínua em x_0, então, para $\delta_1 > 0$, existe $\delta > 0$ tal que $|x - x_0| < \delta$ e $x \in X$ implicam que $|f(x) - f(x_0)| < \delta_1$. Considerando-se $y = f(x)$, existe $\delta > 0$ tal que $|x - x_0| < \delta$ e $x \in X$ implicam que $|f(x) - f(x_0)| < \delta_1$, que, por sua vez, implica que $|g(f(x)) - g(f(x_0))| < \varepsilon$. Portanto, a função composta $g \circ f$ é contínua em x_0.

Exemplo 3.15

Pelos Exemplos 3.13 e 3.14, vemos, respectivamente, que as funções $f(x) = 2x - 2$ e
$g(x) = \begin{cases} x, & \text{se } x < 1 \\ x^2, & \text{se } x \geq 1 \end{cases}$ são contínuas em $x_0 = 1$. Portanto, de acordo com os Teoremas 3.8 e 3.9, as seguintes funções são contínuas em $x_0 = 1$:

$$(f+g)(x) = \begin{cases} 3x - 2, & \text{se } x < 1 \\ x^2 + 2x - 2, & \text{se } x \geq 1 \end{cases}$$

$$(f \cdot g)(x) = \begin{cases} 2x^2 - 2x, & \text{se } x < 1 \\ 2x^3 - 2x^2, & \text{se } x \geq 1 \end{cases}$$

$$\left(\frac{f}{g}\right)(x) = \begin{cases} \dfrac{2x-2}{x}, & \text{se } x < 1 \\ \dfrac{2x-2}{x^2}, & \text{se } x > 1 \end{cases}$$

$$(g \circ f)(x) = \begin{cases} 2x - 2, & \text{se } x < 1 \\ (2x-2)^2, & \text{se } x \geq 1 \end{cases}$$

Demonstramos, a seguir, o *teorema do valor intermediário*, que envolve continuidade de funções em intervalos.

Teorema 3.10 – Teorema do valor intermediário

Seja $f: X \to \mathbb{R}$ uma função contínua num intervalo fechado $I = [a,b] \subset X$, com $f(a) \neq f(b)$. Então, dado d entre $f(a)$ e $f(b)$, existe $c \in (a,b)$ tal que $f(c) = d$.

Suponhamos que $f(a) < f(b)$. Seja t o comprimento do intervalo I. Consideramos um ponto r_1 que divide o intervalo I em dois subintervalos fechados de tamanho $\dfrac{t}{2}$, isto é, $[a, r_1]$ e $[r_1, b]$, com $r_1 = \dfrac{a+b}{2}$. Se $f(r_1) = d$, então $c = r_1$ comprova o teorema.

Se $f(r_1) > d$, escolhemos $I_1 = [a, r_1]$ e, se $f(r_1) < d$, escolhemos $I_1 = [r_1, b]$. Em qualquer dos casos, notamos que $I_1 \subset I$. Consideramos agora $I_1 = [a_1, b_1]$ e um ponto r_2 que divide o intervalo I_1 em dois subintervalos fechados de tamanho $\dfrac{t}{2^2}$, isto é, $[a_1, r_2]$ e $[r_2, b_1]$, com $r_2 = \dfrac{a_1 + b_1}{2}$. Se $f(r_2) = d$, então $c = r_2$ comprova o teorema.

Se $f(r_2) > d$, escolhemos $I_2 = [a_1, r_2]$ e, se $f(r_2) < d$, escolhemos $I_2 = [r_2, b_1]$. Em qualquer dos casos, notamos que $I_2 \subset I_1 \subset I$. Consideramos, dessa vez, $I_2 = [a_2, b_2]$. Procedendo dessa forma, após n passos, ou encontramos um valor c tal que $f(c) = d$, ou definimos uma sequência de intervalos fechados (I_n) em que cada intervalo $I_n = [a_n, b_n]$ tem comprimento $\dfrac{t}{2^n}$, $\ldots \subset I_n \subset \ldots \subset I_2 \subset I_1 \subset I$ e $f(a_n) < d < f(b_n)$. Portanto, de acordo com o teorema dos intervalos encaixados, existe um ponto $c \in I$ que pertence à interseção de todos os intervalos limites das sequências (a_n) e (b_n). Além disso, como f é contínua, de acordo com o Teorema 3.7:

$$d \leq \lim f(a_n) = f(\lim a_n) = f(c) = f(\lim b_n) = \lim f(b_n) \leq d.$$

Portanto, $f(c) = d$.

Outro resultado importante de funções contínuas em intervalos ocorre quando o intervalo é um conjunto compacto.

Teorema 3.11

Seja X um conjunto compacto. Se $f : X \to \mathbb{R}$ é contínua, então f é limitada.

Suponhamos, pelo método da contradição ou do absurdo, que f não seja limitada em $X = [a, b]$; então, existe um ponto $c = \dfrac{a+b}{2}$ tal que f é ilimitada ou em $[a, c]$ ou em $[c, b]$. Portanto, existe um intervalo $X_1 = [a_1, b_1]$ de comprimento $\dfrac{b-a}{2}$ em que f é ilimitada.

Procedendo dessa mesma forma, existe um intervalo $X_2 = [a_2, b_2]$ de comprimento $\dfrac{b-a}{2^2}$ em que f é ilimitada. Repetindo o processo, obtemos uma sequência de intervalos $X_n = [a_n, b_n]$ de comprimento $\dfrac{b-a}{2^n}$ em que f é ilimitada. Portanto, de acordo com o teorema dos intervalos encaixados, existe um ponto $x_0 \in X_n$ para todo n e, como a função é contínua em X, logo, dado $\varepsilon = 1$, existe um $\delta > 0$ tal que $|x - x_0| < \delta$ e $x \in X$ implicam que $|f(x) - f(x_0)| < 1$. Porém

$$|f(x)| = |f(x) - f(x_0) + f(x_0)| \leq |f(x) - f(x_0)| + |f(x_0)| = 1 + |f(x_0)|, \qquad \textbf{(Equação 3.11)}$$

para todo $x \in (x_0 - \delta, x_0 + \delta)$. Consideramos n suficientemente grande tal que $[a_n, b_n] \subset (x_0 - \delta, x_0 + \delta)$. Portanto, pela construção de $[a_n, b_n]$, vemos que f é ilimitada, contrariando a Equação 3.11.

Portanto, f é limitada em X.

Seja $f : X \to \mathbb{R}$ uma função; então um ponto x_0 será o máximo local de f quando existir $\delta > 0$ tal que, para todo $x \in (x_0 - \delta, x_0 + \delta) \cap X$, obtivermos $f(x) \leq f(x_0)$. Igualmente, um ponto x_0 será o mínimo local de f quando existir $\delta > 0$ tal que, para todo $x \in (x_0 - \delta, x_0 + \delta) \cap X$, obtivermos $f(x) \geq f(x_0)$. De acordo com os conceitos de *máximo* e de *mínimo* de conjuntos que estudamos no Capítulo 1, podemos afirmar que f tem um máximo local ou um mínimo local quando existe uma vizinhança $(x_0 - \delta, x_0 + \delta)$ em que o conjunto imagem $f(x_0 - \delta, x_0 + \delta)$ tem um máximo ou um mínimo, respectivamente.

Teorema 3.12

Seja X um conjunto compacto. Se a função $f : X \to \mathbb{R}$ é contínua, então f possui valores máximo e mínimo em X.

Seja $M = \sup\{f(x); x \in X\}$. Devemos demonstrar que $M \in f(X)$.

Suponhamos, pelo método da contradição ou do absurdo, que, para todo $x \in X$, exista $f(x) < M$. Expressamos a função $g : X \to \mathbb{R}$ por $g(x) = \dfrac{1}{M - f(x)}$ e observamos que g é contínua e definida em um conjunto compacto, pois f é contínua e X é compacto. Portanto, de acordo com o Teorema 3.11, vemos que g é limitada por uma constante R, isto é, $\dfrac{1}{M-f(x)} = \left|\dfrac{1}{M-f(x)}\right| \le R$.

Ao usarmos $\left|\dfrac{1}{M-f(x)}\right| \le R$, obtemos $-R \le \dfrac{1}{M-f(x)} \le R$, ou, de forma equivalente, $f(x) \le M - \dfrac{1}{R}$.

Assim, $M - \dfrac{1}{R}$ é a cota superior do conjunto $\{f(x); x \in X\}$ menor do que M, contradizendo a definição do supremo de M.

Portanto, existe $x \in X$ tal que $f(x) = M$, ou seja, f atinge o máximo em X.

Para provarmos que f tem valor de mínimo em X, utilizamos o mesmo processo.

3.3.2 Descontinuidades

Uma função é **descontínua** em um ponto x_0 quando ela não é contínua nesse ponto. Ou seja, existe $\varepsilon > 0$ tal que, para todo $\delta > 0$, podemos encontrar um ponto $x_\delta \in X$ que satisfaça $|x_\delta - x_0| < \delta$ e $|f(x_\delta) - f(x_0)| \ge \varepsilon$. O índice δ no ponto x expressa que, para cada valor de δ, podemos ter um ponto x_δ diferente, ou seja, o ponto x_δ pode depender do valor de δ.

Exemplo 3.16

A função $f(x) = \begin{cases} x, & \text{se } x \ne 1 \\ 2, & \text{se } x = 1 \end{cases}$ é descontínua em $x_0 = 1$.

De fato, para todo $0 < \delta < 2$, existem $\varepsilon = 1 - \dfrac{\delta}{2}$ e $x_\delta = 1 + \dfrac{\delta}{2}$ tais que

$$|x_\delta - 1| = \left|1 + \dfrac{\delta}{2} - 1\right| = \dfrac{\delta}{2} < \delta \text{ e } |f(x_\delta) - f(x_0)| = \left|1 + \dfrac{\delta}{2} - 2\right| = \left|\dfrac{\delta}{2} - 1\right| \ge 1 - \dfrac{\delta}{2} = \varepsilon.$$

E, para $\delta \ge 2$, existem $\varepsilon = \dfrac{1}{2}$ e $x_\delta = 1 + \dfrac{1}{2}$ tais que

$$|x_\delta - 1| = \left|1 + \dfrac{1}{2} - 1\right| = \dfrac{1}{2} < \delta \text{ e } |f(x_\delta) - f(x_0)| = \left|1 + \dfrac{1}{2} - 2\right| = \left|\dfrac{1}{2} - 1\right| \ge \dfrac{1}{2} = \varepsilon.$$

Portanto, f é descontínua em $x = 1$.

Uma observação importante é que, de acordo com o Teorema 3.7, para $f: X \to \mathbb{R}$ não ser contínua em um ponto $x_0 \in X'$, basta apenas encontrarmos uma sequência $(x_n) \subset X - \{x_0\}$ que convirja para x_0 ao mesmo tempo que $f(x_n)$ não convirja para $f(x_0)$.

3.3.3 Continuidade uniforme

Uma função $f: X \to \mathbb{R}$ é **uniformemente contínua** quando, para todo $\varepsilon > 0$, existe um $\delta > 0$ tal que $|x - y| < \delta$ e $x, y \in X$ implicam que $|f(x) - f(y)| < \varepsilon$. Uma função $f: X \to \mathbb{R}$ não é uniformemente contínua quando existe $\varepsilon > 0$ tal que, para todo $\delta > 0$, podemos escolher x_δ e y_δ pertencentes ao conjunto X e que satisfaçam as desigualdades $|x_\delta - y_\delta| < \delta$ e $|f(x_\delta) - f(y_\delta)| \ge \varepsilon$.

Toda função uniformemente contínua é contínua. Provamos isso reescrevendo a definição de uniformemente contínua com $y = x_0$ para todo $x_0 \in X$. Porém a recíproca é falsa, como apresentamos no exemplo a seguir.

Exemplo 3.17

A função $f : (0, +\infty) \to \mathbb{R}$, definida por $f(x) = \dfrac{1}{x}$, é contínua, mas não é uniformemente contínua.

De fato, demonstramos a continuidade da função f considerando $x_0 \in (0, +\infty)$ e (x_n) qualquer sequência em $(0, +\infty)$ tal que $\lim_{n \to +\infty} x_n = x_0$. Então, de acordo com o Teorema 2.5,

$$\lim_{n \to \infty} f(x_n) = \lim_{n \to \infty} \frac{1}{x_n} = \frac{1}{\lim_{n \to \infty} x_n} = \frac{1}{x_0} = f(x_0).$$

Portanto, f é contínua em x_0 e, como $x_0 \in (0, +\infty)$ é arbitrário, logo f é contínua em $(0, +\infty)$. Demonstramos agora que f não é uniformemente contínua.

De fato, suponhamos que f seja uniformemente contínua, isto é, dado $\varepsilon > 0$, exista um $\delta > 0$ tal que $|x - y| < \delta$ e $x, y \in X$ impliquem que $\left|\dfrac{1}{x} - \dfrac{1}{y}\right| < \varepsilon$. Escolhemos $y \in (0, +\infty)$, satisfazendo $0 < y < \delta$ e $0 < y < \dfrac{1}{3\varepsilon}$. Considerando em particular $x = y + \dfrac{\delta}{2}$, vemos que $|x - y| = \left|y + \dfrac{\delta}{2} - y\right| = \dfrac{\delta}{2} < \delta$ e, logo, $\left|\dfrac{1}{x} - \dfrac{1}{y}\right| < \varepsilon$. Mas, de $y < \delta$, obtemos $2y + \delta < 3\delta$, ou, ainda, $\dfrac{1}{2y + \delta} > \dfrac{1}{3\delta}$. Assim, segue-se que

$$\left|\frac{1}{x} - \frac{1}{y}\right| = \left|\frac{1}{y + \frac{\delta}{2}} - \frac{1}{y}\right| = \left|\frac{2}{2y + \delta} - \frac{1}{y}\right| = \left|-\frac{\delta}{y(2y + \delta)}\right| = \frac{\delta}{y(2y + \delta)} > \frac{\delta}{3\delta y} > \varepsilon,$$

contradizendo que $\left|\dfrac{1}{x} - \dfrac{1}{y}\right| < \varepsilon$.

Portanto, f não é uniformemente contínua.

Fonte: Elaborado com base em Lima, 2004, p. 241.

O próximo teorema relaciona continuidade uniforme a sequências.

Teorema 3.13

A função $f : X \to \mathbb{R}$ é uniformemente contínua se e somente se $\lim(f(x_n) - f(y_n)) = 0$ para todo par de sequências (x_n) e (y_n) de pontos de X que satisfazem $\lim(x_n - y_n) = 0$.

($\Rightarrow$) Sejam a função f uniformemente contínua e o $\lim(x_n - y_n) = 0$. Devemos provar que $\lim(f(x_n) - f(y_n)) = 0$. Seja $\varepsilon > 0$; pela continuidade uniforme de f, vemos que existe $\delta > 0$ tal que as condições $|x-y|<\delta$ e $x,y \in X$ implicam que $|f(x)-f(y)|<\varepsilon$. Dado $\delta>0$, como $\lim(x_n - y_n) = 0$, existe $N>0$ tal que $n>N$ implica que $|x_n - y_n| = |x_n - y_n - 0| < \delta$. Considerando $x = x_n$ e $y = y_n$ na definição de função uniformemente contínua, vemos que existe $N>0$ tal que $n>N$ implica que $|x_n - y_n| < \delta$ que, por sua vez, implica que $|f(x_n) - f(y_n) - 0| = |f(x_n) - f(y_n)| < \varepsilon$. Portanto, $\lim(f(x_n) - f(y_n)) = 0$.

($\Leftarrow$) Provamos a recíproca pelo método da contradição ou do absurdo. Suponhamos que $\lim(x_n - y_n) = 0$ e implique que $\lim(f(x_n) - f(y_n)) = 0$ e que a função f não seja uniformemente contínua. Como f não é uniformemente contínua, existe um $\varepsilon > 0$ tal que, para todo $\delta = \frac{1}{n}$, há pontos x_n e y_n tais que $|x_n - y_n| < \delta$ e $|f(x_n) - f(y_n)| \geq \varepsilon$. Assim, existe um par de sequências (x_n) e (y_n) tais que $\lim(x_n - y_n) = 0$, sem que $\lim(f(x_n) - f(y_n)) = 0$, contradizendo a hipótese. Portanto, f é uniformemente contínua.

O próximo teorema é um resultado-chave da análise matemática, pois relaciona a topologia da reta real com os conceitos de continuidade e de continuidade uniforme.

Teorema 3.14
Seja $X \subset \mathbb{R}$ um conjunto compacto. Então, toda função contínua $f: X \to \mathbb{R}$ é uniformemente contínua.

Demonstramos esse teorema pelo método da contradição ou do absurdo.

Suponhamos que f seja contínua, mas não uniformemente contínua. Seja $\varepsilon > 0$. Como f não é uniformemente contínua, então, de acordo com o Teorema 3.10, existem sequências (x_n) e (y_n) em X tais que $|x_n - y_n| < \frac{1}{n}$ e $|f(x_n) - f(y_n)| \geq \varepsilon$. Como X é compacto e $(x_n) \subset X$, a sequência (x_n) é limitada. Pelo teorema de Bolzano-Weierstrass, existe uma subsequência (x_{n_i}) convergente, digamos, para x. Logo, por definição de *fecho*, vemos que $x \in \bar{X}$, isto é, x é ponto aderente de X. Por outro lado, como X é fechado, logo $x \in X$. Como $(x_n - y_n) \to 0$, de acordo com o Teorema 2.3, $x_{n_i} \to x$. Além disso, pelo Teorema 2.5, segue-se que $y_{n_i} = -(x_{n_i} - y_{n_i}) + x_{n_i} \to 0 + x = x$ ou seja, $y_{n_i} \to x$. Como f é contínua, vemos, pelo Teorema 3.7, que $\lim f(x_{n_i}) = \lim f(y_{n_i}) = f(x)$, ou, ainda, $\lim(f(x_{n_i}) - f(y_{n_i})) = 0$, contradizendo a desigualdade $|f(x_{n_i}) - f(y_{n_i})| \geq \varepsilon$. Portanto, f é uniformemente contínua.

Exemplo 3.18
A função $f:[a,b] \to \mathbb{R}$, em que $0 < a < b$, definida por $f(x) = \frac{1}{x}$, é uniformemente contínua.

Procedendo como no Exemplo 3.17, utilizamos $x_0 \in [a,b]$ arbitrário e vemos que f é contínua em x_0 e, logo, contínua em $[a,b]$. Pelo Exemplo 3.4, vemos que $[a,b]$ é compacto. Portanto, de acordo com o Teorema 3.13, f é uniformemente contínua em $[a,b]$.

Para saber mais

IMPA – Instituto Nacional de Matemática Pura e Aplicada. **Análise na reta**: aula 10. Professor Elon Lages Lima. 3 fev. 2015h. Disponível em: <https://www.youtube.com/watch?v=wD0hFS_5Lx8&list=PLDf7S31yZaYxQdfUX8GpzOdeUe2KS93wg&index=10>. Acesso em: 8 fev. 2017.
Continuação da aula sobre a reta com muitas informações sobre as funções contínuas.

Síntese

Vimos, neste capítulo, algumas noções de limites importantes para o estudo da análise matemática. Abordamos os limites infinitos e os limites no infinito, diferenciando-os e observando suas principais propriedades. Percebemos que o limite de uma função f quando x tende a um ponto x_0 é um valor L tal que os valores das imagens $f(x)$ ficam arbitrariamente próximos de L quando x se aproxima do ponto x_0. Porém não estamos propriamente interessados no valor da imagem do ponto x_0.

Além disso, compreendemos que os limites envolvendo operações de funções são as operações dos limites dessas funções. E, também, que, quando uma função tem limites laterais iguais em um ponto, ela tem limite nesse ponto. Os limites laterais podem ser utilizados para demonstrar limites e continuidade de funções.

Definimos que uma função é contínua em um ponto quando o limite da função nesse ponto é igual à imagem da função. Assim, por um lado, a noção de continuidade de função em um ponto x_0 envolve tanto o valor da imagem $f(x_0)$ quanto das imagens $f(x)$, sendo que x está próximo de x_0. Por outro lado, a noção de continuidade uniforme é mais restritiva, pois requer que os valores das imagens $f(x)$ e $f(y)$ estejam arbitrariamente próximos quando os pontos x e y estão arbitrariamente próximos. Por fim, entendemos por que toda função uniformemente contínua é contínua e que a reciproca só vale quando a função é definida em um conjunto compacto.

Atividades de autoavaliação

1) Em relação à topologia da reta real, assinale a afirmativa correta:
    a. O fecho de um conjunto é o conjunto formado pela união dos pontos de acumulação.
    b. Um conjunto que contém todos os pontos aderentes é um conjunto fechado.
    c. Um conjunto aberto contém todos os seus pontos aderentes.
    d. Um conjunto aberto e limitado é compacto.

2) Sobre limites, assinale a afirmativa correta:
   a. No limite $\lim_{x \to x_0} f(x) = L$, o que realmente importa é o valor da imagem $f(x_0)$.
   b. Se existem os limites laterais de uma função em um ponto, então existe o limite dessa função nesse ponto.
   c. O limite de uma função em um ponto existe quando os seus limites laterais forem iguais.
   d. Se existe o limite de uma função em um ponto, então existem e são iguais os limites laterais da função nesse ponto.

3) Assinale a alternativa que corresponde à definição do limite $\lim_{n \to \infty} f(x) = -\infty$.
   a. Quando $M > 0$, existe $N > 0$ tal que $x > N$ e $x \in D(f)$ implicam que $f(x) < -M$.
   b. Quando $M > 0$, existe $N > 0$ tal que $x > N$ e $x \in D(f)$ implicam que $|f(x)| > M$.
   c. Quando $\varepsilon > 0$, existe $\delta > 0$ tal que $x < \delta$ e $x \in D(f)$ implicam que $|f(x)| < \varepsilon$.
   d. Quando $\varepsilon > 0$, existe $N > 0$ tal que $x > N$ e $x \in D(f)$ implicam que $|f(x)| < \varepsilon$.

4) Assinale a relação que envolve sequências e continuidade de funções corretamente:
   a. Se existe uma sequência $(x_n) \subset X - \{x_0\}$ que convirja para x_0, implicando que $f(x_n)$ convirja para $f(x_0)$, então $f : X \to \mathbb{R}$ é contínua em $x_0 \in X'$.
   b. Se existe uma sequência $(x_n) \subset X - \{x_0\}$ que convirja para x_0, ainda que $f(x_n)$ não convirja para $f(x_0)$, então $f : X \to \mathbb{R}$ é descontínua em $x_0 \in X'$.
   c. Se existe um par de sequências (x_n) e (y_n) de pontos de X tais que $\lim x_n - y_n = 0$ implica que $\lim f(x_n) - f(y_n) = 0$, então $f : X \to \mathbb{R}$ é uniformemente contínua.
   d. Se existe um par de sequências (x_n) e (y_n) de pontos de X tais que $\lim x_n - y_n = 0$ implica que $\lim f(x_n) - f(y_n) = 0$, então $f : X \to \mathbb{R}$ é contínua em X.

5) Considere as seguintes afirmações sobre continuidade:
   I. Toda função uniformemente contínua é contínua.
   II. Toda função contínua é uniformemente contínua.
   III. Toda função contínua definida em um conjunto compacto é uniformemente contínua.

   Assinale a opção que corresponde às afirmações corretas:
   a. I e II.
   b. I e III.
   c. II e III.
   d. I, II e III.

Atividades de aprendizagem

1) Seja $f: \mathbb{R} \to \mathbb{R}$ definida por $f(x) = \begin{cases} \sqrt{2-x}, \text{ se } x \leq 2 \\ \sqrt{x-2}, \text{ se } x > 2 \end{cases}$. Prove que $\lim_{x \to 2} f(x) = 0$.

2) Mostre que a função $f: \mathbb{R} \to \mathbb{R}$, definida por $f(x) = x^3 + 3x^2 + 2x + 5$, é contínua.

3) Faça a representação geométrica de uma função f arbitrária e contínua em um ponto x_0.

Neste capítulo, abordamos os conceitos de derivabilidade de funções reais, expomos a sua interpretação geométrica e demonstramos algumas de suas aplicações, como a condição necessária de primeira ordem, o teorema de Rolle, o teorema do valor médio e o teorema do resto.

Estudamos, também, o comportamento das derivadas da soma, do produto, da divisão e da composição de funções. Além disso, apresentamos a fórmula de Taylor, que formaliza a regra de L'Hôpital, muito utilizada para calcular limites indeterminados.

As referências deste capítulo são: Rudin (1971), Leithold (1994), Bartle e Sherbert (2000), Lima (2004; 2006) e Ávila (2005).

4

Derivadas

4.1 Definições e regras operacionais

Sejam $X \subset \mathbb{R}$, $f : X \to \mathbb{R}$ e x_0 um ponto de acumulação de X pertencente ao conjunto X. Assim, a função f é **derivável no ponto** x_0 quando existe o limite

$$f'(x_0) = \lim_{x \to x_0} \frac{f(x) - f(x_0)}{x - x_0}.$$ (Equação 4.1)

Nesse caso, o valor de $f'(x_0)$ é denominado **derivada de f no ponto** x_0. Dizemos que uma função $f : X \to \mathbb{R}$ é *derivável* em X quando é derivável em todos os pontos x pertencentes a X.

Uma definição análoga de derivada é obtida considerando-se $h = x - x_0$ na Equação 4.1. Essa mudança de variável implica que $x = x_0 + h$ e que $h \to 0$ quando $x \to x_0$. Obtemos, pela Equação 4.1, o limite:

$$f'(x_0) = \lim_{h \to 0} \frac{f(x_0 + h) - f(x_0)}{h}.$$

Geometricamente, o quociente $\dfrac{f(x) - f(x_0)}{x - x_0}$, da Equação 4.1, representa a tangente do ângulo de inclinação da reta que passa pelos valores $f(x_0)$ e $f(x)$, como pode ser observado na Figura 4.2. Para compreendermos isso, na Figura 4.1 representamos a diferença $f(x) - f(x_0)$ por ΔY e a diferença $x - x_0$ por ΔX: a reta passa pelos valores $f(x_0)$ e $f(x)$ por r e a inclinação da reta r, por θ. Utilizando a definição de tangente em um triângulo retângulo, temos como resultado:

$$\tan \theta = \frac{\Delta Y}{\Delta X} = \frac{f(x) - f(x_0)}{x - x_0}.$$

Figura 4.1 – Representação de derivadas

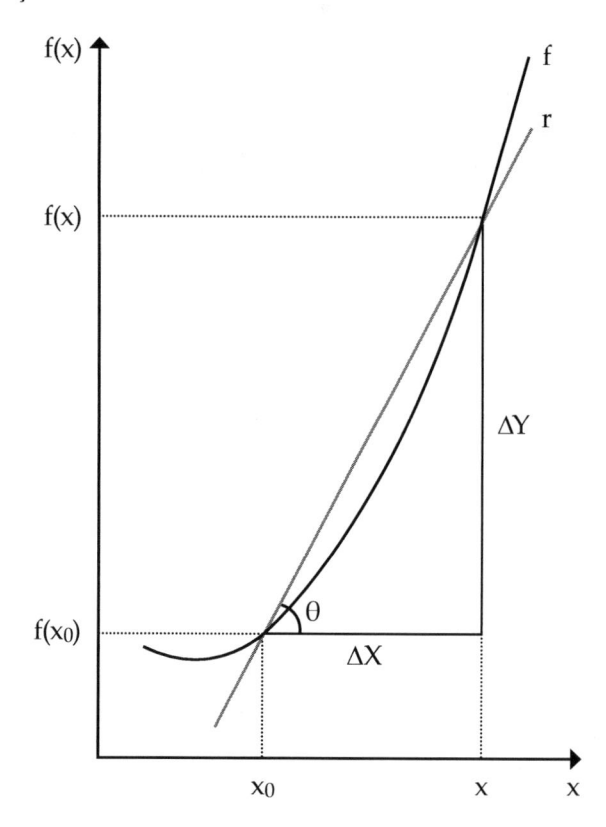

Utilizando infinitas vezes o processo da Figura 4.1, obtemos a Figura 4.2. Nela, podemos ver a inclinação das retas r_1, r_2 e r_3 quando x vale, respectivamente, x_1, x_2 e x_3. Assim, quando x se aproxima arbitrariamente de x_0, observamos que as inclinações das retas tendem a aproximar-se da inclinação da reta tangente r_t à função f no ponto x_0. Portanto, a noção geométrica da derivada $f'(x_0)$ é a inclinação da reta tangente à função f no ponto x_0. Utilizando a noção de derivada, vemos que a equação geral da reta tangente à função f no ponto x_0 é dada por:

$$\frac{y - f(x_0)}{x - x_0} = f'(x_0).$$

Figura 4.2 – Reta tangente à função no ponto x_0

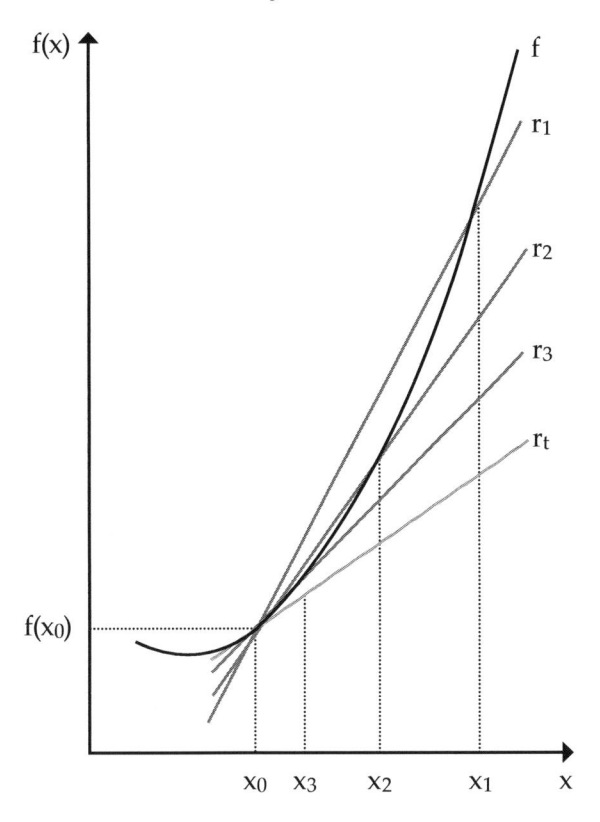

Exemplo 4.1

Se $f(x) = x^n$, então $f'(x) = n \cdot x^{n-1}$.

De fato, seja $X_0 \in \mathbb{R}$, demonstramos a derivada da função f utilizando a fórmula abaixo:

$$x^n - x_0^n = (x - x_0) \cdot \left(x^{n-1} + x^{(n-2)}x_0 + \ldots + x\, x_0^{n-2} + x_0^{n-1}\right) \quad \textbf{(Equação 4.2)}$$

que pode ser demonstrada por indução.

Então, substituindo $f(x) = x^n$, usando a Equação 4.2 e calculando o limite, obtemos

$$f'(x_0) = \lim_{x \to x_0} \frac{f(x) - f(x_0)}{x - x_0} = \lim_{x \to x_0} \frac{x^n - x_0^n}{x - x_0} =$$

$$= \lim_{x \to x_0} \frac{(x - x_0) \cdot \left(x^{n-1} + x^{(n-2)}x_0 + \ldots + x\, x_0^{n-2} + x_0^{n-1}\right)}{x - x_0} =$$

$$= \lim_{x \to x_0} \left(x^{n-1} + x^{(n-2)}x_0 + \ldots + x\, x_0^{n-2} + x_0^{n-1}\right) =$$

$$= x_0^{n-1} + x_0^{n-2}x_0 + \ldots + x_0\, x_0^{n-2} + x_0^{n-1} = n \cdot x_0^{n-1}.$$

Portanto, $f'(x_0) = n \cdot x_0^{n-1}$. Como esse resultado vale para todo $x_0 \in \mathbb{R}$, segue-se que f é derivável e $f'(x) = n \cdot x^{n-1}$.

Podemos definir também as derivadas laterais.

Sejam $X \subset \mathbb{R}$, $f : X \to \mathbb{R}$ e x_0 um ponto de acumulação à direita de X pertencente ao conjunto X. Então, quando há o limite

$$f'_+(x_0) = \lim_{x \to x_0^+} \frac{f(x) - f(x_0)}{x - x_0},$$

a função $f'_+(x_0)$ é a **derivada à direita de** f **no ponto** x_0.

Seja, agora, x_0 um ponto de acumulação à esquerda de X pertencente ao conjunto X. Então, quando há o limite

$$f'_-(x_0) = \lim_{x \to x_0^-} \frac{f(x) - f(x_0)}{x - x_0},$$

a função $f'_+(x_0)$ é a **derivada à esquerda de** f **no ponto** x_0.

Decorre do Teorema 3.5 que $f'_-(x_0) = f'_+(x_0) = L$ se e somente se $f'(x_0) = L$.

Exemplo 4.2

A função $f : \mathbb{R} \to \mathbb{R}$, dada por $f(x) = |x|$, não é derivável no ponto $x_0 = 0$.

De fato, as derivadas parciais da função f são:

$$f'_+(0) = \lim_{x \to 0^+} \frac{f(x) - f(0)}{x - 0} = \lim_{x \to 0^+} \frac{|x| - |0|}{x - 0} = \lim_{x \to 0^+} \frac{|x|}{x} = \lim_{x \to 0^+} \frac{x}{x} = \lim_{x \to 0^+} 1 = 1$$

e

$$f'_-(0) = \lim_{x \to 0^-} \frac{f(x) - f(0)}{x - 0} = \lim_{x \to 0^-} \frac{|x| - |0|}{x - 0} = \lim_{x \to 0^-} \frac{|x|}{x} = \lim_{x \to 0^-} \frac{-x}{x} = \lim_{x \to 0^-} -1 = -1.$$

Portanto, como as derivadas laterais são diferentes, então $f'(0)$ não existe, ou seja, f não é derivável no ponto $x_0 = 0$.

O teorema a seguir apresenta uma condição alternativa para provar que uma função é derivável em um ponto x_0.

> ### Teorema 4.1 – Teorema do resto
> Sejam $X \subset \mathbb{R}$, $f : X \to \mathbb{R}$ e x_0 um ponto de acumulação de X pertencente ao conjunto X. Nesse caso, f é derivável em x_0 se e somente se existe $c \in \mathbb{R}$ tal que $(x_0 + h) \in X$ implica que
>
> $$f(x_0 + h) = f(x_0) + c \cdot h + r(h),$$
>
> **(Equação 4.3)**
>
> com $\lim_{h \to 0} \frac{r(h)}{h} = 0$. Além disso, vale $c = f'(x_0)$.
>
> ($\Rightarrow$) Seja f derivável em x_0. Consideramos o conjunto $Y = \{h \in \mathbb{R} = (x_0 + h) \in X\}$ e definimos $r : Y \to \mathbb{R}$ por $r(h) = f(x_0 + h) - f(x_0) - f'(x_0)h$. Logo, dividindo ambos os membros da definição de $r(h)$ por h, obtemos:
>
> $$\frac{r(h)}{h} = \frac{f(x_0 + h) - f(x_0)}{h} - f'(x_0).$$

Observamos que $0 \in Y$ é um ponto de acumulação de Y e, utilizando a hipótese de f ser derivável em x_0, vemos que

$$\lim_{h \to 0} \frac{r(h)}{h} = \lim_{h \to 0} \left(\frac{f(x_0 + h) - f(x_0)}{h} - f'(x_0) \right) =$$

$$= \lim_{h \to 0} \frac{f(x_0 + h) - f(x_0)}{h} - \lim_{h \to 0} f'(x_0) = f'(x_0) - f'(x_0) = 0.$$

($\Leftarrow$) Suponhamos que $\lim_{h \to 0} \dfrac{r(h)}{h} = 0$, com $f(x_0 + h) = f(x_0) + c \cdot h + r(h)$; isolando $r(h)$ e dividindo ambos os membros da igualdade por h, obtemos

$$\frac{r(h)}{h} = \frac{f(x_0 + h) - f(x_0)}{h} - c.$$

Pela hipótese do teorema, vemos que

$$\lim_{h \to 0} \left(\frac{f(x_0 + h) - f(x_0)}{h} - c \right) = \lim_{h \to 0} \frac{r(h)}{h} = 0,$$

e, logo,

$$\lim_{h \to 0} \frac{f(x_0 + h) - f(x_0)}{h} - c = 0,$$

resultando em

$$c = \lim_{h \to 0} \frac{f(x_0 + h) - f(x_0)}{h}.$$

Em outras palavras, demonstramos que existe o limite da Equação 4.1. Portanto, f é derivável em x_0 e $f'(x_0) = c$.

Exemplo 4.3

Vimos no Exemplo 4.1 que $f(x) = x^2$ é derivável em um ponto $x_0 = 1$ e que $f'(1) = 2 \cdot 1^2 = 2$. Por outro lado, comparando $(1 + h)^2 = 1 + 2h + h^2$ com a Equação 4.3, obtemos $(1 + h)^2 = f(1 + h)$, $1 = f(1), 2 = f'(1)$ e $r(h) = h^2$. Observamos que o resto $r(h)$ satisfaz

$$\lim_{h \to 0} \frac{r(h)}{h} = \lim_{h \to 0} \frac{h^2}{h} = \lim_{h \to 0} h = 0.$$

Ou seja, pelo Teorema 4.1, deduzimos que $f(x) = x^2$ e $f'(1) = 2$.

Teorema 4.2

Toda função derivável em um ponto x_0 é contínua no ponto x_0.

Suponhamos que f seja derivável no ponto x_0. Então, de acordo com o Teorema 4.1, vemos que

$$f'(x_0 + h) = f(x_0) + f'(x_0)h + r(h),$$

com $\lim_{h\to 0}\dfrac{r(h)}{h}=0$. Portanto, aplicando o limite na Equação 4.2 e calculando o limite, obtemos

$$\lim_{h\to 0}f(x_0+h)=\lim_{h\to 0}\left(f(x_0)+f'(x_0)h+r(h)\right)=$$

$$=\lim_{h\to 0}f(x_0)+\lim_{h\to 0}f'(x_0)h+\lim_{h\to 0}\dfrac{r(h)}{h}h=f(x_0)+0+0\cdot 0=f(x_0)$$

Portanto, considerando $x=x_0+h$, observamos que $x\to x_0$ quando $h\to 0$, e

$$\lim_{x\to x_0}f(x)=f(x_0).$$

Assim, como o limite existe, segue-se que a função f é contínua em x_0.

Exemplo 4.4

A recíproca do Teorema 4.2 é falsa.

De acordo com o Exemplo 4.2, $f(x)=|x|$ não é derivável em $x_0=0$, mas é contínua. De fato, dado $\varepsilon>0$, existe $\delta=\varepsilon$ tal que $|x-0|<\delta$ e $x\in\mathbb{R}$ implicam, pelo Teorema 1.18, que

$$|f(x)-f(0)|=\big||x|-|0|\big|\leq|x-0|<\varepsilon.$$

Teorema 4.3

Sejam as funções $f:X\to\mathbb{R}$ e $g:X\to\mathbb{R}$ deriváveis num ponto x_0. Então são válidas as seguintes afirmações:

a) A função $f\pm g:X\to\mathbb{R}$ é derivável em x_0 e

$$(f\pm g)'(x_0)=f'(x_0)\pm g'(x_0);$$

b) Se $k\in\mathbb{R}$, a função $kf:X\to\mathbb{R}$ é derivável em x_0 e

$$(kf)'(x_0)=kf'(x_0);$$

c) A função $fg:X\to\mathbb{R}$ é derivável em x_0 e

$$(fg)'(x_0)=f'(x_0)g(x_0)+f(x_0)g'(x_0);$$

d) Se $g(x_0)\neq 0$, a função $\left(\dfrac{f}{g}\right):X\to\mathbb{R}$ é derivável em x_0 e

$$\left(\dfrac{f}{g}\right)'(x_0)=\dfrac{f'(x_0)g(x_0)-f(x_0)g'(x_0)}{g^2(x_0)}.$$

Para demonstrar as afirmações acima, suponhamos que f e g sejam deriváveis em x_0; então, por definição, estamos considerando que

$$f'(x_0) = \lim_{x \to x_0} \frac{f(x) - f(x_0)}{x - x_0} \text{ e } g'(x_0) = \lim_{x \to x_0} \frac{g(x) - g(x_0)}{x - x_0}.$$

a) Para este caso, utilizamos o Teorema 3.4. Assim, obtemos

$$\lim_{x \to x_0} \frac{(f \pm g)(x) - (f \pm g)(x_0)}{x - x_0} = \lim_{x \to x_0} \frac{f(x) \pm g(x) - f(x_0) \mp g(x_0)}{x - x_0} =$$

$$= \lim_{x \to x_0} \frac{f(x) - f(x_0) \pm g(x) \mp g(x_0)}{x - x_0} = \lim_{x \to x_0} \frac{f(x) - f(x_0)}{x - x_0} \pm \lim_{x \to x_0} \frac{g(x) - g(x)}{x - x_0} = f'(x_0) \pm g'(x_0).$$

Portanto, o limite existe, implicando que a função $f \pm g$ é derivável e $(f \pm g)'(x_0) =$
$= f'(x_0) \pm g'(x_0)$.

b) Neste caso, também utilizamos o Teorema 3.4. Assim, obtemos

$$\lim_{x \to x_0} \frac{(kf)(x) - (kf)(x_0)}{x - x_0} = \lim_{x \to x_0} \frac{kf(x) - kf(x_0)}{x - x_0} = \lim_{x \to x_0} k \left[\frac{f(x) - f(x_0)}{x - x_0} \right] =$$

$$= k \lim_{x \to x_0} \frac{f(x) - f(x_0)}{x - x_0} = k \cdot f'(x_0).$$

Portanto, o limite existe, implicando que a função kf é derivável e $(kf)'(x_0) = kf'(x_0)$.

c) Somando e subtraindo $f(x_0)g(x)$ e utilizando os Teoremas 3.4 e 4.2, obtemos

$$\lim_{x \to x_0} \frac{(fg)(x) - (fg)(x_0)}{x - x_0} = \lim_{x \to x_0} \frac{f(x)g(x) - f(x_0)g(x_0)}{x - x_0} =$$

$$= \lim_{x \to x_0} \frac{f(x)g(x) - f(x_0)g(x) + f(x_0)g(x) - f(x_0)g(x_0)}{x - x_0} =$$

$$= \lim_{x \to x_0} \frac{(f(x) - f(x_0))g(x)}{x - x_0} + \lim_{x \to x_0} \frac{f(x_0)(g(x) - g(x_0))}{x - x_0} = \lim_{x \to x_0} \frac{f(x) - f(x_0)}{x - x_0} \lim_{x \to x_0} g(x) +$$

$$+ \lim_{x \to x_0} f(x_0) \lim_{x \to x_0} \frac{g(x) - g(x_0)}{x - x_0} = f'(x_0) g\left(\lim_{x \to x_0} x \right) + f(x_0)g(x_0) = f'(x_0)g(x_0) + f(x_0)g'(x_0).$$

Utilizamos nessa conta o fato de que, se g é derivável em x_0, implica, pelo Teorema 4.2, que g é contínua em x_0. Portanto, a função fg é derivável e $(fg)'(x_0) = f'(x_0)g(x_0) + f(x_0)g'(x_0)$.

d) Consideramos o limite

$$\lim_{x \to x_0} \frac{\left(\frac{f}{g}\right)(x) - \left(\frac{f}{g}\right)(x_0)}{x - x_0} = \lim_{x \to x_0} \frac{\frac{f(x)}{g(x)} - \frac{f(x_0)}{g(x_0)}}{x - x_0} = \lim_{x \to x_0} \frac{\frac{f(x) \cdot g(x_0) - f(x_0)g(x)}{g(x)g(x_0)}}{x - x_0} =$$

$$= \lim_{x \to x_0} \frac{f(x)g(x_0) - f(x_0)g(x)}{g(x)g(x_0)(x - x_0)}.$$

Somando e subtraindo a expressão $f(x_0)g(x_0)$, obtemos

$$\lim_{x \to x_0} \frac{f(x)g(x_0) - f(x_0)g(x_0) + f(x_0)g(x_0) - f(x_0)g(x)}{g(x)g(x_0)(x - x_0)}.$$

Utilizando Teorema 3.4, temos como resultado:

$$\lim_{x \to x_0} \frac{1}{g(x)g(x_0)} \lim_{x \to x_0} \frac{(f(x) - f(x_0))g(x_0) - f(x_0)(g(x) - g(x_0))}{(x - x_0)}.$$

Como as funções $\frac{1}{x}$ e g são contínuas, já que g é derivável, novamente pelo Teorema 3.4, chegamos a:

$$\frac{1}{g\left(\lim_{x \to x_0} x\right)g(x_0)} \left(\lim_{x \to x_0} g(x_0) \lim_{x \to x_0} \frac{f(x) - f(x_0)}{(x - x_0)} - \lim_{x \to x_0} f(x_0) \lim_{x \to x_0} \frac{g(x) - g(x_0)}{x - x_0} \right) =$$

$$= \frac{f'(x_0)g(x_0) - f(x_0)g'(x_0)}{g^2(x_0)}.$$

Portanto, $\frac{f}{g}$ é derivável e $\left(\frac{f}{g}\right)'(x_0) = \frac{f'(x_0)g(x_0) - f(x_0)g'(x_0)}{g^2(x_0)}$.

Com a aplicação do Teorema 4.3, atingimos o rigor matemático para o cálculo de derivadas envolvendo somas, produtos e quocientes de funções, como mostramos no exemplo a seguir.

Exemplo 4.5

Se f e $g : \mathbb{R} \to \mathbb{R}$, definidas por $f(x) = x^3$ e $g(x) = e^x$, então $f'(x) = 3x^2$ e $g'(x) = e^x$.

Pelo Teorema 4.3, obtemos

$$(f + g)'(x) = f'(x) + g'(x) = 3x^2 + e^x,$$
$$(fg)'(x) = f'(x)g(x) + g'(x)f(x) = 3x^2 \cdot e^x + e^x x^3$$

e

$$\left(\frac{f}{g}\right)'(x) = \frac{f'(x)g(x) + g'(x)f(x)}{g^2(x)} = \frac{3x^2 \cdot e^x + e^x x^3}{e^{2x}}.$$

Uma aplicação das derivadas é a chamada *regra de L'Hôpital*, que muitas vezes é utilizada para o cálculo de limites de expressões indeterminadas da forma $\frac{0}{0}$.

Teorema 4.4 – Regra de L'Hôpital

Sejam as funções f e g deriváveis em um ponto x_0 e tais que $f(x_0) = 0 = g(x_0)$ e $g'(x_0) \neq 0$. Assim,

$$\lim_{x \to x_0} \frac{f(x)}{g(x)} = \frac{f'(x_0)}{g'(x_0)}.$$

Como f é derivável em x_0 e $f(x_0) = 0$, então

$$f'(x_0) = \lim_{x \to x_0} \frac{f(x) - f(x_0)}{x - x_0} = \lim_{x \to x_0} \frac{f(x)}{x - x_0}. \qquad \text{(Equação 4.4)}$$

Da mesma maneira, como g é derivável em x_0 e $g(x_0) = 0$, então:

$$g'(x_0) = \lim_{x \to x_0} \frac{g(x) - g(x_0)}{x - x_0} = \lim_{x \to x_0} \frac{g(x)}{x - x_0}. \qquad \text{(Equação 4.5)}$$

Portanto, dividindo o numerador e o denominador por $x - x_0$, utilizando o Teorema 3.4 e as Equações 4.4 e 4.5, obtemos

$$\lim_{x \to x_0} \frac{f(x)}{g(x)} = \lim_{x \to x_0} \frac{\frac{f(x)}{x - x_0}}{\frac{g(x)}{x - x_0}} = \frac{\lim_{x \to x_0} \frac{f(x)}{x - x_0}}{\lim_{x \to x_0} \frac{g(x)}{x - x_0}} = \frac{f'(x_0)}{g'(x_0)}.$$

Exemplo 4.6

Para calcularmos o limite $\lim_{x \to 2} \frac{x^2 - 4}{x - 2}$, definimos $f(x) = x^2 - 4$ e $g(x) = x - 2$. Como $f(2) = 0 = g(2)$, logo $f'(x) = 2x$ e $g'(x) = 1$. Assim, estamos nas hipóteses do Teorema 4.4. Portanto,

$$\lim_{x \to 2} \frac{x^2 - 4}{x - 2} = \frac{f'(2)}{g'(2)} = \frac{2 \cdot 2}{1} = 4.$$

O teorema a seguir trata da derivada de uma função composta envolvendo funções deriváveis em um ponto dado.

Teorema 4.5 – Regra da cadeia

Sejam as funções $f : X \to \mathbb{R}$ e $g : Y \to \mathbb{R}$, com $f(X) \subset Y$, e $x_0 \in X$ o ponto de acumulação de X e $f(x_0) \in Y$ o ponto de acumulação de Y. Se f é derivável em x_0 e g é derivável em $y = f(x_0)$, então $g \circ f : X \to \mathbb{R}$ é derivável em x_0 e satisfaz

$$(g \circ f)'(x_0) = g'(f(x_0)) f'(x_0).$$

Como, por hipótese, f e g são deriváveis, respectivamente, em x_0 e $y = f(x_0)$, logo, de acordo com o Teorema 4.1:

$$f(x_0+h)=f(x_0)+f'(x_0)h+r(h) \quad \text{(Equação 4.6)}$$

e

$$g(y+k)=g(y)+g'(y)k+q(k),$$

com $\lim_{h\to 0}\dfrac{r(h)}{h}=0$ e $\lim_{k\to 0}\dfrac{q(k)}{k}=0$. Ou, ainda, rescrevendo a Equação 4.6, obtemos

$$f(x_0+h)-f(x_0)=\left(f'(x_0)+\dfrac{r(h)}{h}\right)h,$$

e

$$g(y+k)-g(y)=\left(g'(y)+\dfrac{q(k)}{k}\right)k. \quad \text{(Equação 4.7)}$$

Considerando $k=f(x_0+h)-f(x_0)=\left(f'(x_0)+\dfrac{r(h)}{h}\right)h$ e utilizando $y=f(x_0)$ e a Equação 4.7, obtemos

$$(g\circ f)(x_0+h)=g(f(x_0+h))=g(f(x_0)+k)=g(f(x_0))+\left(g'(f(x_0))+\dfrac{q(k)}{k}\right)k.$$

Substituindo o valor de k, seguimos com:

$$g(f(x_0))+\left(g'(f(x_0))+\dfrac{q(k)}{k}\right)\left(f'(x_0)+\dfrac{r(h)}{h}\right)h$$

$$=g(f(x_0))+\left(g'(f(x_0))f'(x_0)+\left(\dfrac{q(k)}{k}f'(x_0)+g'(f(x_0))\dfrac{r(h)}{h}+\dfrac{r(h)q(k)}{hk}\right)\right)h$$

$$=g(f(x_0))+\left(g'(f(x_0))f'(x_0)+\dfrac{\dfrac{q(k)}{k}hf'(x_0)+g'(f(x_0))r(h)+\dfrac{r(h)q(k)}{k}}{h}\right)h.$$

Demonstramos, agora, que $\lim_{h\to 0}\dfrac{q(k)}{k}hf'(x_0)+g'(f(x_0))r(h)+\dfrac{r(h)q(k)}{k}=0$. Para isso, consideramos

$$\lim_{h\to 0}\dfrac{q(k)}{k}hf'(x_0)+g'(f(x_0))r(h)+\dfrac{r(h)q(k)}{k}.$$

Considerando $k=f(x_0+h)-f(x_0)$ e, em alguns casos, $k=\left(f'(x_0)+\dfrac{r(h)}{h}\right)h$, obtemos

$$\lim_{h\to 0}\dfrac{q(f(x_0+h)-f(x_0))}{\left(f'(x_0)+\dfrac{r(h)}{h}\right)h}hf'(x_0)+g'(f(x_0))r(h)+\dfrac{r(h)q(f(x_0+h)-f(x_0))}{\left(f'(x_0)+\dfrac{r(h)}{h}\right)h}.$$

Nessa adição, simplificamos h no primeiro termo, multiplicamos e dividimos por h o segundo termo, reordenamos o terceiro termo e obtemos

$$\lim_{h\to 0}\frac{q(f(x_0+h)-f(x_0))}{\left(f'(x_0)+\frac{r(h)}{h}\right)}f'(x_0)+\frac{g'(f(x_0))r(h)}{h}h+\frac{r(h)}{h}\frac{q(f(x_0+h)-f(x_0))}{\left(f'(x_0)+\frac{r(h)}{h}\right)}.$$

De acordo com o Teorema 3.4:

$$f'(x_0)=\frac{\lim_{h\to 0}q(f(x_0+h)-f(x_0))}{f'(x_0)+\lim_{h\to 0}\frac{r(h)}{h}}+g'(f(x_0))\lim_{h\to 0}\frac{r(h)}{h}\lim_{h\to 0}h+$$

$$+\lim_{h\to 0}\frac{r(h)}{h}\frac{\lim_{h\to 0}q(f(x_0+h)-f(x_0))}{f'(x_0)+\lim_{h\to 0}\frac{r(h)}{h}}.$$

Finalmente, calculando os limites, chegamos ao seguinte resultado:

$$\lim_{h\to 0}\frac{q(k)}{k}hf'(x_0)+g'(f(x_0))r(h)+\frac{r(h)q(k)}{k}=f'(x_0)\cdot\frac{0}{f'(x_0)+0}+$$

$$+g'(f(x_0))\cdot 0\cdot 0+0\frac{0}{f'(x_0)+0}=0.$$

Portanto, demonstramos, pelo Teorema 4.1, que $g\circ f$ é derivável.

O Teorema 4.5 dá o rigor matemático ao cálculo de derivadas envolvendo composição de funções deriváveis, como fazemos no Exemplo 4.7, a seguir.

Exemplo 4.7

A derivada da função $h(x)=e^{x^3}$ em um ponto x_0 é $h'(x_0)=3x_0^2 e^{x_0^3}$.

De fato, consideramos as funções $f(x)=x^3$ e $g(x)=e^x$. Então, vemos que $h(x)=e^{x^3}=e^{f(x)}=g(f(x))=(g\circ f)(x)$.

Portanto, de acordo com o Teorema 4.5, obtemos

$$h'(x)=(g\circ f)(x)'=g'(f(x_0))f'(x_0)=e^{f(x_0)}3x_0^2=3x_0^2 e^{x_0^3},$$

pois, $f'(x_0)=3x_0^2$ e $g'(f(x_0))=e^{f(x_0)}$.

4.2 Funções deriváveis em um intervalo

Existem várias aplicações de funções deriváveis em intervalos. A primeira delas apresenta a condição necessária para que um ponto seja o ponto de máximo ou o ponto de mínimo local de uma função derivável e explica como identificar se um determinado ponto satisfaz essa condição.

> ### Teorema 4.6 – Condição necessária de primeira ordem
> Seja $f : X \to \mathbb{R}$ uma função derivável em X. Se $x_0 \in X$ é um ponto de máximo local (ou um ponto de mínimo local), então $f'(x_0) = 0$.
>
> Suponhamos, sem perda de generalidade – pois a demonstração para o ponto de mínimo local é análoga –, que $f(x_0)$ seja o ponto de máximo local de X. Então, existe $\delta > 0$ tal que, para todo $(x_0 - \delta, x_0 + \delta) \cap X$, ocorre $f(x) \leq f(x_0)$, ou, de forma equivalente, $f(x) - f(x_0) \leq 0$. Segue-se que $\lim\limits_{x \to x_0^+} \dfrac{f(x) - f(x_0)}{x - x_0} \leq 0$ e $\lim\limits_{x \to x_0^-} \dfrac{f(x) - f(x_0)}{x - x_0} \geq 0$. Uma vez que f é derivável em x_0, então:
>
> $$0 \leq \lim_{x \to x_0^-} \frac{f(x) - f(x_0)}{x - x_0} = \lim_{x \to x_0} \frac{f(x) - f(x_0)}{x - x_0} = \lim_{x \to x_0^+} \frac{f(x) - f(x_0)}{x - x_0} \leq 0.$$
>
> Portanto, $f'(x_0) = \lim\limits_{x \to x_0} \dfrac{f(x) - f(x_0)}{x - x_0} = 0$.

Decorre do Teorema 4.6 que os pontos de máximo ou de mínimo local de uma função são os pontos em que a derivada da função se anula, embora um ponto possa ter derivada nula e não ser o ponto de máximo ou de mínimo local, como mostramos no Exemplo 4.8, a seguir.

Exemplo 4.8
O ponto $x_0 = 0$ satisfaz $f'(x_0) = 0$, para a função $f(x) = x^3$, mas não é ponto de máximo nem o de mínimo local.

De fato, sabemos que $f'(x) = 3x^2$, logo, $f'(0) = 3 \cdot 0^2 = 0$. Entretanto, para todo $\delta > 0$, existem $x_1 = \dfrac{\delta}{2}$ e $x_2 = -\dfrac{\delta}{2}$ pertencentes ao intervalo $(-\delta, \delta)$ e tais que

$$f\left(-\frac{\delta}{2}\right) = \left(-\frac{\delta}{2}\right)^3 = -\frac{\delta^3}{8} < f(0) = 0 < \frac{\delta^3}{8} < \left(\frac{\delta}{2}\right)^3 = f\left(\frac{\delta}{2}\right).$$

Os próximos teoremas apresentam resultados importantes para as funções deriváveis em um intervalo.

> ### Teorema 4.7 – Teorema de Rolle
> Seja $f : X \to \mathbb{R}$ uma função contínua em um intervalo $[a, b]$ e derivável em (a, b), com $f(a) = f(b)$. Então, existe $c \in (a, b)$ tal que $f'(c) = 0$.
>
> Suponhamos que as hipóteses sejam válidas, como $f(a) = f(b)$. Assim, ocorrem dois casos: ou f é constante em (a, b), ou f não é constante em (a, b).
>
> Quando f é constante em (a, b), podemos considerar qualquer ponto $c \in (a, b)$ que teremos $f'(c) = 0$.

Quando f não é constante em (a,b), como a função f é contínua e $[a,b]$ é fechado, então, de acordo com o Teorema 3.12, f assume máximo e mínimo em $[a,b]$.

Se $f(a)$ é um máximo local de f, escolhemos c tal que $f(c)$ seja um mínimo local de f. Se $f(a)$ é um mínimo local de f, escolhemos c tal que $f(c)$ seja um máximo local de f. Se $f(a)$ não é um máximo nem um mínimo local de f, escolhemos c tal que $f(c)$ seja um máximo local (ou um mínimo local) de f. Em qualquer um desses casos, de acordo com o Teorema 4.6, $f'(c) = 0$.

Teorema 4.8 – Teorema do valor médio

Seja $f: X \to \mathbb{R}$ uma função contínua em um intervalo $[a,b]$ e derivável em (a,b); então existe $c \in (a,b)$ tal que

$$\frac{f(b)-f(a)}{b-a} = f'(c).$$

Consideramos a função auxiliar $F: X \to \mathbb{R}$ definida por

$$F(x) = f(x) - f(a) - \frac{f(b)-f(a)}{b-a}(x-a),$$

Notamos que

$$F(a) = f(a) - f(a) - \frac{f(b)-f(a)}{b-a}(a-a) = 0 \text{ e } F(b) = f(b) - f(a) - \frac{f(b)-f(a)}{b-a}(b-a) = 0.$$

Como f é contínua em $[a,b]$ e derivável em (a,b), percebemos que F é contínua em $[a,b]$ e derivável em (a,b). Estamos, agora, dentro das hipóteses do Teorema de Rolle e, assim, aplicando esse teorema para F, existe $c \in (a,b)$ tal que $F'(c) = 0$, ou, calculando a derivada de F, obtemos

$$f'(c) - \frac{f(b)-f(a)}{b-a} = 0.$$

Ou seja:

$$\frac{f(b)-f(a)}{b-a} = f'(c).$$

Para saber mais

IMPA – Instituto Nacional de Matemática Pura e Aplicada. **Análise na reta**: aula 11. Professor Elon Lages Lima. 3 fev. 2015i. Disponível em: <https://www.youtube.com/watch?v=RcWtPEZxNdY&index=11&list=PLDf7S3lyZaYxQdfUX8GpzOdeUe2KS93wg>. Acesso em: 9 fev. 2016.

Nessa parte das aulas sobre a reta, o professor Elon Lages Lima explora os conceitos das derivadas.

4.3 Fórmula de Taylor

Abordamos, agora, a expansão de Taylor para as funções. Para isso, necessitamos da definição de *derivada de ordem superior*.

Assim, consideramos, nesta parte do livro, o conjunto X como sendo qualquer intervalo aberto (a, b). Seja $x_0 \in X$ um ponto de acumulação de X. Definimos a **derivada de ordem 2** para uma função derivável $f : X \to \mathbb{R}$ no ponto x_0 como sendo o limite

$$f''(x_0) = (f')'(x_0) = \lim_{x \to x_0} \frac{f'(x) - f'(x_0)}{x - x_0},$$

caso ele exista. De maneira semelhante, definimos a **derivada de ordem n** ($n = 2, 3, 4, 5, \ldots$) para uma função f em um ponto x_0 pela recorrência

$$f^{(n)}(x_0) = \left(f^{(n-1)}\right)(x_0),$$

sendo que $f^{(n-1)}(x_0)$ é a derivada de ordem $n-1$. Quando existe $f^{(n)}(x_0)$ para todo $x_0 \in X$, dizemos que f é *n vezes derivável*.

Uma função $f : X \to \mathbb{R}$ é de classe $C^0(X)$ quando ela for contínua; ela é de classe $C^n(X)$ quando $f^{(n)} : X \to \mathbb{R}$ é contínua; e, por fim, que ela é de classe $C^\infty(X)$ quando $f^{(n)} : X \to \mathbb{R}$ é contínua para todo $n \in \mathbb{N}$.

Exemplo 4.9

Consideremos a função $f(x) = e^x$. Então $f'(x) = e^x$, $f''(x) = (f'(x))' = (e^x)' = e^x$, $f'''(x) = (f''(x))' = (e^x)' = e^x$ e assim sucessivamente. Portanto, $f^{(n)}(x) = e^x$ para todo $n \in \mathbb{N}$. Assim, a função $f(x) = e^x$ é de classe $C^\infty(\mathbb{R})$.

O teorema a seguir é importante para demonstrarmos, no Teorema 4.10, a fórmula de Taylor com resto infinitesimal.

Teorema 4.9

Sejam $f : X \to \mathbb{R}$, $Y = \{h \in \mathbb{R}; x + h \in X\}$ e $r : Y \to \mathbb{R}$ derivável de ordem n no ponto 0. Então, $r^{(i)}(0) = 0$ para $i = 0, 1, 2, \ldots, n$ se e somente se $\lim_{h \to 0} \dfrac{r(h)}{h^n} = 0$.

($\Rightarrow$) Provamos esse teorema pelo princípio de indução.

De fato, para $n = 1$, suponhamos que $r(0) = 0$ e $r'(0) = 0$, então

$$\lim_{h \to 0} \frac{r(h)}{h} = \lim_{h \to 0} \frac{r(h) - r(0)}{h - 0} = r'(0) = 0,$$

demonstrando o resultado para $n = 1$. Suponhamos que esse resultado seja válido para $n = k$, com $k \in \mathbb{N}$, e então demonstramos que ele também vale para $n = k + 1$.

Suponhamos agora que $r(0) = r'(0) = \ldots = r^{(k)}(0) = r^{(k+1)}(0) = 0$.

Pela hipótese de indução, aplicada na derivada r' [notamos que, por hipótese, $r'(0) = (r')'(0) = (r')''(0) = \ldots = (r')^n(0) = 0$], obtemos $\lim_{h \to 0} \dfrac{r'(h)}{h^k} = 0$. Pela definição de limite (dado $\varepsilon > 0$, existe $\delta > 0$ tal que $0 < |h| < \delta$) temos o seguinte resultado:

$$\left| \dfrac{r'(h)}{h^k} \right| < \varepsilon. \qquad \text{(Equação 4.8)}$$

Aplicando o Teorema 4.8 a r, vemos que, se $0 < |h| < \delta$, existe $c \in (0, |h|)$ tal que $r(h) - r(0) = r'(c)(h - 0)$, ou seja, $r(h) = r'(c)h$. Logo, dividindo ambos os membros por h^{k+1}, obtemos

$$\dfrac{r(h)}{h^{k+1}} = \dfrac{r'(c)h}{h^{k+1}}. \qquad \text{(Equação 4.9)}$$

Além disso, como $0 < c < |h|$, logo $|c|^k < |h|^k$, ou, de forma equivalente:

$$\dfrac{|c|^k}{|h|^k} < 1. \qquad \text{(Equação 4.10)}$$

Portanto, usando a Equação 4.9 com $0 < h = c < \delta$, multiplicando e dividindo por c^k e levando em conta as propriedades de módulo e as Equações 4.8 e 4.10, observamos que existe $\delta > 0$ tal que

$$\left| \dfrac{r(h)}{h^{k+1}} \right| = \left| \dfrac{r'(c)h}{h^{k+1}} \right| = \left| \dfrac{r'(c)}{h^k} \right| = \left| \dfrac{r'(c)c^k}{c^k h^k} \right| = \left| \dfrac{r'(c)}{c^k} \right| \left| \dfrac{c^k}{h^k} \right| < \left| \dfrac{r'(c)}{c^k} \right| 1 < \varepsilon,$$

implicando que $\lim_{h \to 0} \dfrac{r(h)}{h^k} = 0$. Portanto, por indução, demonstramos o teorema.

($\Leftarrow$) Agora, aplicamos o princípio da indução sobre n. Para $n = 1$, suponhamos que $\lim_{h \to 0} \dfrac{r(h)}{h} = 0$. Como, por hipótese, r é derivável em 0, vemos, de acordo com o Teorema 4.2, que r é contínua; logo, pelo Teorema 3.7, segue-se que

$$r(0) = r\left(\lim_{h \to 0} h \right) = \lim_{h \to 0} r(h) = \lim_{h \to 0} \dfrac{r(h)}{h} h = \lim_{h \to 0} \dfrac{r(h)}{h} \lim_{h \to 0} h = 0.0 = 0.$$

Assim, chegamos a

$$r'(0) = \lim_{h \to 0} \dfrac{r(h) - r(0)}{h - 0} = \lim_{h \to 0} \dfrac{r(h)}{h} = 0,$$

provando o resultado para $n = 1$. Suponhamos que esse resultado seja válido para $n = k$ e então demonstramos que ele vale também para $n = k+1$, isto é, $r(0) = r'(0) = r''(0) = \ldots = r^{(k)}(0) = 0$. Suponhamos, além disso, que $\lim_{h \to 0} \dfrac{r(h)}{h^k} = 0$ e definimos a função auxiliar $F : Y \to \mathbb{R}$ por:

$$F(h) = r(h) - \dfrac{r^{(k+1)}(0)}{(k+1)!} h^{k+1}.$$

Como r é $k+1$ vezes derivável em $h=0$ e F é soma de r com um polinômio, deduzimos que F é $k+1$ vezes derivável em $h=0$. Além disso, pela definição de F, vemos que

$$\lim_{h\to 0}\frac{F(h)}{h^k}=\lim_{h\to 0}\frac{r(h)-\frac{r^{(k+1)}(0)}{(k+1)!}h^{k+1}}{h^k}=\lim_{h\to 0}\frac{r(h)}{h^k}-\frac{r^{(k+1)}(0)}{(k+1)!}\lim_{h\to 0}h=0.$$

Logo, F satisfaz as condições da hipótese do princípio de indução. Assim, aplicando essa hipótese à função F, obtemos $F(0)=F'(0)=F''(0)=\ldots=F^{(k)}(0)=0$. Porém, como $F^{(i)}(h)=$

$=r^{(i)}(h)-\dfrac{r^{(k+1)}(0)}{(k+1-i)!}h^{k+1-i}$, para $i=0,1,2,3,\ldots,k+1$, então $r(0)=r'(0)=r''(0)=\ldots=r^{(k)}(0)=0$.

Além disso, como $F^{(k+1)}(h)=r^{(k+1)}(h)-r^{(k+1)}(0)$, logo $F^{(k+1)}(0)=r^{(k+1)}(0)-r^{(k+1)}(0)=0$.

Agora, retomando a fórmula $F(0)=F'(0)=F''(0)=\ldots=F^{(k)}(0)=F^{(k+1)}(0)=0$, vemos que $\lim_{h\to 0}\dfrac{F(h)}{h^{k+1}}=0$, ou, pela definição de F e pelo Teorema 3.4, temos o seguinte resultado:

$$0=\lim_{h\to 0}\frac{r(h)-\frac{r^{(k+1)}(0)}{(k+1)!}h^{k+1}}{h^{k+1}}=\lim_{h\to 0}\frac{r(h)}{h^{k+1}}-\lim_{h\to 0}\frac{r^{(k+1)}(0)}{(k+1)!h^{k+1}}h^{k+1}=\lim_{h\to 0}\left(\frac{r(h)}{h^{k+1}}-\frac{r^{(k+1)}(0)}{(k+1)!}\right).$$

Mas, por hipótese, vemos que $\lim_{h\to 0}\dfrac{r(h)}{h^{k+1}}=0$ e, assim, $\dfrac{r^{(k+1)}(0)}{(k+1)!}=0$ ou $r^{(k+1)}(0)=0$.

Teorema 4.10 – Fórmula de Taylor com resto infinitesimal

Seja $f:X\to\mathbb{R}$ uma função n vezes derivável no ponto $x_0\in X$. A função $r:Y\to\mathbb{R}$, com $Y=\{h\in\mathbb{R}=x_0+h\in X\}$ e definida por:

$$f(x_0+h)=f(x_0)+f'(x_0)h+\frac{f''(x_0)}{2}h^2+\frac{f'''(x_0)}{3!}h^3+\ldots+\frac{f^{(n)}(x_0)}{n!}h^n+r(h), \text{ (Equação 4.11)}$$

satisfaz $\lim_{h\to 0}\dfrac{r(h)}{h^n}=0$. Inversamente, se p é um polinômio de grau menor que ou igual a n, que satisfaz $r(h)=f(x_0+h)-p(h)$ e $\lim_{h\to 0}\dfrac{r(h)}{h^n}=0$, então $p(h)$ satisfaz

$$p(h)=f(x_0)+f'(x_0)h+\frac{f''(x_0)}{2}h^2+\frac{f'''(x_0)}{3!}h^3+\ldots+\frac{f^{(n)}(x_0)}{n!}h^n.$$

($\Rightarrow$) Para demonstrar esse teorema, em primeiro lugar, definimos a função $r: Y \to \mathbb{R}$ por

$$r(h) = f(x_0 + h) - f(x_0) + f'(x_0)h + \frac{f''(x_0)}{2}h^2 + \frac{f'''(x_0)}{3!}h^3 + \ldots + \frac{f^{(n)}(x_0)}{n!}h^n;$$

Observamos que a função r é n vezes derivável em $h = 0$ (por ser polinômio na variável h).

Além disso, ela satisfaz $r(0) = r'(0) = r''(0) = \ldots = r^{(n)}(0) = 0$. Portanto, aplicando o Teorema 4.9 a r, obtemos $\lim_{h \to 0} \frac{r(h)}{h^n} = 0$.

($\Leftarrow$) Consideremos o polinômio $p(h) = a_0 + a_1 x + a_2 x^2 + \ldots + a_n x^n$ tal que $r(h) = f(a+h) - p(h)$ e $\lim_{h \to 0} \frac{r(h)}{h^n} = 0$.

Aplicando novamente o Teorema 4.9 a r, vemos que $r(0) = r'(0) = r''(0) = \ldots = r^{(n)}(0) = 0$, mas

$$r^{(i)}(h) = f^{(i)}(a+h) - \left(i! a_i + (i+1)! a_{i+1} x + \ldots + \frac{n!}{(n-i)!} a_n x^{n-i} \right)$$

para $i = 1, 2, \ldots, n$. Logo, aplicando cada derivada em $x_0 = 0$, otemos:

$$0 = r^{(i)}(0) = f^{(i)}(a) - \left(i! a_i + (i+1)! a_{i+1} 0 + \ldots + \frac{n!}{(n-i)!} a_n 0^{n-i} \right) = f^{(i)}(a) - i! a_i.$$

Ou, de forma equivalente, $a_i = \frac{f^{(i)}(0)}{i!}$. Portanto,

$$p(h) = f(x_0) + f'(x_0)h + \frac{f''(x_0)}{2}h^2 + \frac{f'''(x_0)}{3!}h^3 + \ldots + \frac{f^{(n)}(x_0)}{n!}h^n.$$

O polinômio $p(h) = f(x_0) + f'(x_0)h + \frac{f''(x_0)}{2}h^2 + \frac{f'''(x_0)}{3!}h^3 + \ldots + \frac{f^{(n)}(x_0)}{n!}h^n$ é denominado **polinômio de Taylor** da função f no ponto x_0 de ordem n.

Na Equação 4.11, utilizando $x = x_0 + h$, obtemos a fórmula:

$$f(x) = f(x_0) + f'(x_0)(x - x_0) + \frac{f''(x_0)}{2}(x - x_0)^2 + \frac{f'''(x_0)}{3!}(x - x_0)^3 + \ldots +$$

$$+ \frac{f^{(n)}(x_0)}{n!}(x - x_0)^n + r(x - x_0),$$

com $\lim_{x \to x_0} \frac{r(x - x_0)}{(x - x_0)^n} = 0$, válido para todo x em uma vizinhança de x_0. Isso significa que, para todo ponto x arbitrariamente próximo de x_0, podemos aproximar o valor da imagem da função pelo polinômio de Taylor, em que a diferença $r(x - x_0)$ tende a zero mais rapidamente do que o polinômio $(x - x_0)^n$.

Exemplo 4.10

Consideramos a função $f : \mathbb{R} \to \mathbb{R}$, definida por $f(x) = \operatorname{sen} x$, e calculamos a expansão de Taylor de ordem 9.

De fato, para calcularmos a expansão de Taylor de ordem 9, deduzimos, incialmente, as seguintes derivadas: $f'(x) = \cos x$, $f''(x) = -\operatorname{sen} x$, $f'''(x) = -\cos x$, $f^{(iv)}(x) = f(x)$, $f^{(v)}(x) = f'(x)$, $f^{(vi)}(x) = f''(x)$, $f^{(vii)}(x) = f'''(x)$ e $f^{(viii)}(x) = f^{(iv)}(x)$.

Avaliando essas derivadas em $x_0 = 0$, obtemos $f(0) = 0$, $f'(0) = 1$, $f''(0) = 0$, $f'''(0) = -1$, $f^{(iv)}(0) = 0$, $f^{(v)}(0) = 1$, $f^{(vi)}(0) = 0$, $f^{(vii)}(0) = -1$ e $f^{(viii)}(0) = 0$.

Portanto, de acordo com a Equação 4.11, vemos que

$$\operatorname{sen}(h) = 0 + 1h + \frac{0}{2!}h^2 - \frac{1}{3!}h^3 + \frac{0}{4!}h^4 + \frac{1}{5!}h^5 + \frac{0}{6!}h^6 - \frac{1}{7!}h^7 + \frac{0}{8!}h^8 + r(h)$$

$$= h - \frac{1}{3!}h^3 + \frac{1}{5!}h^5 - \frac{1}{7!}h^7 + r(h),$$

sendo $\lim_{h \to 0} \dfrac{r(h)}{h^8} = 0$.

A fórmula de Taylor é muito aplicada na demonstração da regra de L'Hôpital generalizada.

Teorema 4.11 – Regra de L'Hôpital generalizada

Se as funções f e $g : X \to \mathbb{R}$ são deriváveis de ordem n no ponto $x_0 \in X$ e $f'(x_0) = g'(x_0) = 0$, $f''(x_0) = g''(x_0) = 0, \ldots, f^{(n-1)}(x_0) = g^{(n-1)}(x_0) = 0$ e $g^{(n)}(x_0) \neq 0$, então

$$\lim_{x \to x_0} \frac{f(x)}{g(x)} = \frac{f^{(n)}(x_0)}{g^{(n)}(x_0)}.$$

Desenvolvendo a fórmula de Taylor para as funções f e g, e utilizando as hipóteses do teorema, obtemos

$$f(x_0 + h) = f(x_0) + f'(x_0)h + \frac{f''(x_0)}{2}h^2 + \frac{f'''(x_0)}{3!}h^3 + \ldots + \frac{f^{(n)}(x_0)}{n!}h^n +$$

$$+ r(h) = \frac{f^{(n)}(x_0)}{n!}h^n + r(h) = \left[\frac{f^{(n)}(x_0)}{n!} + \frac{r(h)}{h^n}\right]h^n \qquad \textbf{(Equação 4.12)}$$

e

$$g(x_0 + h) = g(x_0) + g'(x_0)h + \frac{g''(x_0)}{2}h^2 + \frac{g'''(x_0)}{3!}h^3 + \ldots + \frac{g^{(n)}(x_0)}{n!}h^n +$$

$$+ q(h) = \frac{g^{(n)}(x_0)}{n!}h^n + q(h) = \left[\frac{g^{(n)}(x_0)}{n!} + \frac{q(h)}{h^n}\right]h^n, \qquad \textbf{(Equação 4.13)}$$

com $\lim_{h\to 0}\dfrac{r(h)}{h^n}=0$ e $\lim_{h\to 0}\dfrac{q(h)}{h^n}=0$.

Utilizando a mudança de variáveis $x = x_0 + h$, vemos que, quando $h \to 0$, então $x \to x_0$. Finalmente, utilizando as Equações 4.12 e 4.13 e o Teorema 3.4, obtemos

$$\lim_{x\to x_0}\frac{f(x)}{g(x)} = \lim_{h\to 0}\frac{f(x_0+h)}{g(x_0+h)} = \lim_{x\to x_0}\frac{f(x)}{g(x)} = \lim_{h\to 0}\frac{h^n\left[\dfrac{f^{(n)}(x_0)}{n!}+\dfrac{r(h)}{h^n}\right]}{h^n\left[\dfrac{g^{(n)}(x_0)}{n!}+\dfrac{q(h)}{h^n}\right]} = \lim_{h\to 0}\frac{\dfrac{f^{(n)}(x_0)}{n!}+\dfrac{r(h)}{h^n}}{\dfrac{g^{(n)}(x_0)}{n!}+\dfrac{q(h)}{h^n}} =$$

$$= \lim_{x\to x_0}\frac{f(x)}{g(x)} = \frac{\dfrac{f^{(n)}(x_0)}{n!}+\lim_{h\to 0}\dfrac{r(h)}{h^n}}{\dfrac{g^{(n)}(x_0)}{n!}+\lim_{h\to 0}\dfrac{q(h)}{h^n}} = \frac{\dfrac{f^{(n)}(x_0)}{n!}}{\dfrac{g^{(n)}(x_0)}{n!}} = \frac{f^{(n)}(x_0)}{g^{(n)}(x_0)}.$$

Exemplo 4.11

Calcular o $\lim_{x\to 0}\dfrac{x-\operatorname{sen} x}{x^2}$.

Definindo $f(x) = x - \operatorname{sen} x$ e $g(x) = x^2$, vemos que $f'(x) = 1 - \cos x$, $g'(x) = 2x$, $f''(x) = \operatorname{sen} x$ e $g''(x) = 2$.

Assim, avaliando as funções e derivadas em $x_0 = 0$, obtemos $f(0) = 0 - \operatorname{sen} 0 = 0$, $g(0) = 0^2 = 0$, $f'(0) = 1 - \cos 0 = 0$, $g'(0) = 2\cdot 0 = 0$, $f''(0) = \operatorname{sen} 0 = 0$ e $g''(x) = 2 \neq 0$.

Portanto, pela regra de L'Hôpital generalizada, temos o seguinte resultado:

$$\lim_{x\to 0}\frac{x-\operatorname{sen} x}{x^2} = \frac{f''(0)}{g''(0)} = \frac{0}{2} = 0.$$

Além da fórmula de Taylor com resto infinitesimal, demonstrada no Teorema 4.10, existem fórmulas de Taylor que envolvem outros tipos de restos, como o de Lagrange e o integral, mencionados nos teoremas a seguir.

Teorema 4.12 – Fórmula de Taylor com resto de Lagrange

Seja $f: X \to \mathbb{R}$ uma função derivável de ordem n no intervalo aberto $(x_0, x_0 + h) \subset X$ e contínua em $[x_0, x_0 + h]$. Então, existe $\theta \in (0,1)$ tal que

$$f(x_0+h) = f(x_0) + f'(x_0)h + \frac{f''(x_0)}{2}h^2 + \ldots + \frac{f^{(n-1)}(x_0)}{(n-1)!}h^{n-1} + \frac{f^{(n)}(x_0+\theta h)}{n!}h^n.$$

Para verificar a demonstração deste teorema, favor consultar Lima (2004, p. 285-286).

O resultado do Teorema 4.12 generaliza o teorema do valor médio, demonstrado no Teorema 4.8.

> **Teorema 4.13 – Fórmula de Taylor com resto integral**
> Se $f:[x_0, x_0 + h] \to \mathbb{R}$ é uma função que possui derivada de ordem $n+1$ integrável, então
>
> $$f(x_0+h) = f(x_0) + f'(x_0)h + \frac{f''(x_0)}{2}h^2 + \ldots + \frac{f^{(n)}(x_0)}{n!}h^n + \left[\int_0^1 \frac{(1-\theta)^n}{n!} f^{(n+1)}(x_0+\theta h)d\theta\right]h^{n+1}.$$
>
> Para verificar a demonstração deste teorema, favor consultar Lima (2004, p. 330-331).

Síntese

Estudamos, neste capítulo, que a derivada de uma função em um ponto é o limite que indica a inclinação da reta tangente a essa função nesse ponto. Seu conceito está relacionado à razão $\dfrac{f(x) - f(x_0)}{x - x_0}$ quando x se aproxima do ponto x_0.

Vimos que os pontos de máximo e de mínimos locais de uma função têm derivadas nulas. Estudamos várias demonstrações para funções deriváveis em um intervalo, como o teorema de Rolle, o teorema do valor médio e o teorema do resto.

Apresentamos a fórmula de Taylor – utilizada para formalizar a regra de L'Hôpital – e vimos que ela, quando desenvolvida a um grau n, aproxima o valor da função, sendo que a diferença tende a zero mais rapidamente do que o polinômio x^n. Por fim, compreendemos que a fórmula de Taylor com resto de Lagrange é uma generalização do teorema do valor médio.

Atividades de autoavaliação

1) Assinale a alternativa que representa o valor da derivada de uma função f em um ponto x_0:
   a. A reta tangente à função f no ponto x_0.
   b. A inclinação da reta tangente à função f no ponto x_0.
   c. O valor das imagens $f(x)$ com x, arbitrariamente, próximo de x_0.
   d. A área entre a curva e o eixo x em um intervalo $(x_0 - h, x_0 + h)$ para qualquer $h > 0$.

2) Sobre a *derivabilidade*, assinale a afirmativa correta:
   a. Funções contínuas são deriváveis.
   b. Quando existem as derivadas laterais de f em um ponto x_0, então existe a derivada de f em x_0.

c. Se $f'(x_0) = 0$, então x_0 é o ponto de máximo ou o ponto de mínimo de f.

d. Toda função derivável é contínua.

3) Qual dos seguintes teoremas não requer que a função seja derivável?

a. Teorema de Rolle.

b. Teorema do valor médio.

c. Teorema do valor intermediário.

d. Teorema da regra da cadeia.

4) Sobre as operações envolvendo funções deriváveis, assinale a afirmativa correta:

a. A derivada do produto de funções deriváveis em x_0 é o produto das derivadas em x_0.

b. A derivada do quociente de funções deriváveis em x_0 é o quociente das derivadas em x_0.

c. A derivada da soma de funções deriváveis em x_0 é a soma das derivadas em x_0.

d. A derivada da composição de funções deriváveis em x_0 é a composição das derivadas em x_0.

5) São características da expansão de Taylor de uma função f em um ponto x_0:

a. Definir os números reais.

b. Dar o valor exato da função em uma vizinhança do ponto x_0.

c. Dar rigor à regra de L'hôpital, que pode ser utilizada no cálculo de todos os limites.

d. Aproximar a função f em uma vizinhança de x_0.

Atividades de aprendizagem

1) Mostre que a função $f : \mathbb{R} \to \mathbb{R}$, definida por $f(x) = \begin{cases} \frac{1}{2}x + 1, \text{ se } x \leq 2 \\ \sqrt{2x}, \text{ se } x > 2 \end{cases}$, é derivável em $x_0 = 2$.

2) Calcule a expansão de Taylor ao grau 9 para a função $f(x) = \cos x$ em $x_0 = 0$.

3) Elabore a representação geométrica do teorema do valor médio e redija um pequeno texto com a sua interpretação sobre ela.

Este capítulo é destinado ao estudo das integrais, sobretudo da integral de Riemann e das suas propriedades, além das integrais impróprias. Nosso principal objetivo é mostrar que a integral de Riemann pode ser definida como a igualdade entre a integral superior e a integral inferior, utilizando as somas superiores e inferiores de um intervalo.

Além disso, por meio das demonstrações de vários teoremas, apresentamos conceitos que envolvem funções contínuas, funções monótonas e operações entre funções integráveis e não integráveis, além de abordar o Teorema Fundamental do Cálculo e dar rigor aos métodos de integração por parte e por substituição.

As referências para este capítulo são: Rudin (1971), Leithold (1994), Bartle e Sherbert (2000), Lima (2004; 2006) e Ávila (2005).

5

Teoria da integral

5.1 Integral de Riemann

Um subconjunto de números reais $P = \{t_0, t_1, \ldots, t_n\} \subset [a, b]$ é uma **partição** do intervalo $[a, b]$ quando $a = t_0 < t_1 < t_2 < \ldots < t_n = b$.

Quando $P = \{t_0, t_1, \ldots, t_n\}$ é uma partição, denominamos o intervalo $[t_{i-1}, t_i]$ de *i-ésimo intervalo* da partição P. Observamos que $t_i - t_{i-1}$ é o comprimento do intervalo $[t_{i-1}, t_i]$.

Neste capítulo, denotamos o comprimento do intervalo $[t_{i-1}, t_i]$ por Δt_i, isto é, $\Delta t_i = t_i - t_{i-1}$. Notamos que, em qualquer partição, o somatório dos comprimentos dos intervalos $[t_{i-1}, t_i]$ é o comprimento do intervalo $[a, b]$, isto é,

$$\sum_{i=1}^{n} \Delta t_i = \sum_{i=1}^{n} (t_i - t_{i-1}) = t_n - t_1 = b - a.$$

Exemplo 5.1

Seja o intervalo $[0, 2]$. Então, $P_1 = \{0, 1, 2\}$, $P_2 = \left\{0, \frac{1}{2}, 1, \frac{3}{2}, 2\right\}$ e

$$P_3 = \left\{t_0, t_1, t_2, \ldots, t_n; t_i = \frac{(2-0)i}{n} \text{ para } i = 0, 1, \ldots, n\right\}$$ são partições do intervalo.

Para provarmos que P_3 é partição, consideramos que, se $i = 0$, então $t_0 = (2-0) \cdot \frac{0}{n} = 0 = a$; se $i = n$, então $t_n = (2-0) \cdot \frac{n}{n} = 2 = b$. Além disso, utilizando a desigualdade $i - 1 < i$ e multiplicando ambos os membros por $\frac{(2-0)}{n} > 0$, segue-se que $\frac{(2-0)(i-1)}{n} < \frac{(2-0)i}{n}$ ou, de forma equivalente, $t_{i-1} < t_i$.

Queremos, agora, definir uma relação de ordem entre duas partições.

Sejam as partições S e P de um mesmo intervalo $[a, b]$. Dizemos que Q *refina* P quando $P \subset Q$; em outras palavras, Q é formada pelos pontos de P com o acréscimo de outros pontos. Dessa forma, aumentando o número de pontos em uma partição, então o número de subintervalos é aumentado, fazendo com que os comprimentos de alguns subintervalos sejam reduzidos.

Exemplo 5.2

Considerando as partições P_1 e P_2 do Exemplo 5.1, vemos que a partição P_2 refina P_1, pois $P_1 \subset P_2$.

A **soma superior** de uma função f relativa à partição $P = \{t_0, t_1, \ldots, t_n\}$ é o número real definido por:

$$S(f;P) = M_1\Delta t_1 + M_2\Delta t_2 + \ldots + M_n\Delta t_n = \sum_{i=1}^{n} M_i \Delta t_i,$$

em que $M_i = \sup\{f(x); x \in [t_{i-1}, t_i]\}$. Igualmente, a **soma inferior** de uma função f relativa à partição $P = \{t_0, t_1, \ldots, t_n\}$ é o número real, definido por

$$s(f;P) = m_1\Delta t_1 + m_2\Delta t_2 + \ldots + m_n\Delta t_n = \sum_{i=1}^{n} m_i \Delta t_i,$$

em que $m_i = \inf\{f(x); x \in [t_{i-1}, t_i]\}$.

As representações geométricas da soma superior e da soma inferior de uma função consistem nas somas das áreas formadas pelos retângulos definidos em cada intervalo da partição e, respectivamente, pelo supremo e pelo o ínfimo da função no intervalo correspondente. Cada parcela $m_i\Delta t_i$ ou $M_i\Delta t_i$ representa a área do i-ésimo retângulo, como podemos observar nas Figuras 5.1 e 5.2.

Figura 5.1 – Soma superior de uma função

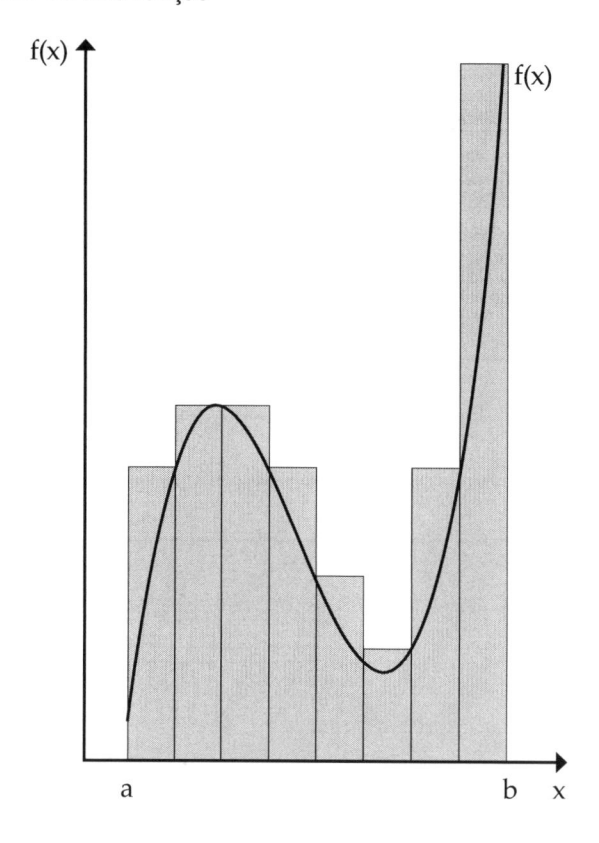

Figura 5.2 – Soma inferior de uma função

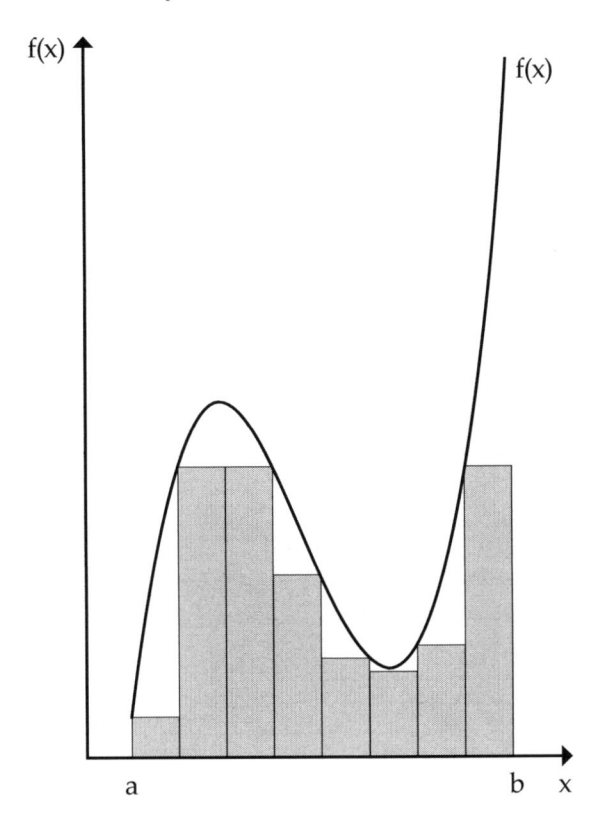

Exemplo 5.3

Considerando $f(x) = x^2$ e a partição $P = P_3$ de $[0, 2]$ dada no Exemplo 5.1, vemos que
$[t_{i-1}, t_i] = \left[\dfrac{2(i-1)}{n}, \dfrac{2i}{n}\right]$ e $\Delta t_i = \dfrac{2i}{n} - \left(\dfrac{2(i-1)}{n}\right) = \dfrac{2}{n}$.

Como a função $f(x) = x^2$ é crescente em $[0, 2]$ – pois, quando $x < y$, então $f(x) = x^2 < y^2 < f(y)$ –, o supremo do i-ésimo intervalo é assumido no extremo superior, isto é,

$$M_i = \sup\left\{f(x); x \in \left[\dfrac{2(i-1)}{n}, \dfrac{2i}{n}\right]\right\} = f\left(\dfrac{2i}{n}\right) = \left(\dfrac{2i}{n}\right)^2.$$

Portanto, por definição, temos o seguinte resultado:

$$S(f; P) = M_1 \Delta t_1 + M_2 \Delta t_2 + \ldots + M_n \Delta t_n = \sum_{i=1}^{n} M_i \Delta t_i = \sum_{i=1}^{n} \left(\dfrac{2i}{n}\right)^2 \dfrac{2}{n} = \dfrac{8}{n^3} \sum_{i=1}^{n} i^2 = \dfrac{8}{n^3} \left(\dfrac{(n+1)n(2n+1)}{6}\right),$$

Nesse resultado, utilizamos a identidade a seguir:

$$\sum_{i=1}^{n} i^2 = \dfrac{(n+1)n(2n+1)}{6}, \qquad \text{(Equação 5.1)}$$

que é demonstrada por indução. Além disso, como a função $f(x) = x^2$ é crescente em $[0, 2]$, logo o ínfimo é atingido no extremo inferior, isto é,

$$m_i = \sup\left\{f(x); x \in \left[\frac{2(i-1)}{n}, \frac{2i}{n}\right]\right\} = f\left(\frac{2(i-1)}{n}\right) = \left(\frac{2(i-1)}{n}\right)^2.$$

Portanto, por definição, utilizando nessa fórmula $j = i - 1$ e a Equação 5.1, deduzimos:

$$s(f;P) = m_1\Delta t_1 + m_2\Delta t_2 + \ldots + m_n\Delta t_n = \sum_{i=1}^{n} m_i \Delta t_i = \sum_{i=1}^{n}\left(\frac{2(i-1)}{n}\right)^2 \frac{2}{n} =$$

$$= \frac{8}{n^3}\sum_{i=1}^{n}(i-1)^2 = \frac{8}{n^3}\sum_{j=1}^{n-1} j^2 = \frac{8}{n^3}\left(\frac{((n-1)+1)(n-1)(2(n-1)+1)}{6}\right) = \frac{8}{n^3}\frac{(n-1)n(2n-1)}{6}.$$

Teorema 5.1

Se P e Q são partições tais que $P \subset Q$, então valem as relações:

$$s(f;P) \leq s(f;Q) \text{ e } S(f;Q) \leq S(f;P).$$

Consideramos uma partição Q obtida de P acrescendo a esta um ponto u_1, isto é, se $P = \{t_0 < t_1 < \ldots < t_n\}$, então $Q = \{t_0 < t_1 < \ldots < t_{i-1} < u_1 < t_i < \ldots < t_n\}$, para algum $i = 1, 2, \ldots, n$. Definimos $m' = \inf\{f(x); x \in [t_i, u_1]\}$ e $m'' = \inf\{f(x); x \in [u, t_{i+1}]\}$. Então, pelas propriedades de ínfimo, desenvolvemos:

$$m_i = \inf\{f(x); x \in [t_{i-1}, t_i]\} \leq \inf\{f(x); x \in [t_{i-1}, u]\} = m' \quad \textbf{(Equação 5.2)}$$

e

$$m_i = \inf\{f(x); x \in [t_{i-1}, t_i]\} \leq \inf\{f(x); x \in [u, t_i]\} = m''. \quad \textbf{(Equação 5.3)}$$

Além disso, como $0 < t_i - t_{i-1} = u_1 - t_{i-1} + t_i - u_1$, utilizamos as Equações 5.2 e 5.3 e chegamos a

$$m_i(t_i - t_{i-1}) = m_i(u_1 - t_{i-1} + t_i - u_1) =$$
$$= m_i(u_1 - t_{i-1}) + m_i(t_i - u_1) \leq m'(u_1 - t_{i-1}) + m''(t_i - u_1).$$

Portanto,

$$m_i(t_i - t_{i-1}) \leq m'(u_1 - t_{i-1}) + m''(t_i - u_1).$$

Logo, somando $i = 1, 2, \ldots, n$ à desigualdade, termo a termo, obtemos

$$m_1(t_1 - t_0) + \ldots + m_{i-1}(t_{i-1} - t_{i-2}) + m_{i+1}(t_{i+1} - t_i) + \ldots + m_n(t_n - t_{n-1}),$$

Ou, por definição, vemos que $s(f;P) \leq s(f;Q)$.

Como toda partição Q que refina P tem um número finito de pontos – digamos, m pontos – e, além disso, contém todos os pontos de P, podemos aplicar o desenvolvimento anterior $m-n$ vezes, ou seja, repeti-lo por uma quantidade de vezes que é igual à diferença $m-n$, obtendo o resultado de $s(f;P) \leq s(f;Q)$ para partições arbitrárias. A desigualdade $S(f;Q) \leq S(f;P)$ é obtida de forma análoga, utilizando as propriedades do supremo.

Exemplo 5.4

Consideramos as partições P_1 e P_2 do Exemplo 5.1. Sabemos que essas partições são casos particulares da partição $P = P_3$ do Exemplo 5.1 com $n=2$ e $n=4$, respectivamente, e, pelo Exemplo 5.2, que a partição P_2 refina P_1. De acordo com o Exemplo 5.3, vemos que

$$S(f;P_1) = \frac{8}{2^3}\left(\frac{(2+1)2(2\cdot 2+1)}{6}\right) = 5 \qquad \text{(Equação 5.4)}$$

e

$$s(f;P_1) = \frac{8}{2^3}\left(\frac{(2-1)2(2\cdot 2-1)}{6}\right) = 1. \qquad \text{(Equação 5.5)}$$

Além disso, temos

$$S(f;P_2) = \frac{8}{4^3}\left(\frac{(4+1)4(2\cdot 4+1)}{6}\right) = \frac{15}{4} \qquad \text{(Equação 5.6)}$$

e

$$s(f;P_1) = \frac{8}{4^3}\cdot\frac{(4-1)4(2\cdot 4-1)}{6} = \frac{7}{4}. \qquad \text{(Equação 5.7)}$$

Comparando as Equações 5.4 e 5.5 com as Equações 5.6 e 5.7, verificamos que $S(f;P_2) \leq S(f;P_1)$ e $s(f;P_1) \leq s(f;P_2)$.

Teorema 5.2

Para quaisquer partições P e Q e qualquer função limitada f, ocorre:

$$s(f;P) \leq s(f;P\cup Q) \leq S(f;P\cup Q) \leq S(f;Q).$$

Além disso, a partição $T = P \cup Q$ refina P e refina Q.

Pela aplicação do Teorema 5.1 a P e a T para as somas inferiores, obtemos $s(f;P) \leq s(f;P\cup Q)$. Aplicando o mesmo teorema a Q e a T para as somas superiores, obtemos $S(f;P\cup Q) \leq S(f;Q)$.

Mostramos agora a desigualdade $s(f;P\cup Q) \leq S(f;P\cup Q)$ supondo que $P\cup Q = \{t_0, t_1, \ldots, t_n\}$, $m_i = \inf\{f(x); x \in [t_{i-1}, t_i]\}$ e $M_i = \sup\{f(x); x \in [t_{i-1}, t_i]\}$. Claramente, $m_i \leq M_i$, ou seja, $m_i(t_i - t_{i-1}) \leq M_i(t_i - t_{i-1})$ para todo $i = 1, 2, \ldots, n$. Somando membro a membro as n desigualdades, chegamos a

$$m_1(t_1 - t_0) + \ldots + m_i(t_i - t_{i-1}) + \ldots + m_n(t_n - t_{n-1}) \leq$$
$$\leq M_1(t_1 - t_0) + \ldots + M_i(t_i - t_{i-1}) + \ldots + M_n(t_n - t_{n-1})$$

Portanto, pela definição de somas inferiores e de somas superiores, obtemos a desigualdade $s(f; P \cup Q) \leq S(f; P \cup Q)$.

Teorema 5.3

Suponhamos que P seja uma partição com mais de dois pontos do intervalo $[a, b]$. Consideramos $m = \inf\{f(x); x \in [a, b]\}$ e $M = \sup\{f(x); x \in [a, b]\}$. Então, vale a relação:

$$m(b-a) \leq s(f; P) \leq S(f; P) \leq M(b-a).$$

Assumimos a partição trivial $I = \{a = t_0 < t_1 = b\}$ e qualquer partição P do intervalo $[a, b]$ com mais de dois pontos. O resultado decorre do Teorema 5.2:

$$P = I \cup (P - \{a, b\}).$$

Seja $f: [a, b] \to \mathbb{R}$ uma função limitada. Definimos a **integral superior** de f no intervalo $[a, b]$ como sendo o supremo das somas superiores tomadas em relação a todas as partições P do intervalo $[a, b]$, isto é,

$$\underline{\int_a^b f(x) dx} = \sup_P \{s(f; P)\}.$$

De maneira semelhante, definimos a **integral inferior** de f no intervalo $[a, b]$ como sendo o ínfimo das somas inferiores tomadas em relação a todas as partições P do intervalo $[a, b]$, isto é,

$$\overline{\int_a^b f(x) dx} = \inf_P \{S(f; P)\}.$$

Teorema 5.4

Se $f: [a, b] \to \mathbb{R}$ é uma função limitada, então $\underline{\int_a^b f(x) dx} \leq \overline{\int_a^b f(x) dx}$.

De acordo com o Teorema 5.3, vemos que $s(f; P) \leq S(f; Q)$ para quaisquer partições P e Q. Notamos que $S(f; Q)$ é cota superior do conjunto $A = \{s(f; P); P \text{ é uma partição de } [a, b]\}$ e, como o supremo é a menor cota superior de A, deduzimos que

$$\sup A \leq S(f; Q).$$

Decorre dessa desigualdade que sup A é cota inferior de $B = \{S(f; Q); Q \text{ é uma partição de } [a,b]\}$. Como o ínfimo é a maior cota inferior de B, logo

$\sup A \leq \inf B$.

Portanto, substituindo os conjuntos A e B, temos o seguinte resultado:

$$\sup_P\{s(f;P)\} \leq \inf_Q\{S(f;Q)\}.$$

Ou, de forma equivalente, por definição, escrevemos esse resultado da maneira a seguir:

$$\underline{\int_a^b} f(x)dx \leq \overline{\int_a^b} f(x)dx.$$

Dizemos que uma função limitada $f:[a,b] \to \mathbb{R}$ é *integrável* quando a sua integral inferior é igual à sua integral superior, isto é, quando $\underline{\int_a^b} f(x)dx = \overline{\int_a^b} f(x)dx$.

Nesse caso, o valor de $\underline{\int_a^b} f(x)dx$ ou de $\overline{\int_a^b} f(x)dx$ é o valor da integral de f no intervalo $[a,b]$, o que denotamos por $\int_a^b f(x)dx$.

A representação geométrica do valor de uma integral para uma função integrável em um intervalo (a,b) é a área entre o gráfico da função e o eixo das abscissas (x) no intervalo de integração, como mostramos na Figura 5.3, a seguir.

Figura 5.3 – Integral da função *f* no intervalo (a, b)

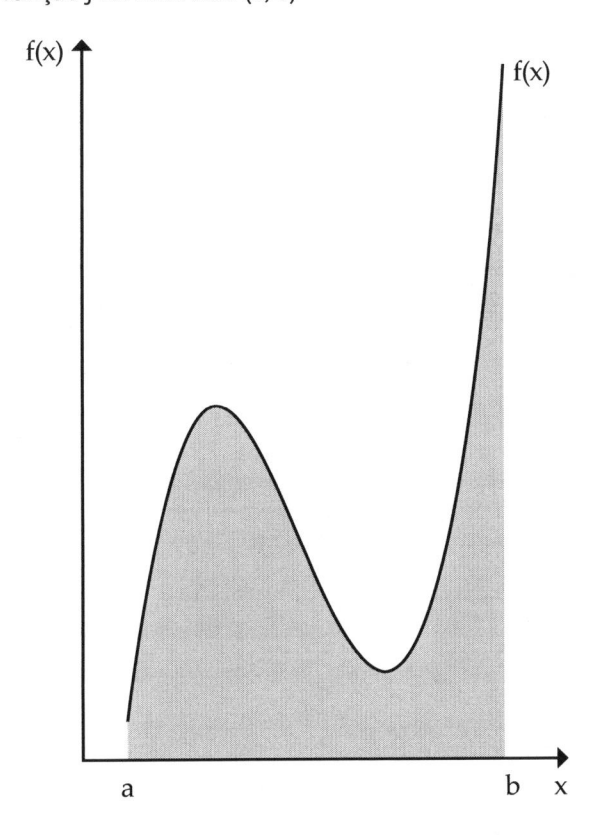

Exemplo 5.5

A função f é definida por $f(x) = x^2$ e é integrável no intervalo $[0,2]$. Afirmamos que $\sup\{s(f;P)\} = \dfrac{8}{3}$ e mostramos que, para todo $\varepsilon > 0$, existe uma soma inferior $s(f;P)$ tal que $\dfrac{8}{3} - \varepsilon < s(f;P) < \dfrac{8}{3}$.

De fato, para todo $\varepsilon > 0$, existe, de acordo com o Exemplo 5.3, uma partição $P = P_3$ satisfazendo $s(f;P) = \dfrac{8}{n^3} \dfrac{(n-1)n(2n-1)}{6}$, em que n é escolhido para que a seguinte condição seja verdadeira:

$$-3\varepsilon n^2 + 12n + 4 < 0 \qquad \text{(Equação 5.8)}$$

Observamos que n existe, pois a função $f(x) = -3\varepsilon x^2 + 12x + 4$ tem concavidade voltada para baixo e, em algum momento, terá imagem negativa. Assim, pela Equação 5.8, deduzimos que $-6\varepsilon n^2 + 24n + 8 < 0$, ou seja, $-\varepsilon < \dfrac{-24n-8}{6n^2} < 0$. Logo, adicionando $\dfrac{8}{3}$ em ambos os membros dessa desigualdade, obtemos $\dfrac{8}{3} - \varepsilon < \dfrac{8}{6}\left(2 - 3n - \dfrac{1}{n^2}\right) < \dfrac{8}{3}$, o que implica que $\dfrac{8}{3} - \varepsilon < \dfrac{8}{n^3}\dfrac{(n-1)n(2n-1)}{6} < \dfrac{8}{3}$. Assim, existe uma partição P satisfazendo $\dfrac{8}{3} - \varepsilon < s(f;P) < \dfrac{8}{3}$. Portanto, obtemos $\int_a^b f(x)dx = \dfrac{8}{3}$.

De forma semelhante, demonstramos que $\inf\{S(f;P)\} = \dfrac{8}{3}$.

De fato, dado $\varepsilon > 0$, mostramos que existe uma soma superior $S(f;P)$ tal que $\dfrac{8}{3} < S(f;P) < \dfrac{8}{3} + \varepsilon$. Assim, para todo $\varepsilon > 0$, vemos, pelo Exemplo 5.3, que existe uma partição $P = P_3$ satisfazendo $S(f,P) = \dfrac{8}{n^3}\dfrac{(n+1)n(2n+1)}{6}$, em que n é escolhido para que a seguinte condição seja verdadeira:

$$3\varepsilon n^2 - 12n - 4 > 0 \qquad \text{(Equação 5.9)}$$

Observamos que n existe, pois a função $f(x) = 3\varepsilon x^2 - 12x - 4$ tem concavidade voltada para cima e, em algum momento, terá imagem positiva. Assim, da Equação 5.9, deduzimos que $6\varepsilon n^2 - 24n - 8 > 0$ ou, de forma equivalente, $0 < \dfrac{24n+8}{6n^2} < \varepsilon$. Adicionando $\dfrac{8}{3}$ em ambos os membros dessa desigualdade, obtemos $\dfrac{8}{3} - \varepsilon < \dfrac{8}{6}\left(2 + 3n + \dfrac{1}{n^2}\right) < \dfrac{8}{3}$, resultando em $\dfrac{8}{3} < \dfrac{8}{n^3}\dfrac{(n+1)n(2n+1)}{6} < \dfrac{8}{3} + \varepsilon$. Assim, existe uma partição P satisfazendo $\dfrac{8}{3} < S(f;P) < \dfrac{8}{3} + \varepsilon$. Portanto, obtemos $\int_a^b f(x)dx = \dfrac{8}{3}$.

Finalmente, como $\int_a^b f(x)dx = \frac{8}{3} = \overline{\int_a^b} f(x)dx$, deduzimos, por definição, que $f(x) = x^2$ é integrável no intervalo $[0,2]$.

Demonstrar que uma função é integrável não é uma tarefa fácil, como vimos no Exemplo 5.5. A fim de facilitar essa tarefa, apresentamos o teorema seguinte.

Teorema 5.5 – Condições de integralidade

Se $f:[a,b] \to \mathbb{R}$ é uma função limitada, então são equivalentes as seguintes afirmações:

a) A função f é integrável;
b) Para todo $\varepsilon > 0$, existem partições P e Q do intervalo $[a,b]$ que satisfazem
$S(f;Q) - s(f;P) < \varepsilon$;
c) Para todo $\varepsilon > 0$, existe uma partição $P = \{t_0, t_1, \ldots, t_n\}$ do intervalo $[a,b]$ tal que
$S(f;Q) - s(f;P) < \varepsilon$.

Neste teorema, ocorre uma equivalência tripla, ou seja, como as três afirmações são equivalentes, podemos demonstrar as seguintes implicações: $a \Rightarrow b$, $b \Rightarrow c$, $c \Rightarrow a$.

Seja $\varepsilon > 0$. Consideramos as partições P e Q do intervalo $[a,b]$ e, de acordo com o Teorema 5.3, vemos que $s(f;P) \leq S(f;Q)$.

$a \Rightarrow b$: para $\varepsilon > 0$ arbitrário, suponhamos que f seja integrável; então, teremos:

$$\underline{\int_a^b} f(x)dx = \overline{\int_a^b} f(x)dx.$$

Ou seja, utilizando as definições de integral superior e de integral inferior, segue-se que $\sup_{P'}\{s(f;P')\} = \inf_{Q'}\{S(f;Q')\}$. Assim, considerando agora a definição de ínfimo, vemos que $\sup_{P'}\{s(f;P')\} - \frac{\varepsilon}{2}$ não é a cota superior do conjunto $\{S(f;Q'); Q'$ é uma partição de $[a,b]\}$ e, levando em conta a definição de supremo, deduzimos que $\inf_{Q'}\{S(f;Q')\} + \frac{\varepsilon}{2}$ não é conta inferior do conjunto $\{s(f;P'); P'$ é uma partição de $[a,b]\}$.

Portanto, existem partições P e Q tais que

$$\sup_{P'}\{s(f;P')\} - \frac{\varepsilon}{2} < s(f;P) \text{ e } S(f;Q) < \inf_{Q'}\{S(f;Q')\} + \frac{\varepsilon}{2}.$$

Ou, de forma equivalente:

$$-s(f;P) < -\sup_{P'}\{s(f;P')\} + \frac{\varepsilon}{2} \text{ e } S(f;Q) < \inf_{Q'}\{S(f;Q')\} + \frac{\varepsilon}{2}.$$

Somando as desigualdades membro a membro, obtemos

$$S(f;Q) - s(f;P) < \inf_Q\{S(f;Q)\} + \frac{\varepsilon}{2} - \sup_P\{s(f;P)\} + \frac{\varepsilon}{2}.$$

Finalmente, utilizando o fato de que $\sup_P\{s(f;P)\} = \inf_Q\{S(f;Q)\}$, chegamos a

$$S(f;Q) - s(f;P) < \varepsilon.$$

b $\Rightarrow$ c: para $\varepsilon > 0$ arbitrário, deduzimos por hipótese que existem partições P' e Q' do intervalo $[a,b]$ que satisfazem $S(f;Q') - s(f;P') < \varepsilon$. Logo, existe uma partição $P = P' \cup Q'$ que refina P' e Q'. Assim, de acordo com o Teorema 5.1, temos que $s(f;P') \leq s(f;P)$ e $S(f;P) \leq S(f;Q')$, ou, de forma equivalente, $-s(f;P) \leq -s(f;P')$ e $S(f;P) \leq S(f;Q')$. Portanto, somando membro a membro essas desigualdades e usando a hipótese do teorema, segue-se que

$$S(f;P) - s(f;P) \leq S(f;Q') - s(f;P') < \varepsilon,$$

demonstrando o resultado.

c $\Rightarrow$ a: agora, provamos por absurdo.

De fato, suponhamos que valha a condição "c" e que f não seja integrável, isto é,

$$\underline{\int_a^b} f(x)dx \neq \overline{\int_a^b} f(x)dx.$$

Ou seja, pelo Teorema 5.4, deduzimos que $\sup_{P'}\{s(f;P')\} < \inf_{Q'}\{S(f;Q')\}$. Assim, dado $\varepsilon = \inf_{Q'}\{S(f;Q')\} - \sup_{P'}\{s(f;P')\} > 0$, por um lado, existe uma partição P tal que $S(f;P) - s(f;P) < \varepsilon = \inf_{Q'}\{S(f;Q')\} - \sup_{P'}\{s(f;P')\}$. Por outro lado, pela definição de ínfimo, obtemos $S(f;P) \leq \inf_{Q'}\{S(f;Q')\}$, resultando em:

$$S(f;P) - s(f;P) < \inf_{Q'}\{S(f;Q')\} - \sup_{P'}\{s(f;P')\} \leq S(f;P) - \sup_{P'}\{s(f;P')\}.$$

Subtraindo $S(f;P)$ em ambos os membros da desigualdade, segue-se que $-s(f;P) < -\sup_{P'}\{s(f;P')\}$, ou, de forma equivalente:

$$s(f;P) > \sup_{P'}\{s(f;P')\}. \qquad \text{(Equação 5.10)}$$

Mas, pela definição de supremo, obtemos

$$s(f;P) \leq \sup_{P'}\{s(f;P')\}. \qquad \text{(Equação 5.11)}$$

Logo, comparando as Equações 5.10 e 5.11, chegamos ao resultado $(f;P) < s(f;P)$, o que é um absurdo.

Portanto, f deve ser integrável.

Exemplo 5.6

Consideramos a função $f(x) = x^2$ e o intervalo $[0,2]$. Seja $\varepsilon > 0$, então, conforme o Exemplo 5.1, existe uma partição $P = P_3$, em que $n > \dfrac{8}{\varepsilon}$, que satisfaz, de acordo com o Exemplo 5.5:

$$S(f;P) - s(f;P) = \frac{8}{n^3}\frac{(n+1)n(2n+1)}{6} - \frac{8}{n^3}\frac{(n-1)n(2n-1)}{6} =$$
$$= \frac{4}{3n^3}\left((2n^3 + 3n^2 + n) - (2n^3 - 3n^2 + n)\right) = \frac{4}{3n^3}6n^2 = \frac{8}{n} < \varepsilon.$$

Demonstramos, pelo Teorema 5.5, que $f(x) = x^2$ é integrável no intervalo $[0, 2]$.

5.2 Propriedades das funções contínuas e da integral

Avançando no estudo sobre a integral, abordamos, agora, algumas de suas propriedades essenciais.

5.2.1 Integralidade das funções contínuas

As funções contínuas e as funções monótonas satisfazem boa parte das propriedades da integrabilidade, como apresentamos a seguir.

Teorema 5.6

Toda função contínua $f : [a, b] \to \mathbb{R}$ é integrável.

Seja a função $f : [a, b] \to \mathbb{R}$ uma função contínua. Como $[a, b]$ é um conjunto compacto, então, pelo Teorema 3.14, a função f é uniformemente contínua.

Dado $\varepsilon > 0$, existe $\delta > 0$ tal que $|y - x| < \delta$, com $x, y \in [a, b]$, e, assim, obtemos $|f(y) - f(x)| < \frac{\varepsilon}{b-a}$.

Consideramos uma partição $P = \{t_0, t_1, \ldots, t_n\}$ de $[a, b]$ tal que $\frac{t_{i-1} - t_i}{n} < \delta$. De acordo com o Teorema 3.12, cada intervalo compacto $[t_{i-1}, -t_i]$ contém pontos x_i e y_i nos quais a função f assume valores de máximo ou de mínimo, respectivamente. Isto é, $f(x_i) = M_i = \max\{f(x); x \in [t_{i-1}, t_i]\}$ e $f(y_i) = m_i = \min\{f(x); x \in [t_{i-1}, t_i]\}$. Como $x_i, y_i \in [a, b]$ e f é uniformemente contínua, então $f(x_i) - f(y_i) < \frac{\varepsilon}{b-a}$, ou, por definição de x_i e y_i, segue-se que $M_i - m_i < \frac{\varepsilon}{b-a}$. Além disso,

$$S(f;P) - s(f;P) = M_1(t_1 - t_0) + \ldots + M_i(t_i - t_{i-1}) + \ldots + M_n(t_n - t_{n-1}) -$$
$$- m_1(t_1 - t_0) - \ldots - m_i(t_i - t_{i-1}) - \ldots - m_n(t_n - t_{n-1}) =$$
$$= (M_1 - m_1)(t_1 - t_0) + \ldots + (M_i - m_i)(t_i - t_{i-1}) + \ldots + (M_n - m_n)(t_n - t_{n-1}) <$$
$$< \frac{\varepsilon}{b-a}(t_1 - t_0) + \ldots + \frac{\varepsilon}{b-a}(t_i - t_{i-1}) + \ldots + \frac{\varepsilon}{b-a}(t_n - t_{n-1}) =$$
$$= \frac{\varepsilon}{b-a}(t_1 - t_0 + t_2 - t_1 + \ldots + t_{n-1} - t_{n-2} + t_n - t_{n-1}) =$$
$$= \frac{\varepsilon}{b-a}(t_n - t_0) = \frac{\varepsilon}{b-a}(b - a) = \varepsilon.$$

Assim, estamos nas hipóteses da afirmação "c" do Teorema 5.5. Portanto, pela equivalência com a afirmação "a" Teorema 5.5, vemos que f é integrável.

A recíproca desse teorema é falsa, como demonstramos no exemplo seguinte.

Exemplo 5.7

A função $f(x) = \begin{cases} x^2, & \text{se } x \neq 2 \\ 5, & \text{se } x = 2 \end{cases}$ é integrável, mas não é contínua no intervalo $[0, 2]$.

De fato, supondo, por absurdo, que f seja contínua em $x_0 = 2$, vemos que $2 = \lim_{x \to 2} f(x) = f(2) = 5$, o que comprova o absurdo.

Portanto, f é descontínua em $x_0 = 2$, ou seja, f não é contínua em $[0, 2]$.

Entretanto, f é integrável em $[0, 2]$. Com efeito, considerando a partição P de $[0, 2]$, vemos que $[t_{i-1}, t_i] = \left[\dfrac{2(i-1)}{n}, \dfrac{2i}{n}\right]$ e $\Delta t_i = \dfrac{2i}{n} - \left(\dfrac{2(i-1)}{n}\right) = \dfrac{2}{n}$. Como a função $f(x) = x^2$ é crescente em $[0, 2)$ e $f(2) = 5$, logo, para $i = 1, 2, \ldots, (n-1)$ e $M_n = 5$:

$$M_i = \sup\left\{f(x); x \in \left[\dfrac{2(i-1)}{n}, \dfrac{2i}{n}\right]\right\} = f\left(\dfrac{2i}{n}\right) = \left(\dfrac{2i}{n}\right)^2$$

Portanto, por definição, deduzimos, utilizando a Equação 5.1:

$$S(f; P) = M_1 \Delta t_1 + M_2 \Delta t_2 + \ldots + M_n \Delta t_n = \sum_{i=1}^{n-1}\left(\dfrac{2i}{n}\right)^2 \dfrac{2}{n} + 5\dfrac{2}{n} = \dfrac{8}{(n-1)^3}\sum_{i=1}^{n-1} i^2 + \dfrac{10}{n} =$$

$$= \dfrac{8}{(n-1)^3}\left(\dfrac{n(n-1)(2n-1)}{6}\right) + \dfrac{10}{n},$$

Além disso, a soma inferior é a mesma soma inferior do Exemplo 5.3, pois:

$$m_i = \sup\left\{f(x); x \in \left[\dfrac{2(i-1)}{n}, \dfrac{2i}{n}\right]\right\} = f\left(\dfrac{2(i-1)}{n}\right) = \left(\dfrac{2(i-1)}{n}\right)^2.$$

Portanto,

$$s(f; P) = \dfrac{8}{n^3}\dfrac{(n-1)n(2n-1)}{6}.$$

Assim, para todo $\varepsilon > 0$, existe uma partição $P = P_3$ do Exemplo 5.1, em que $n > \dfrac{58}{\varepsilon}$, tal que

$$S(f; P) - s(f; P) = \dfrac{8}{(n-1)^3}\left(\dfrac{n(n-1)(2n-1)}{6}\right) + \dfrac{10}{n} - \dfrac{8}{n^3}\dfrac{(n-1)n(2n-1)}{6} =$$

$$= \left(\dfrac{n(n-1)(2n-1)}{6}\right)\left(\dfrac{8}{(n-1)^3} - \dfrac{8}{n^3}\right) + \dfrac{10}{n} =$$

$$= \left(\dfrac{n(n-1)(2n-1)}{6}\right)\left(\dfrac{8n^3 - 8n^3 + 24n^2 - 24n + 8}{n^3(n-1)^3}\right) + \dfrac{10}{n}$$

$$=\left(\frac{n(n-1)(2n-1)}{6}\right)\left(\frac{24n^2-24n+8}{n^6-3n^5+3n^4-n^3}\right)+\frac{10}{n}<\frac{n\cdot n\cdot 2n\cdot 24n^2}{n^6}+\frac{10}{n}=\frac{48}{n}+\frac{10}{n}=\frac{58}{n}<\varepsilon.$$

Utilizamos as majorações $n-1 < n$, $2n-1 < 2n$, $24n^2-24n+8 < 24n^2$ e $n^6-3n^5+3n^4-n^3 > n^6$, que são desigualdades demonstradas por indução.

Portanto, para todo $\varepsilon > 0$, existe uma partição P tal que $S(f,P)-s(f;P)<\varepsilon$ e, logo, de acordo com o Teorema 5.5, vemos que f é integrável.

Na realidade, uma função com infinitas descontinuidades é integrável desde que tenha "medida nula". Já uma função que tenha uma quantidade finita de descontinuidades é integrável. Necessitamos apresentar vários conceitos envolvendo a cobertura de conjuntos para definirmos os conjuntos de medida nula e demonstrarmos seus resultados e, por isso, não abordaremos esse processo aqui. Se você, leitor, estiver interessado em estudar esse assunto, indicamos o volume 1 do livro *Curso de análise*, de Lima (2004).

O teorema seguinte trata de funções monótonas.

Teorema 5.7

Toda função monótona $f:[a,b]\to\mathbb{R}$ é integrável.

Suponhamos que f seja crescente e seja $\varepsilon > 0$.

Definimos uma partição $P=\{t_0,t_1,\ldots,t_n\}$ de $[a,b]$ tal que $t_i-t_{i-1}<\dfrac{\varepsilon}{f(b)-f(a)}$ para cada $i=1,2,\ldots,n$. Da monotonicidade de f, vemos que $f(t_{i-1})<x<f(t_i)$ para cada $i=1,2,\ldots,n$ e $x\in[t_{i-1},t_i]$, o que implica que $M_i=f(t_i)$ e $m_i=f(t_{i-1})$ para cada $i=1,2,\ldots,n$. Assim,

$$S(f;P)-s(f;P)=M_1(t_1-t_0)+\ldots+M_i(t_i-t_{i-1})+\ldots+M_n(t_n-t_{n-1})-m_1(t_1-t_0)-\ldots$$
$$-m_i(t_i-t_{i-1})-\ldots-m_n(t_n-t_{n-1})=(M_1-m_1)(t_1-t_0)+\ldots+(M_i-m_i)(t_i-t_{i-1})+\ldots+$$
$$+(M_n-m_n)(t_n-t_{n-1})<(M_1-m_1)\frac{\varepsilon}{f(b)-f(a)}+\ldots+(M_i-m_i)\frac{\varepsilon}{f(b)-f(a)}+\ldots+$$
$$+(M_n-m_n)\frac{\varepsilon}{f(b)-f(a)}<\frac{\varepsilon}{f(b)-f(a)}(M_1-m_1+M_2-m_2+\ldots+M_{n-1}-m_{n-1}+M_n-m_n)=$$
$$=\frac{\varepsilon}{f(b)-f(a)}(f(t_1)-f(t_0)+f(t_2)-f(t_1)+\ldots+f(t_{n-1})-f(t_{n-2})+f(t_n)-f(t_{n-1}))=$$
$$=\frac{\varepsilon}{f(b)-f(a)}(f(t_n)-f(t_0))=\frac{\varepsilon}{f(b)-f(a)}(f(b)-f(a))=\varepsilon.$$

Portanto, satisfaz a condição "c" do Teorema 5.5 e, logo, pela equivalência com a condição "a" desse mesmo teorema, deduzimos que f é integrável.

Os demais casos de monotonicidade de funções são análogos a este.

Exemplo 5.8
A função $f(x) = x^2$ é monótona em $[0, 2]$ e, portanto, é integrável.

5.2.2 Propriedades da integral
Apresentamos, agora, as propriedades da integração em operações que envolvem funções integráveis. A principal demonstração é a do Teorema 5.8, a seguir.

> **Teorema 5.8**
> Se as funções $f, g : [a, b] \to \mathbb{R}$ são integráveis, então são válidas as seguintes propriedades:
> a) A função $f + g$ é integrável e satisfaz:
> $$\int_a^b (f(x) + g(x))dx = \int_a^b f(x)dx + \int_a^b g(x)dx;$$
> b) A função fg é integrável;
> c) A função cf, com $c \in \mathbb{R}$, é integrável e satisfaz:
> $$\int_a^b (cf)(x)dx = c\int_a^b f(x)dx;$$
> d) Se $c \in (a, b)$, então f é integrável em $[a, c]$ e $[c, b]$ e satisfaz:
> $$\int_a^b f(x)dx = \int_a^c f(x)dx + \int_c^b f(x)dx;$$
> e) Se $0 < R \leq |g(x)|$ para todo $x \in [a, b]$, então a função $\dfrac{f}{g}$ é integrável;
> f) Se $f(x) \leq g(x)$ para todo $x \in [a, b]$, então:
> $$\int_a^b f(x)dx \leq \int_a^b g(x)dx;$$
> g) A função $|f|$ é integrável e satisfaz:
> $$\left| \int_a^b f(x)dx \right| \leq \int_a^b |f(x)|dx.$$
>
> Demonstração:
> a) Consideramos a partição $P = \{t_0, t_1, \ldots, t_n\}$ do intervalo $[a, b]$ e os valores definidos por $m_i' = \inf\{f(x); x \in [t_{i-1}, t_i]\}$, $m_i'' = \inf\{g(x); x \in [t_{i-1}, t_i]\}$ e $m_i = \inf\{(f + g)(x); x \in [t_{i-1}, t_i]\}$ para cada $i = 1, 2, \ldots, n$. Devemos provar que $m_i' + m_i'' \leq m_i$ para cada $i = 1, 2, \ldots, n$.
> Com efeito, vemos que $m_i' \leq f(x)$ e $m_i'' \leq g(x)$ para todo $x \in [t_{i-1}, t_i]$.
> Assim, $m_i' + m_i'' \leq f(x) + g(x) = (f + g)(x)$. Logo, $m_i' + m_i''$ é a cota inferior para o conjunto $\{(f + g)(x); x \in [t_{i-1}, t_i]\}$ e, como o ínfimo é a maior cota inferior, logo:
> $m_i' + m_i'' \leq \inf\{(f + g)(x); x \in [t_{i-1}, t_i]\} = m_i$.

Portanto, demonstramos que $m'_i + m''_i \leq m_i$. Multiplicando cada membro da desigualdade por $t_i - t_{i-1} > 0$, obtemos $m'_i(t_i - t_{i-1}) + m''_i(t_i - t_{i-1}) \leq m_i(t_i - t_{i-1})$. Somando membro a membro, com $i = 1, 2, \ldots, n$, temos como resultado:

$$s(f;P) + s(g;P) \leq s(f+g;P) \qquad \text{(Equação 5.12)}$$

para toda partição P. Como

$$s(f+g;P) \leq \sup'_P \{s(f+g;P')\} = \underline{\int_a^b (f+g)(x)dx}. \qquad \text{(Equação 5.13)}$$

Logo, comparando as Equações 5.12 e 5.13, chegamos a

$$s(f;P) + s(g;P) \leq \underline{\int_a^b (f+g)(x)dx} \qquad \text{(Equação 5.14)}$$

para qualquer partição P.

Considerando, agora, as partições Q' e Q'', vemos que, de acordo com o Teorema 5.2,

$$s(f;Q') + s(g;Q'') \leq s(f;Q' \cup Q'') + s(g;Q' \cup Q''). \qquad \text{(Equação 5.15)}$$

Além disso, comparando as Equações 5.14 e 5.15, com $P = Q' \cup Q''$, obtemos

$$s(f;Q') + s(g;Q'') \leq \underline{\int_a^b (f+g)(x)dx}.$$

Utilizando o supremo em Q', chegamos a

$$\sup_{Q'} \{s(f;Q')\} + s(g;Q'') \leq \underline{\int_a^b (f+g)(x)dx}.$$

Igualmente, utilizando o supremo em Q'', obtemos

$$\sup_{Q'} \{s(f;Q')\} + \sup_{Q''} \{s(f;Q'')\} \leq \underline{\int_a^b (f+g)(x)dx}.$$

Portanto, pela definição de integral inferior, vemos que

$$\underline{\int_a^b f(x)dx} + \underline{\int_a^b g(x)dx} \leq \underline{\int_a^b (f+g)(x)dx}. \qquad \text{(Equação 5.16)}$$

Igualmente, utilizando as somas superiores, segue-se que

$$\overline{\int_a^b (f+g)(x)dx} \leq \overline{\int_a^b f(x)dx} + \overline{\int_a^b g(x)dx}. \qquad \text{(Equação 5.17)}$$

Por outro lado, de acordo com o Teorema 5.4, vemos que

$$\underline{\int_a^b (f+g)(x)dx} \leq \overline{\int_a^b (f+g)(x)dx}.$$

Logo, utilizando as Equações 5.16 e 5.17, derivamos que

$$\underline{\int_a^b f(x)dx} + \underline{\int_a^b g(x)dx} \le \underline{\int_a^b (f+g)(x)dx} \le \overline{\int_a^b (f+g)(x)dx} \le \overline{\int_a^b f(x)dx} + \overline{\int_a^b g(x)dx}.$$

Finalmente, como f e g são integráveis, segue-se, por definição, que

$$\int_a^b f(x)dx + \int_a^b g(x)dx \le \underline{\int_a^b (f+g)(x)dx} \le \overline{\int_a^b (f+g)(x)dx} \le \int_a^b f(x)dx + \int_a^b g(x)dx.$$

Portanto, a operação $f+g$ é integrável e

$$\int_a^b (f+g)(x)dx = \int_a^b f(x)dx + \int_a^b g(x)dx.$$

b) Sejam as funções f e g integráveis. Consideramos um número real R tal que $|f(x)| < R$ e $|g(x)| < R$, para todo $x \in [a,b]$, e uma partição $P = \{t_0, t_1, ..., t_n\}$ do intervalo $[a,b]$. Sejam também $m_i' = \inf\{f(x); x \in [t_{i-1}, t_i]\}$, $m_i'' = \inf\{g(x); x \in [t_{i-1}, t_i]\}$, $m_i = \inf\{(f+g)(x); x \in [t_{i-1}, t_i]\}$, $M_i' = \sup\{f(x); x \in [t_{i-1}, t_i]\}$, $M_i'' = \sup\{g(x); x \in [t_{i-1}, t_i]\}$ e $m_i = \sup\{(f+g)(x)' x \in [t_{i-1}, t_i]\}$, para cada $i = 1, 2, ..., n$.

Então, para todo $x, y \in [t_{i-1}, t_i]$, ocorre $|f(x)| \le M_i'$ e $|f(y)| \ge m_i'$, ou seja, $|f(x) - f(y)| \le |f(x)| - |f(y)| \le M_i' - m_i'$ e, igualmente, $|g(x) - g(y)| \le M_i'' - m_i''$. Portanto, para todo $x, y \in [t_{i-1}, t_i]$, adicionando e subtraindo $f(x)g(y)$, aplicando a desigualdade triangular e usando as propriedades de módulo, obtemos

$$|f(x)g(x) - f(y)g(y)| \le |f(x)g(x) - f(x)g(y) + f(x)g(y) - f(y)g(y)| \le$$
$$\le |f(x)(g(x) - g(y)) + g(y)(f(x) - f(y))| \le$$
$$\le |f(x)||g(x) - g(y)| + |g(y)||f(x) - f(y)| \le R(M_i'' - m_i'') + R(M_i' - m_i')$$

Portanto, $R(M_i'' - m_i'') + R(M_i' - m_i')$ é a cota superior do conjunto $\{|f(x)g(x) - f(y)g(y)|; x, y \in [t_{i-1}, t_i]\}$ e, logo, por definição, vemos que

$$\sup_{x, y \in [t_{i-1}, t_i]} \{|f(x)g(x) - f(y)g(y)|\} \le R(M_i'' - m_i'') + R(M_i' - m_i').$$

Mostramos, agora, que $M_i - m_i = \sup_{x, y \in [t_{i-1}, t_i]} \{|f(x)g(x) - f(y)g(y)|\}$.

De fato, dado $\varepsilon' > 0$, pela definição de supremo, vemos que existem $x, y \in [t_{i-1}, t_i]$ tais que $(fg)(x) > M_i - \dfrac{\varepsilon'}{2}$, $(fg)(y) < m_i + \dfrac{\varepsilon'}{2}$ e $(fg)(y) < (fg)(x)$, ou seja,

$$|f(x)g(x) - f(y)g(y)| \le (fg)(x) - (fg)(y) > M_i - \dfrac{\varepsilon'}{2} - m_i - \dfrac{\varepsilon'}{2} = M_i - m_i - \varepsilon'.$$

Assim, $M_i - m_i$ é a menor cota superior do conjunto $\{|f(x)g(x)-f(y)g(y)|; x,y \in [t_{i-1}, t_i]\}$. Como $R(M_i'' - m_i'') + R(M_i' - m_i')$ também é a cota superior do conjunto $\{|f(x)g(x)-f(y)g(y)|; x,y \in [t_{i-1}, t_i]\}$, por definição de ínfimo, obtemos a desigualdade:

$$M_i - m_i \leq R(M_i'' - m_i'') + R(M_i' - m_i').$$

Logo, multiplicando ambos os membros dessa desigualdade por $t_i - t_{i-1}$, chegamos a

$$(M_i - m_i)(t_i - t_{i-1}) \leq R((M_i'' - m_i'')(t_i - t_{i-1}) + (M_i' - m_i')(t_i - t_{i-1})).$$

Somando, de $i = 1$ a $i = n$, obtemos

$$S(fg; P) - s(fg; P) \leq R(S(f; P) - s(f; P) + S(g; P) - s(g; P)).$$

Finalmente, de acordo com o item "b" do Teorema 5.5, como f e g são integráveis, vemos que, para cada $\varepsilon > 0$, $S(f; P) - s(f; P) < \dfrac{\varepsilon}{2R}$ e $S(g; P) - s(g; P) < \dfrac{\varepsilon}{2R}$, obtemos

$$S(fg; P) - s(fg; P) \leq R(S(f; P) - s(f; P) + S(g; P) - s(g; P)) < R\left(\dfrac{\varepsilon}{2R} + \dfrac{\varepsilon}{2R}\right) = \varepsilon.$$

Portanto, novamente de acordo com o Teorema 5.5, deduzimos que a função fg é integrável.

c) Consideramos $g(x) = c$, com $c \in \mathbb{R}$. Então, pela demonstração da propriedade "b", vimos que cf é integrável. A igualdade

$$\int_a^b (cf)(x)dx = c\int_a^b f(x)dx$$

decorre considerando-se inicialmente $c \geq 0$ e uma partição $P = \{t_0, t_1, \ldots, t_m\}$. Definimos os valores de $M_i' = \sup\{f(x); x \in \{t_{i-1}, t_i\}\}$ e $M_i = \sup\{cf(x); x \in \{t_{i-1}, t_i\}\}$. Assim, para todo $x \in [t_{i-1}, t_i]$, ocorre

$$(cf)(x) = cf(x) \leq c\sup\{f(x); x \in \{t_{i-1}, t_i\}\} = cM_i',$$

Logo, cM_i' é a cota superior do conjunto $\{(cf)(x); x \in [t_{i-1}, t_i]\}$.

Continuando com a demonstração, como $M_i' = \sup\{f(x); x \in \{t_{i-1}, t_i\}\}$, dado $\varepsilon > 0$, existe $x \in [t_{i-1}, t_i]$ tal que $M_i' - \dfrac{\varepsilon}{c} \leq f(x)$ e, logo, multiplicando essa desigualdade por $c > 0$, obtemos $cM' - \varepsilon \leq cf(x)$, mostrando que cM' é a menor cota superior do conjunto $\{(cf)(x); x \in [t_{i-1}, t_i]\}$. Portanto, $M_i = cM_i'$.

Multiplicamos a igualdade por $t_i - t_{i-1}$, o que resulta em $M_i(t_i - t_{i-1}) = cM_i'(t_i - t_{i-1})$. Somando cada membro dessa igualdade, de $i = 1$ a n, chegamos a $S(cf; P) = cS(f; P)$. Além disso, utilizando o ínfimo entre todas as partições P, obtemos

$$\overline{\int_a^b} cf(x)dx = c\overline{\int_a^b} f(x)dx.$$

Finalmente, como as funções cf e f são integráveis, vemos que, para $c \geq 0$:

$$\int_a^b cf(x)dx = c\int_a^b f(x)dx.$$

De forma análoga, quando $c < 0$, podemos provar que $M_i' = cm_i$, o que resulta em

$$\underline{\int_a^b} cf(x)dx = c\overline{\int_a^b} f(x)dx \text{ e, como } cf \text{ e } f \text{ são integráveis, então:}$$

$$\int_a^b cf(x)dx = c\int_a^b f(x)dx.$$

d) Consideramos as partições $P_1 = \{t_0, t_1, \ldots, t_n\}$ de $[a, c]$ e $P_2 = \{t_n, t_{n+1}, \ldots, t_{n+m}\}$ de $[c, b]$. Vemos que $P = P_1 \cup P_2$ é uma partição de $[a, b]$. Consideramos $m_i = \inf\{f(x); x \in [t_{i-1}, t_i]\}$ e $M_i = \sup\{f(x); x \in [t_{i-1}, t_i]\}$, para $i = 1, 2, \ldots, n, n+1, \ldots, n+m$. Assim:

$$S(f; P) = M_1(t_1 - t_0) + \ldots + M_n(t_n - t_{n-1}) + M_{n+1}(t_{n+1} - t_n) + \ldots + M_{n+m}(t_{n+m} - t_{n+m-1}) =$$
$$= (M_1(t_1 - t_0) + \ldots + M_n(t_n - t_{n-1})) + (M_{n+1}(t_{n+1} - t_n) + \ldots + M_{n+m}(t_{n+m} - t_{n+m-1})) =$$
$$= S(f; P_1) + S(f; P_2).$$

Igualmente, vemos que $s(f; P) = s(f; P_1) + s(f; P_2)$ ou, de outra maneira:

$$\{S(f; P); P \text{ é partição de } [a, b]\} =$$
$$= \{S(f; P_1) + S(f; P_2); P_1 \text{ é partição de } [a, c] \text{ e } P_2 \text{ é partição de } [c, b]\}$$

e

$$\{s(f; P); P \text{ é partição de } [a, b]\} =$$
$$= \{s(f; P_1) + s(f; P_2); P_1 \text{ é partição de } [a, c] \text{ e } P_2 \text{ é partição de } [c, b]\}.$$

Agora, devemos provar que

$$\sup_{P \subset [a,b]} \{s(f; P)\} = \sup_{P_1 \subset [a,c]} \{s(f; P_1)\} + \sup_{P_2 \subset [c,b]} \{s(f; P_2)\}. \qquad \text{(Equação 5.18)}$$

De fato, pela definição de supremo, observamos, por um lado, que $s(f; P_1) \leq \sup_{P_1 \subset [a,c]} \{s(f; P_1)\}$

e $s(f; P_2) \leq \sup_{P_2 \subset [c,b]} \{s(f; P_2)\}$; somando essas duas expressões membro a membro, obtemos

$$s(f; P_1) + s(f; P_2) \leq \sup_{P_1 \subset [a,c]} \{s(f; P_1)\} + \sup_{P_2 \subset [c,b]} \{s(f; P_2)\}.$$

Segue-se que $\sup_{P_1 \subset [a,c]} \{s(f; P_1)\} + \sup_{P_2 \subset [c,b]} \{s(f; P_2)\}$ é a cota superior para o conjunto $\{s(f; P); P \text{ é partição de } [a, b]\}$.

Por outro lado, dado $\varepsilon > 0$, vemos que:

$$\sup_{P_1 \subset [a,c]} \{s(f;P_1)\} - \frac{\varepsilon}{2} < s(f;P_1) \text{ e } \sup_{P_1 \subset [a,c]} \{s(f;P_2)\} - \frac{\varepsilon}{2} < s(f;P_2),$$

Somando ambas as expressões, membro a membro, obtemos

$$\sup_{P_1 \subset [a,c]} \{s(f;P_1)\} + \sup_{P_2 \subset [a,c]} \{s(f;P_2)\} - \varepsilon < s(f;P_1) + < s(f;P_2),$$

demonstrando que $\sup_{P_1 \subset [a,c]} \{s(f;P_1)\} + \sup_{P_2 \subset [a,c]} \{s(f;P_2)\}$ é a menor cota superior do conjunto

$\{s(f;P); P \text{ é partição de} [a,b]\}$.

Assim, a Equação 5.18 é verdadeira.

De forma análoga, vemos que

$$\inf_{P \subset [a,b]} \{S(f;P)\} = \inf_{P_1 \subset [a,c]} \{S(f;P_1)\} + \inf_{P_2 \subset [c,b]} \{S(f;P_2)\}. \qquad \text{(Equação 5.19)}$$

Analisando as definições de integrais superiores e inferiores nas Equações 5.18 e 5.19, chegamos a:

$$\underline{\int_a^b f(x)dx} = \underline{\int_a^c f(x)dx} + \underline{\int_c^b f(x)dx}$$

e

$$\overline{\int_a^b f(x)dx} = \overline{\int_a^c f(x)dx} + \overline{\int_c^b f(x)dx}.$$

Como f é integrável, segue-se que

$$\overline{\int_a^c f(x)dx} - \underline{\int_a^c f(x)dx} = \underline{\int_c^b f(x)dx} - \overline{\int_c^b f(x)dx}. \qquad \text{(Equação 5.20)}$$

Finalmente, de acordo com o Teorema 5.4, vemos que $\underline{\int_c^b f(x)dx} - \overline{\int_c^b f(x)dx} \geq 0$ e

$\overline{\int_a^c f(x)dx} - \underline{\int_a^c f(x)dx} \leq 0$. Comparando ambas as expressões com a Equação 5.20, deduzimos

que ambos os membros têm valor zero, demonstrando que esta propriedade é válida.

e) Nesse caso, devemos provar inicialmente que a função $\frac{1}{g}$, com $0 < R < |g(x)|$ para todo $x \in [a,b]$, é integrável.

Dado $\varepsilon > 0$, definimos uma partição $P = \{t_0, t_1, \ldots, t_n\}$ tal que $\sum_{i=1}^{n}(M_i - m_i)(t_i - t_{i-1}) < R^2\varepsilon$, em que $m_i = \inf\{g(x); x \in [t_{i-1} - t_i]\}$ e $M_i = \inf\{g(x); x \in [t_{i-1} - t_i]\}$.

Então, para todo $x, y \in [t_{i-1}, t_i]$, utilizando as propriedades de módulos e as definições de supremo e ínfimo, além da limitação $|g(x)| > R$, obtemos

$$\left|\frac{1}{g(x)} - \frac{1}{g(y)}\right| = \frac{|g(y) - g(x)|}{|g(x)||g(y)|} \leq \frac{M_i - m_i}{R^2}. \qquad \text{(Equação 5.21)}$$

Portanto, $\dfrac{M_i - m_i}{R^2}$ é a cota superior do conjunto $\left\{\left|\dfrac{1}{g(x)} - \dfrac{1}{g(y)}\right|; x, y \in [t_{i-1}, t_i]\right\}$.

Pela definição de supremo, vemos que

$$\sup_{x,y \in [t_{i-1}, t_i]} \left|\frac{1}{g(x)} - \frac{1}{g(y)}\right| \leq \frac{M_i - m_i}{R^2}.$$

Consideramos, agora, que $m'_i = \inf\left\{\dfrac{1}{g(x)}; x \in [t_{i-1} - t_i]\right\}$ e $M'_i = \sup\left\{\dfrac{1}{g(x)}; x \in [t_{i-1} - t_i]\right\}$

e devemos demonstrar que $M'_i - m'_i = \sup\limits_{x, y \in [t_{i-1}, t_i]} \left|\dfrac{1}{g(x)} - \dfrac{1}{g(y)}\right|$.

Com efeito, sejam $x, y \in [t_{i-1}, t_i]$ tais que $m'_i \leq \dfrac{1}{g(y)} \leq \dfrac{1}{g(x)} \leq M'_i$. Logo, por um lado,

vemos que $\left|\dfrac{1}{g(x)} - \dfrac{1}{g(y)}\right| = \dfrac{1}{g(x)} - \dfrac{1}{g(y)} \leq M'_i - m'_i$, em que $M'_i - m'_i$ é a cota superior para

o conjunto $\left\{\left|\dfrac{1}{g(x)} - \dfrac{1}{g(y)}\right|; x, y \in [t_{i-1}, t_i]\right\}$.

Por outro lado, dado $\varepsilon' > 0$, vemos que existem $x, y \in [t_{i-1}, t_i]$ tais que $\dfrac{1}{g(x)} > M'_i - \dfrac{\varepsilon}{2}$ e

$\dfrac{1}{g(y)} > m'_i - \dfrac{\varepsilon}{2}$. Somando ambas as desigualdades membro a membro, obtemos

$$\left|\frac{1}{g(x)} - \frac{1}{g(y)}\right| \geq \frac{1}{g(x)} - \frac{1}{g(y)} > M'_i - \frac{\varepsilon}{2} + m'_i - \frac{\varepsilon}{2} = M'_i + m'_i - \varepsilon.$$

Assim, chegamos a $M'_i - m'_i = \sup\limits_{x, y \in [t_{i-1}, t_i]} \left|\dfrac{1}{g(x)} - \dfrac{1}{g(y)}\right|$ e, de acordo com a Equação 5.21,

vemos que $M'_i - m'_i \leq \dfrac{M_i - m_i}{R^2}$.

Portanto, existe uma partição P que satisfaz

$$S\left(\frac{1}{g}; P\right) - s\left(\frac{1}{g}; P\right) = \sum_{i=1}^{n}(M'_i - m'_i)(t_i - t_{i-1}) \leq \sum_{i=1}^{n}\frac{M_i - m_i}{R^2}(t_i - t_{i-1}) < \frac{R^2 \varepsilon}{R^2} = \varepsilon.$$

Isso implica, de acordo com o Teorema 5.5, que $\dfrac{1}{g}$ é integrável.

Finalmente, como f é integrável e $\dfrac{f}{g} = f\dfrac{1}{g}$, deduzimos, pela demonstração da propriedade "b", que $\dfrac{f}{g}$ é integrável.

f) Suponhamos que $f(x) \leq g(x)$, para todo $x \in [a,b]$, e que $P = \{t_0, t_1, ..., t_n\}$ seja uma partição arbitrária. Então, definindo $m_i = \inf\{f(x); t \in [t_{i-1}, t_i]\}$, $m_i' = \inf\{g(x); t \in [t_{i-1}, t_i]\}$, $M_i = \sup\{f(x); t \in [t_{i-1}, t_i]\}$ e $M_i' = \sup\{g(x); t \in [t_{i-1}, t_i]\}$, vemos que são satisfeitas as seguintes desigualdades: $m_i \leq m_i'$ e $M_i \leq M_i'$.

Multiplicamos cada membro dessas desigualdades por $t_i - t_{i-1}$, resultando em:

$$m_i(t_i - t_{i-1}) \leq m_i'(t_i - t_{i-1}) \quad \text{(Equação 5.23)}$$

e

$$M_i(t_i - t_{i-1}) \leq M_i'(t_i - t_{i-1}). \quad \text{(Equação 5.22)}$$

Finalmente, somando as Equações 5.22 e 5.23 membro a membro, com $i = 1$ a n, obtemos $s(f;P) \leq s(g;P)$ e $S(f;P) \leq S(g;P)$.

Logo, utilizando o supremo na Equação 5.19 e o ínfimo na Equação 5.20, sobre todas as partições de $[a,b]$, chegamos a

$$\sup_P\{s(f;P)\} \leq \sup_P\{s(g;P)\} \text{ e } \inf_P\{S(f;P)\} \leq \inf_P\{S(g;P)\}.$$

O que implica que $\int_a^b f(x)dx \leq \int_a^b g(x)x$.

g) Consideramos qualquer partição $P = \{t_0, t_1, ..., t_n\}$ de $[a,b]$ e os valores $m_i = \inf\{|f(x)|; t \in [t_{i-1}, t_i]\}$, $m_i' = \inf\{f(x); t \in [t_{i-1}, t_i]\}$, $M_i = \sup\{|f(x)|; t \in [t_{i-1}, t_i]\}$ e $M_i' = \sup\{f(x); t \in [t_{i-1}, t_i]\}$.

Devemos demonstrar, inicialmente, que $M_i - m_i \leq M_i' - m_i'$.

Com efeito, de acordo com o Teorema 1.18, vemos que $||f(x)| - |f(y)|| \leq |f(x) - f(y)|$, para todo $x, y \in [t_{i-1}, t_i]$. Disso, segue-se que $M_i - m_i \leq M_i' - m_i'$. Assim, multiplicamos essa desigualdade por $t_i - t_{i-1} > 0$ e a somamos membro a membro, resultando em:

$$S(|f|;P) - s(|f|;P) \leq S(f;P) - s(f;P).$$

Dado $\varepsilon > 0$, como f é integrável, observamos, por um lado, que existe uma partição P tal que

$$S(|f|;P) - s(|f|;P) \leq S(f;P) - s(f;P) < \varepsilon.$$

Portanto, deduzimos que $|f|$ é integrável.

Por outro lado, como $-|f(x)| \leq f(x) \leq |f(x)|$, para todo $x \in [a,b]$, vemos, pela demonstração da propriedade "f", que $-\int_a^b |f(x)|dx \leq \int_a^b f(x)dx \leq \int_a^b |f(x)|dx$, o que resulta em:

$$\left|\int_a^b f(x)dx\right| \leq \int_a^b |f(x)|dx.$$

Exemplo 5.9

De acordo com o Exemplo 5.5, vemos que $\int_0^2 g(x)dx = \dfrac{8}{3}$, em que $g(x) = x^2$; no Exemplo 5.7, vemos que $\int_0^2 f(x)dx = \dfrac{8}{3}$, em que $f(x) = \begin{cases} x^2, & \text{se } x \neq 2 \\ 5, & \text{se } x = 2. \end{cases}$

Então, segundo o Teorema 5.8, deduzimos que

$$\int_0^2 (f+g)(x)dx = \int_0^2 f(x)dx + \int_0^2 g(x)dx = \frac{8}{3} + \frac{8}{3} = \frac{16}{3},$$

e

$$\int_0^2 3f(x)dx = 3\int_0^2 f(x)dx = 3\frac{8}{3} = 8.$$

Os teoremas a seguir relacionam a integrabilidade à derivabilidade e são úteis para a demonstração do Teorema Fundamental do Cálculo.

Teorema 5.9

Se a função $f:[a,b] \to \mathbb{R}$ é integrável e contínua no ponto $x_0 \in [a,b]$, então a função $F:[a,b] \to \mathbb{R}$, definida por $F(x) = \int_a^x f(t)dt$, é derivável no ponto x_0 e $F'(x_0) = f(x_0)$.

Provamos, inicialmente, que F é derivável em x_0 com $F'(x_0) = f(x_0)$.

Consideramos $\varepsilon > 0$ e escolhemos $\delta > 0$ tal que $|x - x_0| < \delta$ e $x \in [a,b]$ impliquem que $|f(x) - f(x_0)| < \varepsilon$. Assim, se $0 < h < \delta$ e $x_0 + h \in [a,b]$, então, utilizando as propriedades de módulo, a propriedade "d" do Teorema 5.8 e $\int_{x_0}^{x_0+h} f(x_0)dt = f(x_0)h$, vemos que

$$\left| \frac{F(x_0+h) - F(x_0)}{h} - f(x_0) \right| = \left| \frac{F(x_0+h) - F(x_0)}{h} - \frac{hf(x_0)}{h} \right| = \frac{1}{h}|F(x_0+h) - F(x_0) - hf(x_0)| =$$

$$= \frac{1}{h}\left| \int_a^{x_0+h} f(t)dt - \int_a^{x_0} f(t)dt - hf(x_0) \right| =$$

$$= \frac{1}{h}\left| \int_a^{x_0} f(t)dt + \int_{x_0}^{x_0+h} f(t)dt - \int_a^{x_0} f(t)dt - \int_{x_0}^{x_0+h} f(x_0)dt \right| =$$

$$= \frac{1}{h}\left| \int_{x_0}^{x_0+h} (f(t) - f(x_0))dt \right|.$$

De acordo com a propriedade "g" do Teorema 5.8, obtemos:

$$\left| \frac{F(x_0+h) - F(x_0)}{h} - f(x_0) \right| \leq \frac{1}{h} \int_{x_0}^{x_0+h} |f(t) - f(x_0)|dt \leq \frac{1}{h}\varepsilon \cdot h = \varepsilon,$$

mostrando que $F'_+(x_0) = f(x_0)$. De maneira análoga, sabendo que $\delta < h < 0$, deduzimos que $F'_-(x_0) = f(x_0)$.
Portanto, $F'(x_0) = f(x_0)$.

Teorema 5.10
Se a função $f:[a,b] \to \mathbb{R}$ é contínua, então existe $F:[a,b] \to \mathbb{R}$ derivável e tal que $F' = f$.
Como a função f é contínua, logo, segundo o Teorema 5.6, ela é integrável.

Definindo a função auxiliar $F:[a,b] \to \mathbb{R}$ por $F(x) = \int_a^x f(t)dt$, vemos, de acordo com o Teorema 5.9, que F é derivável e $F'(x_0) = f(x_0)$ para todo $x_0 \in [a,b]$ ou, de forma equivalente, $F' = f$ em $[a,b]$.

Para a função $f:[a,b] \to \mathbb{R}$, uma função $F:[a,b] \to \mathbb{R}$ tal que $F' = f$ no intervalo $[a,b]$ é a **função primitiva** de f em $[a,b]$. Portanto, segundo o Teorema 5.10, a função definida por $F(x) = \int_a^x f(t)dt$ é uma função primitiva de f. Cabe ressaltar que f não é a única, uma vez que a função $G:[a,b] \to \mathbb{R}$, definida por $G(x) = F(x) + k$, com $k \in \mathbb{R}$, também satisfaz $G'(x) = F'(x) + 0 = F'(x) = f(x)$ para todo $x \in [a,b]$.

5.3 Teorema Fundamental do Cálculo

Vimos no Exemplo 5.5 que calcular o valor de uma integral, por definição e em geral, não é uma tarefa fácil. O Teorema Fundamental do Cálculo é uma ferramenta importante que auxilia nessa tarefa de uma maneira simples. É importante ressaltar que o Teorema Fundamental do Cálculo pode ser aplicado apenas a funções que possuem funções primitivas.

Teorema 5.11 – Teorema Fundamental do Cálculo
Se a função $f:[a,b] \to \mathbb{R}$ é integrável com primitiva $F:[a,b] \to \mathbb{R}$, então
$$\int_a^b f(x)dx = F(b) - F(a).$$

Consideramos a partição $P = \{t_0, t_1, \ldots, t_n\}$ do intervalo $[a,b]$, $m_i = \inf\{F'(x); x \in [t_{i-1}, t_i]\}$ e $M_i = \sup\{F'(x); x \in [t_{i-1}, t_i]\}$.
Segundo o Teorema 5.9, vemos que F é derivável.
Aplicamos o teorema do valor médio em todo intervalo $[t_{i-1}, t_i]$, sendo $i = 1, 2, \ldots, n$, para F', resultando em $F(t_i) - F(t_{i-1}) = F'(c_i)(t_i - t_{i-1})$, com $c_i \in (t_{i-1}, t_i)$. Logo, utilizando o valor de $n = 1, 2, \ldots, n$, chegamos a:

$$F(b) - F(a) = F(t_n) - F(t_0) = \sum_{i=1}^n F(t_i) - F(t_{i-1}) = \sum_{i=1}^n F'(c_i) \cdot (t_i - t_{i-1}).$$ **(Equação 5.24)**

Sabemos que $m_i \leq F'(c_i) \leq M_i$, uma vez que $c_i \in [t_{i-1}, t_i]$. Multiplicando todos os membros da desigualdade por $t_i - t_{i-1} > 0$, obtemos

$$m_i(t_i - t_{i-1}) \leq F'(c_i)(t_i - t_{i-1}) \leq M_i(t_i - t_{i-1}).$$

Somando essa fórmula membro a membro com os valores de $i = 1, 2, \ldots, n$, segue-se que

$$s(F'; P) \leq \sum_{i=1}^{n} F'(c_i)(t_i - t_{i-1}) \leq S(F'; P).$$

E, portanto, substituindo a fórmula acima na Equação 5.24, alcançamos o seguinte resultado:

$$s(F'; P) \leq F(b) - F(a) \leq S(F'; P).$$

Segue-se que $\sup_P \{s(F'; P)\} \leq F(b) - F(a)$ e $F(b) - F(a) \leq \inf_P \{S(F'; P)\}$, ou seja,

$$\underline{\int_a^b} F'(x)dx \leq F(b) - F(a) \text{ e } F(b) - F(a) \leq \overline{\int_a^b} F'(x)dx. \qquad \textbf{(Equação 5.25)}$$

Segundo o Teorema 5.9, vemos que F é derivável e, logo, usando o Teorema 4.2, notamos F é contínua, ou seja, de acordo com o Teorema 5.6, F é integrável. Assim,

$$\underline{\int_a^b} F'(x)dx = \overline{\int_a^b} F'(x)dx = \int_a^b F'(x)dx.$$

Portanto, substituindo essa fórmula na Equação 5.25, obtemos

$$\int_a^b F'(x)dx \leq F(b) - F(a) \leq \int_a^b F'(x)dx,$$

Ou seja:

$$\int_a^b F'(x)dx = F(b) - F(a).$$

Finalmente, por intermédio do Teorema 5.9, deduzimos que

$$\int_a^b f(x)dx = F(b) - F(a).$$

O **Teorema Fundamental do Cálculo** apresenta o resultado de uma integral definida de uma função f em um intervalo definido $[a, b]$, como pode ser visto no exemplo a seguir.

Exemplo 5.10

Sabemos, pelo Exemplo 4.1, que a função $f(x) = x^2$ tem função primitiva igual a $F'(x) = \dfrac{x^3}{3} + k$, com $k \in \mathbb{R}$. Portanto, pelo Teorema Fundamental do Cálculo, deduzimos que

$$\int_0^2 x^2 dx = F(2) - F(0) = \frac{2^3}{3} - \frac{0^3}{3} = \frac{8}{3}.$$

São consequências do Teorema Fundamental do Cálculo os métodos da integração por partes e da substituição, os quais estudaremos na sequência.

Teorema 5.12 – Integração por partes

Se as funções $f, g : [a, b] \to \mathbb{R}$ possuem, respectivamente, primitivas f' e g' integráveis, então:

$$\int_a^b f(t)g'(t)dt = f(b)g(b) - f(a)g(a) - \int_a^b f'(t)g(t)dt. \qquad \text{(Equação 5.26)}$$

Segundo o Teorema 4.3, vemos que

$$(fg)'(x) = f(x)g'(x) + f'(x)g(x),$$

em que fg é a função primitiva de $fg' + f'g$. Logo, utilizando o Teorema Fundamental do Cálculo, obtemos

$$\int_a^b (fg' + f'g)(t)dt = (fg)(b) - (fg)(a)$$

Ou seja, pela definição de soma e de produto de funções, segue-se que

$$\int_a^b \left(f(t)g'(t) + f'(t)g(t)\right)dt = f(b)g(b) - f(a)g(a).$$

Lançando mão do Teorema 5.8, chegamos à Equação 5.26:

$$\int_a^b f(t)g'(t)dt + \int_a^b f'(t)g(t)dt = f(b)g(b) - f(a)g(a).$$

Exemplo 5.11

Calcular a integral $\int_0^1 xe^x \, dx$.

Pelo método da integração por partes, vemos que

$$\int_0^1 xe^x dx = f(b)g(b) - f(a)g(a) - \int_a^b f'(t)g(t)dt.$$

Definimos $f(x) = x$ e $g(x) = e^x$. Pelos Exemplos 4.1 e 4.5, deduzimos que $f'(x) = 1$ e $g'(x) = e^x$.

Portanto, utilizando a Equação 5.26 e o Teorema Fundamental do Cálculo, chegamos ao seguinte resultado:

$$\int_0^1 xe^x dx = 1 \cdot e^1 - 0 \cdot e^0 - \int_0^1 1 \cdot e^x dx = e - \int_0^1 e^x dx = e - (e^1 - e^0) = e^0 = 1.$$

> **Teorema 5.13 – Método da substituição**
>
> Se a função $f:[a,b] \to \mathbb{R}$ é contínua e a função $g:[c,d] \to \mathbb{R}$ possui derivada contínua tal que a imagem de g está contida no intervalo $[a,b]$, isto é, $f \in C^0[a,b], g \in C^1[c,d]$ e $g([c,d]) \subset [a,b]$, então vale o método de substituição:
>
> $$\int_{g(c)}^{g(d)} f(x)dx = \int_c^d f(g(t))g'(t)dt.$$
>
> Para essa demonstração, partimos da hipótese que diz que a função f é contínua. Assim, de acordo com o Teorema 5.6, notamos que f é integrável. Logo, pelo Teorema Fundamental do Cálculo, por um lado, segue-se que
>
> $$\int_{g(c)}^{g(d)} f(x)dx = F(g(d)) - F(g(c)), \quad \text{(Equação 5.27)}$$
>
> em que $F' = f$.
>
> Por outro lado, segundo o teorema da regra da cadeia, observamos que
>
> $$(F \circ g)'(t) = F'(g(t))g'(t) = f(g(t))g'(t), \quad \text{(Equação 5.28)}$$
>
> uma vez que $F' = f$.
>
> Portanto, utilizando as Equações 5.27 e 5.28, obtemos
>
> $$\int_{g(c)}^{g(d)} f(x)dx = F(g(d)) - F(g(c)) = \int_c^d (F \circ g)'(t)dt = \int_c^d f(g(t))g'(t)dt.$$

Exemplo 5.12

Calcular a integral $\int_0^1 e^{2x}dx$.

Inicialmente, consideramos $f(x) = e^x$ e $g(x) = 2x$, com $c = 0$ e $d = 1$. Assim, $f(g(t)) = f(2x) = e^{2x}$, $g'(x) = 2$.

Portanto, segundo os Teoremas 5.8 e 5.13 e o Teorema Fundamental do Cálculo, obtemos

$$\int_0^1 e^{2x}dx = \frac{1}{2}\int_0^1 2e^{2x}dx = \frac{1}{2}\int_0^2 e^x dx = \frac{1}{2}(e^2 - e^0) = \frac{e^2 - 1}{2},$$

sendo que utilizamos $g(0) = 2 \cdot 0 = 0$ e $g(1) = 2 \cdot 1 = 2$.

5.4 Integrais impróprias

Até o presente momento, desenvolvemos propriedades de funções definidas em intervalos fechados e limitados, isto é, $f:[a,b] \to \mathbb{R}$. A partir de agora, abordaremos conceitos envolvendo integrais de funções ilimitadas definidas em intervalos da forma $(a,b]$, $[a,b)$ e (a,b), em que a e b são números reais ou de funções definidas em intervalos da forma $(-\infty, a]$, $(-\infty, a)$, $[a, +\infty)$, $(a, +\infty)$ ou $(-\infty, +\infty)$. O teorema fundamental dessa teoria é demonstrado a seguir.

Teorema 5.14

Dada a função $f:(a,b] \to \mathbb{R}$ limitada, com $a, b \in \mathbb{R}$. Se em cada ponto $c \in (a,b]$ a função f é integrável em $[c,b]$, então a função $f:[a,b] \to \mathbb{R}$ é integrável, independentemente do valor de $f(a)$, e satisfaz a seguinte igualdade:

$$\int_a^b f(x)dx = \lim_{c \to a^+} \int_c^b f(x)dx.$$

Para demonstrar esse teorema, consideramos f limitada pela constante R no intervalo $[a,b]$, isto é, $|f(x)| \leq R$ para todo $x \in [a,b]$. Seja $\varepsilon > 0$, escolhemos $c \in (a,b]$ que satisfaça $c - a < \dfrac{\varepsilon}{4R}$. Como f é integrável em $[c,b]$, logo, segundo o Teorema 5.5, existe uma partição $P = \{t_0, t_1, \ldots, t_n\}$ do intervalo $[c,b]$ satisfazendo $S(f;P) - s(f;P) < \dfrac{\varepsilon}{2}$.

Portanto, existe uma partição $Q = \{a, t_0, t_1, \ldots, t_n\}$ do intervalo $[a,b]$ tal que

$$S(f;Q) - s(f;Q) = \sup\{f(x); x \in [a,c]\}(c-a) - \inf\{f(x); x \in [a,c]\}(c-a) +$$
$$+ S(f;P) - s(f;P) \leq R(c-a) + R(c-a) + S(f;P) - s(f;P) < R\frac{\varepsilon}{4R} + R\frac{\varepsilon}{4R} + \frac{\varepsilon}{2} = \varepsilon.$$

De acordo com o Teorema 5.5, notamos que $f:[a,b] \to \mathbb{R}$ é integrável. Definimos, então, a função $F:[a,b] \to \mathbb{R}$ por $F(x) = \int_x^b f(t)dt$.

Mostramos, agora, que F é contínua à direita de a.

De fato, seja $\varepsilon > 0$, logo existe $\delta = \dfrac{\varepsilon}{\max\limits_{s \in [a,x]} |f(s)|} > 0$ tal que $0 < x - a < \delta$ resulta, segundo o

Teorema 5.8, na limitação $|f(t)| \leq \max\limits_{s \in [a,x]} |f(s)|$. Calculando a integral $\int_a^x dt = x - a$, chegamos a:

$$|F(x) - F(a)| = \left|\int_x^b f(t)dt - \int_a^b f(t)dt\right| = \left|\int_x^b f(t)dt + \int_b^a f(t)dt\right| = \left|\int_a^x f(t)dt\right| \leq \int_a^x |f(t)|dt \leq$$

$$\leq \int_a^x \max\limits_{s \in [x,x_0]} |f(s)|dt = \max\limits_{s \in [x,x_0]} |f(s)|(x-a) < \varepsilon.$$

Logo, a função F é contínua à direita de a.

Portanto, por definição, vemos que:

$$F(a) = \lim_{x \to a^+} F(x) = \lim_{x \to a^+} \int_x^b f(t)dt.$$

Podemos aplicar o Teorema 5.14 quando não existir o valor $f(a)$ e desde que f seja contínua e limitada em todo intervalo $(a + \varepsilon, b]$ para todo $\varepsilon \in (0, b - a)$ e, em particular, quando f for contínua no intervalo $(a, b]$ e a imagem de f for $+\infty$ ou $-\infty$.

Seja $f:(a,b] \to \mathbb{R}$ ilimitada e contínua no intervalo $(a,b]$. Definimos, assim a integral imprópria de f como sendo o limite:

$$\int_a^b f(x)dx = \lim_{\varepsilon \to 0^+} \int_{a+\varepsilon}^b f(x)dx. \qquad \text{(Equação 5.29)}$$

Podemos demonstrar resultado análogo ao do Teorema 5.14: se a função $f:[a,b) \to \mathbb{R}$ é limitada, com $a,b \in \mathbb{R}$, e em cada ponto $c \in [a,b)$ a função f é integrável em $[a,c,]$, então a função $f:[a,b] \to \mathbb{R}$ é integrável, independentemente do valor de $f(b)$, e satisfaz o limite:

$$\int_a^b f(x)dx = \lim_{c \to b^-} \int_a^c f(x)dx.$$

Da mesma forma, quando $f:[a,b) \to \mathbb{R}$ é ilimitada e contínua em $[a,b)$, definimos a integral imprópria de f como sendo o limite:

$$\int_a^b f(x)dx = \lim_{\varepsilon \to 0^+} \int_a^{b-\varepsilon} f(x)dx. \qquad \text{(Equação 5.30)}$$

Além disso, quando $f:(a,b) \to \mathbb{R}$ é ilimitada e contínua em (a,b), definimos a integral imprópria de f como sendo (quando existe) o limite:

$$\int_a^b f(x)dx = \lim_{\varepsilon \to 0^+} \int_{a+\varepsilon}^c f(x)dx + \lim_{\varepsilon \to 0^+} \int_c^{b-\varepsilon} f(x)dx, \qquad \text{(Equação 5.31)}$$

em que c é qualquer ponto no intervalo (a,b).

Quando os limites expressos nas Equações 5.29, 5.30 e 5.31 existem, a integral indefinida é **convergente**; caso contrário, a integral imprópria é **divergente**.

Exemplo 5.13

Seja $f(x) = \begin{cases} x^2, & \text{se } x \neq 2 \\ 5, & \text{se } x = 2. \end{cases}$

Então, $F(x) = \dfrac{x^3}{3}$ é a função primitiva de f para $x \neq 2$, pois, de acordo com o Exemplo 4.1, $F'(x) = \dfrac{3x^2}{3} = x^2$.

Portanto, pelo Teorema Fundamental do Cálculo, vemos que

$$\int_0^2 f(x)dx = \lim_{\varepsilon \to 0^+} \int_0^{2-\varepsilon} x^2 dx = \lim_{t \to +\infty} \left(F(2-\varepsilon) - F(0)\right) = \lim_{\varepsilon \to 0^+} \left(\frac{(2-\varepsilon)^3}{3} - \frac{0^3}{3}\right) =$$

$$= \lim_{\varepsilon \to 0^+} \frac{8 - 12\varepsilon + 6\varepsilon^2 - \varepsilon^3}{3} - 0 = \lim_{\varepsilon \to 0^+} \frac{8}{3} - \lim_{\varepsilon \to 0^+} \frac{12\varepsilon}{3} + 6\lim_{\varepsilon \to 0^+} \frac{6\varepsilon^2}{3} - \lim_{\varepsilon \to 0^+} \frac{\varepsilon^3}{3} = \frac{8}{3} - 0 + 0 - 0 = 1.$$

Outros tipos de integrais impróprias ocorrem quando há funções definidas em intervalos ilimitados.

Seja $f:[a,+\infty) \to \mathbb{R}$ uma função contínua no intervalo $[a,+\infty]$. Definimos a integral imprópria de f como sendo o limite:

$$\int_a^{+\infty} f(x)dx = \lim_{t \to +\infty} \int_a^t f(x)dx. \qquad \text{(Equação 5.32)}$$

De maneira semelhante, quando $f:(-\infty, b] \to \mathbb{R}$ é uma função contínua em $(-\infty, b]$, definimos a integral imprópria de f como sendo o limite:

$$\int_{-\infty}^b f(x)dx = \lim_{t \to -\infty} \int_t^b f(x)dx. \qquad \text{(Equação 5.33)}$$

E, ainda, quando $f:(-\infty,+\infty) \to \mathbb{R}$ é uma função contínua em R, definimos a integral imprópria de f como sendo o limite:

$$\int_{-\infty}^{+\infty} f(x)dx = \lim_{t \to -\infty} \int_t^c f(x)dx + \lim_{t \to +\infty} \int_c^t f(x)dx, \qquad \text{(Equação 5.34)}$$

em que c é qualquer número real.

Quando os limites expressos pelas Equações 5.32, 5.33 e 5.34 existem, a integral indefinida é **convergente**; caso contrário, a integral imprópria é **divergente**.

Exemplo 5.14

Para a função $f(x) = \dfrac{1}{x^2}$, vemos que $F(x) = -\dfrac{1}{x}$ é a sua função primitiva, pois, segundo o Teorema 4.3, $F'(x) = -\left(\dfrac{0 \cdot x - 1 \cdot 1}{x^2}\right) = \dfrac{1}{x^2}$. Portanto, de acordo com o Teorema Fundamental do Cálculo:

$$\int_1^{+\infty} \frac{1}{x^2}dx = \lim_{t \to +\infty} \int_1^t \frac{1}{x^2}dx = \lim_{t \to +\infty}\left(F(t) - F(1)\right) = \lim_{t \to +\infty}\left(\left(-\frac{1}{t}\right) - \left(-\frac{1}{1}\right)\right) = \lim_{t \to +\infty}\left(-\frac{1}{t} + 1\right) = 0 + 1 = 1.$$

> **Para saber mais**
>
> IMPA – Instituto Nacional de Matemática Pura e Aplicada. **Análise na reta**: aula 14. Professor Elon Lages Lima. 3 fev. 2015j. Disponível em: <http://www.youtube.com/watch?v=bnTsIGj6NZc&index=14&list=PLDf7S31yZaYxQdfUX8GpzOdeUe2KS93wg>. Acesso em: 13 fev. 2017.
>
> IMPA – Instituto Nacional de Matemática Pura e Aplicada. **Análise na reta**: aula 15. Professor Elon Lages Lima. 3 fev. 2015k. Disponível em: <http://www.youtube.com/watch?v=yHn2zhrNRWc&index=15&list=PLDf7S31yZaYxQdfUX8GpzOdeUe2KS93wg>. Acesso em: 13 fev. 2017.
>
> Nos vídeos acima, continuações da aula sobre a reta, são repassadas mais informações sobre a teoria de integração de funções.

Síntese

Neste capítulo, definimos a integral de Riemann em um intervalo como sendo o valor da integral superior ou da integral inferior nesse intervalo quando eles coincidem. Vimos que a integral superior e a integral inferior de um intervalo são definidas, respectivamente, pela menor soma superior e pela maior soma inferior, variando todas as partições desse intervalo.

Compreendemos que a interpretação geométrica do valor de uma integral é a área entre o seu gráfico e o eixo das abscissas (x) no intervalo de integração. Demonstramos alguns resultados de integrabilidade que garantem que as funções contínuas e as funções monótonas são integráveis. Além disso, estudamos que as funções resultantes das operações de adição, de multiplicação e de divisão envolvendo funções de integráveis também são integráveis, assim como a multiplicação por um escalar e o módulo de uma função integrável também o são.

Apresentamos o Teorema Fundamental do Cálculo e vimos que ele relaciona a integrabilidade à derivabilidade: toda função que tem uma função primitiva é integrável e sua integral em um determinado intervalo é a diferença entre a avaliação da função da primitiva no extremo superior do intervalo e a sua avaliação no extremo inferior.

Por fim, com o estudo sobre o uso do Teorema Fundamental do Cálculo, demos rigor matemático aos métodos de integração por partes e por substituição.

Atividades de autoavaliação

1) Sobre somas parciais de funções, assinale a afirmativa correta:
   a. A soma superior $S(f;P)$ é sempre maior que a soma inferior $s(f;P)$, para qualquer partição P e para qualquer função f.
   b. A soma superior $S(f;P)$ nunca é menor que a soma inferior $s(f;P)$, para qualquer partição P e para qualquer função f.
   c. A soma superior é sempre positiva.
   d. Dadas as partições P e Q, diferentes entre si, sempre ocorre que $s(f;P) < s(f;Q)$ ou $s(f;Q) < s(f;P)$, para qualquer função f.

2) Sobre a integrabilidade de uma função f em um intervalo (a, b), podemos afirmar que
   a. A integral superior é sempre igual à integral inferior.
   b. Se existe $\varepsilon > 0$ e uma partição $P = \{t_0, t_1, ..., t_n\}$ para o intervalo $[a, b]$ tal que $S(f;P) - s(f;P) < \varepsilon$, então a função f é integrável.

c. Uma função é integrável quando a sua integral superior e a sua integral inferior são diferentes.
d. Se, para todo $\varepsilon > 0$, existe uma partição $P = \{t_0, t_1, ..., t_n\}$ para o intervalo $[a, b]$ tal que $S(f;P) - s(f;P) <$, então a função f é integrável.

3) Em relação à integrabilidade de funções arbitrárias, assinale a afirmativa correta:
   a. Toda função integrável é contínua.
   b. Toda função integrável é monótona.
   c. Apenas funções contínuas são integráveis.
   d. O valor da integral de f no intervalo (a, b) representa a área entre o eixo x e o gráfico de f em (a, b).

4) Sobre as integrabilidades impróprias, assinale a afirmativa correta:
   a. A integral da soma de funções integráveis no intervalo $(a, b]$ é a soma das integrais no intervalo $(a, b]$.
   b. A integral do produto de funções integráveis no intervalo $(-\infty, b]$ é o produto das integrais no intervalo $(-\infty, b]$.
   c. Sempre existe a integral imprópria.
   d. Existe a integral da função f no intervalo $(-\infty, b]$ quando existe $a < b$ tal que f é integrável em $[a, b]$.

5) Em relação ao Teorema Fundamental do Cálculo, assinale a afirmativa correta:
   a. Pode ser aplicado a todas as funções.
   b. Tem fórmula dada pelo método da substituição.
   c. Não é utilizado na demonstração do método da integração por partes.
   d. Expressa uma fórmula simples para o cálculo da integral de funções que possuem primitivas em um intervalo.

Atividades de aprendizagem

1) Calcule as somas superiores e as somas inferiores da função $f(x) = x^3$ no intervalo $(0, 3)$ de acordo com a partição $P = \left\{\dfrac{3i}{n}; i = 0, 1, 2, ...n\right\}$.

2) Prove que a função $f(x) = x^3$ é integrável e calcule o seu valor no intervalo $(1, 3)$.

3) Faça um esquema sobre a integrabilidade de funções discriminando as condições para que uma determinada função limitada f seja integrável.

O objetivo deste capítulo é apresentar as sequências de funções e diferenciar a convergência simples da convergência uniforme com base no estudo das principais propriedades da convergência uniforme.

Além disso, discutimos as séries de funções e desenvolvemos a teoria para justificar as séries importantes que definem as funções exponenciais, logarítmicas e trigonométricas – como o seno e o cosseno.

As referências básicas deste capítulo são Rudin (1971), Iezzi e Murakami (1977), Leithold (1994), Bartle e Sherbert (2000), Lima (2004; 2006) e Ávila (2005).

6
Sequências e séries de funções

6.1 Convergência simples e convergência uniforme

Quando trabalhamos com sequências de funções, lidamos com as sequências numéricas $(f_n(x))$, que consistem nas imagens das funções f_n para cada x fixo pertencente aos domínios $D(f_n)$. Além disso, para as sequências de funções, há duas noções de convergência: a simples e a uniforme.

Uma sequência de funções (f_n), com $f_n : X \to \mathbb{R}$, **converge simplesmente** para uma função $f : X \to \mathbb{R}$ quando, para todo elemento $x \in X$, a sequência numérica das imagens $(f_n(x)) \subset \mathbb{R}$ converge para o número $f(x) \in \mathbb{R}$. Isto é, para cada $x \in X$ fixo, dado $\varepsilon > 0$, existe $N > 0$ tal que $n > N$. Assim, $|f_n(x) - f(x)| < \varepsilon$. Observamos que o valor de N encontrado depende dos valores dados para ε e x. Nessa situação, escrevemos $f_n \to f$ e dizemos que f_n *converge simplesmente para f*.

Geometricamente, para cada ponto $x \in X$, a convergência de funções ocorre como a convergência numérica demonstrada na Figura 2.2.

Exemplo 6.1

A sequência de função (f_n), com $f_n : \mathbb{R} \to \mathbb{R}$ e definida por $f_n(x) = \dfrac{x}{n}$, converge simplesmente para a função $f : \mathbb{R} \to \mathbb{R}$ definida por $f(x) = 0$.

De fato, fixado que $x \in \mathbb{R}^*$, então para qualquer $\varepsilon > 0$ existe $N = \dfrac{|x|}{\varepsilon} > 0$ tal que $n > N$ ou, de forma equivalente, $\dfrac{1}{n} < \dfrac{\varepsilon}{|x|}$, resultando em

$$|f_n(x) - f(x)| = \left|\frac{x}{n} - 0\right| = \frac{|x|}{n} < |x|\frac{\varepsilon}{|x|} = \varepsilon.$$

Quando $x = 0$, vemos que (f_n) é a sequência constante igual a zero e, logo, converge para $f(0) = 0$.

Portanto, (f_n) converge simplesmente para $f(x) = 0$.

De acordo com o Exemplo 6.1, observamos que o valor N depende dos valores ε e x dados. Uma convergência mais rigorosa é a convergência uniforme que impõe a N que dependa apenas do valor de ε.

Uma sequência de funções (f_n), com $f_n : X \to \mathbb{R}$, **converge uniformemente** para uma função $f : X \to \mathbb{R}$ quando, dado $\varepsilon > 0$, existe $N > 0$ tal que $n > N$ implique que $|f_n(x) - f(x)| < \varepsilon$ para todo $x \in X$. Observamos que, nessa convergência, o valor de N a ser encontrado deve depender apenas do valor de ε, pois essa definição deve ser satisfeita para todo $x \in X$.

Geometricamente, uma sequência de funções (f_n) converge uniformemente para uma função f quando, dado $\varepsilon > 0$, ocorre que, a partir de um $N > 0$, todas as funções $f_n(x)$, com $n > N$, estão compreendidas no intervalo $(f(x) - \varepsilon, f(x) + \varepsilon)$ para todo $x \in X$, ou seja, $f(x) - \varepsilon < f_n(x) < f(x) + \varepsilon$ para todo $n > N$ e $x \in X$, como podemos ver na Figura 6.1, a seguir.

Figura 6.1 – Convergência uniforme

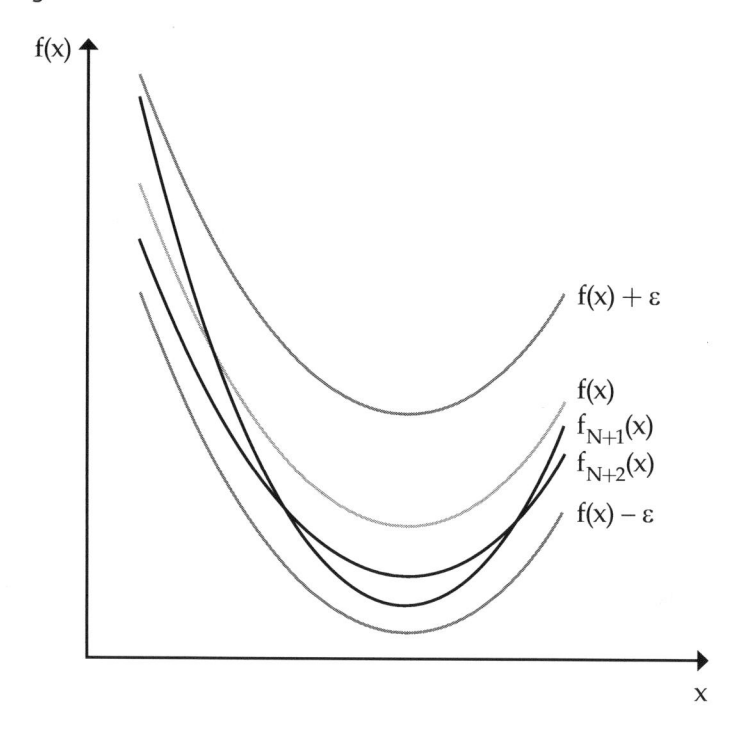

Exemplo 6.2

A sequência de função (f_n), com $f_n : [1,3] \to \mathbb{R}$ e definida por $f_n(x) = \dfrac{x}{n}$, converge uniformemente para a função $f : [1,3] \to \mathbb{R}$, definida por $f(x) = 0$.

De fato, determinado que $x \in [1,3]$, então, para qualquer $\varepsilon > 0$, existe $N = \dfrac{3}{\varepsilon} > 0$ tal que $n > N$, ou, de forma equivalente, $\dfrac{1}{n} < \dfrac{\varepsilon}{3}$, resultando em:

$$|f_n(x) - f(x)| = \left|\dfrac{x}{n} - 0\right| = \dfrac{|x|}{n} < 3\dfrac{\varepsilon}{3} = \varepsilon,$$

em que utilizamos $x \in [1,3]$ na limitação $|x| < 3$.

Observamos que a única diferença entre os Exemplos 6.1 e 6.2 é que ambas as funções f_n são definidas em um intervalo limitado, o qual faz toda a diferença ao retirarmos a dependência de N do ponto x utilizando a limitação do intervalo.

A seguir, apresentamos as propriedades da convergência uniforme.

6.2 Propriedades da convergência uniforme

A primeira propriedade notável da convergência uniforme é aquela que a relaciona às sequências de Cauchy. Como vimos no Capítulo 2, uma sequência de funções (f_n), com $f_n : X \to \mathbb{R}$, é uma **sequência de Cauchy** quando, para todo $\varepsilon > 0$, existe um $N > 0$ tal que $m, n > N$ implicam que $|f_n(x) - f_m(x)| < \varepsilon$ para todo $x \in X$. Notamos que o valor de N nessa definição não depende do ponto $x \in X$. Em outras palavras, para todo $x \in X$, existe um único N tal que cada sequência numérica $(f_n(x))$ é uma sequência de Cauchy.

Exemplo 6.3

A sequência de funções (f_n), com $f : [1, 3] \to \mathbb{R}$ e definida por $f_n(x) = \dfrac{x}{n}$, é uma sequência de Cauchy.

De fato, se $\varepsilon > 0$ e $x \in [1, 3]$, então existe $N = \dfrac{6}{\varepsilon} > 0$ tal que $n > m > N$ (e, portanto, $\dfrac{|x|}{n} < \dfrac{|x|}{m} < \dfrac{\varepsilon}{6}$) implicam, utilizando a desigualdade triangular, que

$$|f_n(x) - f_m(x)| = \left|\dfrac{x}{n} - \dfrac{x}{m}\right| \leq \left|\dfrac{x}{n}\right| + \left|-\dfrac{x}{m}\right| = \dfrac{|x|}{n} + \dfrac{|x|}{m} < \dfrac{|x|}{m} + \dfrac{|x|}{m} = \dfrac{2|x|}{m} < \dfrac{2 \cdot 3}{m} = \dfrac{6}{m} < \varepsilon.$$

O teorema a seguir demonstra a relação entre a convergência uniforme e as sequências de Cauchy.

Teorema 6.1

Seja (f_n) uma sequência de funções, com $f_n : X \to \mathbb{R}$. Nesse caso, (f_n) é uniformemente convergente se e somente se for uma sequência de Cauchy.

($\Rightarrow$) Inicialmente, supomos que a sequência (f_n) é uma sequência uniformemente convergente para uma função f e demonstramos que ela também é uma sequência de Cauchy.

Consideramos $\varepsilon > 0$. Como f_n converge uniformemente para f, vemos que, para todo $x \in X$, existe $N > 0$ tal que $n > N$ resulta em

$$|f_n(x) - f(x)| < \dfrac{\varepsilon}{2}. \qquad \text{(Equação 6.1)}$$

De modo semelhante, quando $m > N$, vale

$$|f_m(x) - f(x)| < \dfrac{\varepsilon}{2}. \qquad \text{(Equação 6.2)}$$

Portanto, existe N > 0 tal que, para m, n > N, quando somamos e subtraímos $f(x)$ e usamos a desigualdade triangular e as Equações 6.1 e 6.2, obtemos o seguinte resultado:

$$|f_n(x) - f_m(x)| = |f_n(x) - f(x) + f(x) - f_m(x)| \leq |f_n(x) - f(x)| + |f(x) - f_m(x)| < \frac{\varepsilon}{2} + \frac{\varepsilon}{2} = \varepsilon,$$

demonstrando que (f_n) é, de fato, uma sequência de Cauchy.

($\Leftarrow$) Supomos, agora, que a sequência (f_n) é uma sequência de Cauchy e demonstramos que ela também é uniformemente convergente para uma função f.

Consideramos $\varepsilon > 0$. Como (f_n) é uma sequência de Cauchy, para cada ponto $x \in X$, a sequência de números reais $(f_n(x))$ também é uma sequência de Cauchy.

Segundo o Teorema 2.8, vemos que a sequência $(f_n(x))$ é convergente, digamos, para $f(x)$. Assim, definimos uma função $f : X \to \mathbb{R}$ em que, para cada $x \in X$, utilizamos $f(x) = \lim_{n \to \infty} f_n(x)$. Dessa maneira, a função f está bem definida, pois a sequência $(f_n(x))$ é convergente para todo $x \in X$. Como (f_n) é uma sequência de Cauchy, existe $N > 0$ tal que $m, n > N$ resultam em $|f_n(x) - f_m(x)| < \frac{\varepsilon}{2}$. Ou ainda, usando o limite em $m \to +\infty$, segue-se que $|f_n(x) - f(x)| \leq \frac{\varepsilon}{2}$. Assim, existe $N > 0$ tal que $n > N$ implica que $|f_n(x) - f(x)| < \varepsilon$.

Portanto, (f_n) converge uniformemente para f.

Observamos que o Teorema 6.1 prova que toda sequência de Cauchy é uniformemente convergente, mas não expressa qual é o seu limite, como podemos ver no exemplo a seguir.

Exemplo 6.4

De acordo com o Exemplo 6.3, a sequência de funções (f_n), com $f_n : [1, 3] \to \mathbb{R}$ e definida por $f_n(x) = \frac{x}{n}$, é de Cauchy e, segundo o Exemplo 6.2 e o Teorema 6.1, converge uniformemente.

No próximo teorema, demonstramos que o limite de uma sequência de funções contínuas que convergem uniformemente também é uma função contínua. Para isso, provamos que a continuidade pontual em um ponto arbitrário pertence a todo o domínio $D(f_n)$, com $n \in \mathbb{N}$.

Teorema 6.2

Seja (f_n) uma sequência de funções, com $f_n : X \to \mathbb{R}$, que converge uniformemente para uma função $f : X \to \mathbb{R}$. Se cada função f_n é contínua em um ponto $x_0 \in X$, então a função f é contínua em x_0.

Consideramos $\varepsilon > 0$. Como (f_n) converge uniformemente para f, então, por definição, existe $N > 0$ tal que $n > N$ implica que

$$|f_n(x) - f(x)| < \frac{\varepsilon}{3} \qquad \text{(Equação 6.3)}$$

para todo $x \in X$. Notamos que, em particular, vale:

$$|f_n(x_0) - f(x_0)| < \frac{\varepsilon}{3} \qquad \text{(Equação 6.4)}$$

para n > N. Fixando que n > N, vemos, por hipótese, que f_n é contínua em x_0 e, logo, por definição, existe $\delta > 0$ tal que $|x - x_0| < \delta$ e $x \in X$ implicam que

$$|f_n(x) - f(x_0)| < \frac{\varepsilon}{3}.$$ (Equação 6.5)

Assim, existe $\delta > 0$ tal que $|x - x_0| < \delta$ e $x \in X$, com os quais, somando e subtraindo $f_n(x)$ e $f_n(x_0)$, aplicando a desigualdade triangular e usando as Equações 6.3, 6.4 e 6.5, obtemos

$$|f(x) - f(x_0)| = |f(x) - f_n(x) + f_n(x) - f_n(x_0) + f_n(x_0) - f(x_0)| \leq$$
$$\leq |f(x) - f_n(x)| + |f_n(x) - f_n(x_0)| + |f_n(x_0) - f(x_0)| < \frac{\varepsilon}{3} + \frac{\varepsilon}{3} + \frac{\varepsilon}{3} = \varepsilon.$$

Portanto, f é contínua em x_0.

Exemplo 6.5

No Exemplo 6.2, vimos que a sequência de funções (f_n), com $f_n : [1, 3] \to \mathbb{R}$ e definida por $f_n(x) = \frac{x}{n}$, converge uniformemente para $f(x) = 0$, definida no intervalo $[1, 3]$. Observamos que cada função f_n é contínua em todo o domínio. Então, de acordo com o Teorema 6.2, percebemos que a função limite f é contínua no intervalo $[1, 3]$, e isso pode ser verificado uma vez que f é identicamente nula.

O próximo teorema relaciona a convergência uniforme à integrabilidade, demonstrando que, quando uma sequência de funções integráveis converge uniformemente para uma função, esta é integrável e a sua integral é igual ao limite das integrais das funções da sequência que converge para ela.

Teorema 6.3

Seja (f_n) uma sequência de funções, com $f_n : [a, b] \to \mathbb{R}$, que converge uniformemente para uma função $f : [a, b] \to \mathbb{R}$. Se cada função f_n é integrável, então f é integrável e

$$\lim_{n \to \infty} \int_a^b f_n(x)dx = \int_a^b f(x)dx = \int_a^b \lim_{n \to \infty} f_n(x)dx.$$

Consideramos $\varepsilon > 0$. Da hipótese de (f_n) ter convergência uniforme para f, vemos, por definição, que para todo $x \in X$ existe $N > 0$ tal que $n > N$ resulta em

$$|f_n(x) - f(x)| < \frac{\varepsilon}{4(b-a)}.$$ (Equação 6.6)

Consideramos $m \geq N$. Assim, por hipótese, f_m é integrável e, logo, de acordo com o Teorema 5.5, existe uma partição $P = \{t_0, t_1, \ldots, t_m\}$ de $[a, b]$ tal que

$$S(f_m, P) - s(f_m, P) < \frac{\varepsilon}{2}.$$ (Equação 6.7)

Para $M_i = \sup\{f(x); x \in [t_{i-1}, t_i]\}$, $m_i = \inf\{f(x); x \in [t_{i-1}, t_i]\}$, $M_i' = \sup\{f(x); x \in [t_{i-1}, t_i]\}$ e $m_i' = \inf\{f(x); x \in [t_{i-1}, t_i]\}$, demonstramos que

$$\sup_{x,y \in [t_{i-1}, t_i]} \{|f_m(x) - f_m(y)|\} = M_i' - m_i'. \tag{Equação 6.8}$$

De fato, pelas definições de supremo e de ínfimo, deduzimos que $m_i' \leq f(x) \leq f(y) \leq M_i'$, implicando que $-m_i' \geq -f(x)$ e $f(y) \leq M_i'$. Assim, somando as desigualdades membro a membro, obtemos $f(y) - f(x) \leq M_i' - m_i'$; mas, como $f(y) - f(x) \geq 0$, logo $|f(y) - f(x)| \leq M_i' - m_i'$.

Portanto, $M_i' - m_i'$ é a cota superior do conjunto $\{|f(x) - f(y)|; x, y \in [t_{i-1}, t_i]\}$.

Além disso, pelas definições de supremo e de ínfimo, existem $x, y \in [t_{i-1}, t_i]$ tais que $f(y) > M_i' - \varepsilon$ e $f(x) < m_i' + \varepsilon$, ou $-f(x) > -m_i' - \varepsilon$. Então, pela definição de módulo, vemos que $|f(x) - f(y)| \geq f(y) - f(x) > M_i' + \frac{\varepsilon}{2} - m_i' - \frac{\varepsilon}{2} = M_i' - m_i'$ e, portanto, $M_i' - m_i'$ é a menor cota superior do conjunto $\{|f(x) - f(y)|; x, y \in [t_{i-1}, t_i]\}$.

Dessa maneira, $\sup_{x,y \in [t_{i-1}, t_i]} \{|f_m(x) - f_m(y)|\} = M_i' - m_i'$.

Demonstramos, agora, que $M_i - m_i \leq M_i' - m_i' + \dfrac{\varepsilon}{2(b-a)}$.

Com efeito, somando e subtraindo os termos $f_m(y)$ e $f_m(x)$, aplicando a desigualdade triangular e utilizando as Equações 6.6 e 6.8, vemos que, para todo $x, y \in [t_{i-1}, t_i]$, ocorre

$$|f(x) - f(y)| = |f(x) - f_m(x) + f_m(x) - f_m(y) + f_m(y) - f(y)| \leq$$
$$\leq |f(x) - f_m(x)| + |f_m(x) - f_m(y)| + |f_m(y) - f(y)| \leq$$
$$\leq \frac{\varepsilon}{4(b-a)} + M_i' - m_i' + \frac{\varepsilon}{4(b-a)} = M_i' - m_i' + \frac{\varepsilon}{2(b-a)}.$$

Assim, demonstramos que $M_i - m_i \leq M_i' - m_i' + \dfrac{\varepsilon}{2(b-a)}$.

Multiplicando essa desigualdade por $t_i - t_{i-1} > 0$ e utilizando $i = 1, 2, \ldots, n$, chegamos a

$$\sum_{i=1}^{n}(M_i - m_i)(t_i - t_{i-1}) \leq \sum_{i=1}^{n}\left(M_i' - m_i' + \frac{\varepsilon}{2(b-a)}\right)(t_i - t_{i-1}). \tag{Equação 6.9}$$

Além disso, pelas definições de soma superior e de soma inferior, colocando em evidência $t_i - t_{i-1}$ e utilizando as Equações 6.7 e 6.9, obtemos

$$S(f,P)-s(f,P)=\sum_{i=1}^{n}M_i(t_i-t_{i-1})-\sum_{i=1}^{n}m_i(t_i-t_{i-1})=\sum_{i=1}^{n}(M_i-m_i)(t_i-t_{i-1})\leq$$

$$\leq\sum_{i=1}^{n}\left(M_i'-m_i'+\frac{\varepsilon}{2(b-a)}\right)(t_i-t_{i-1})=\sum_{i=1}^{n}M_i'(t_i-t_{i-1})-\sum_{i=1}^{n}m_i'(t_i-t_{i-1})+$$

$$+\frac{\varepsilon}{2(b-a)}\sum_{i=1}^{n}(t_i-t_{i-1})=S(f_m,P)-s(f_m,P)+\frac{\varepsilon}{2(b-a)}(b-a)<\frac{\varepsilon}{2}+\frac{\varepsilon}{2}=\varepsilon.$$

De acordo com o Teorema 5.5, vemos que f é integrável.

Finalmente, se $n > N$, então, utilizando o Teorema 5.8 e a Equação 6.6 e calculando a integral $\int_a^b dx = b-a$, temos o seguinte resultado:

$$\left|\int_a^b f(x)dx - \int_a^b f_n(x)dx\right| = \left|\int_a^b (f(x)-f_n(x))dx\right| \leq \int_a^b |f(x)-f_n(x)|dx \leq \int_a^b \frac{\varepsilon}{4(b-a)}dx =$$

$$= \frac{\varepsilon}{4(b-a)}(b-a) = \frac{\varepsilon}{4} < \varepsilon.$$

Portanto,

$$\lim_{n\to\infty}\int_a^b f_n(x)dx = \int_a^b f(x)dx = \int_a^b \lim_{n\to\infty} f_n(x)dx.$$

Exemplo 6.6

De acordo com o Exemplo 6.2, a sequência de funções (f_n), com $f_n:[1,3]\to\mathbb{R}$ e definida por $f_n(x)=\frac{x}{n}$, converge uniformemente para $f:[1,3]\to\mathbb{R}$, definida por $f(x)=0$. Verificamos que o Teorema 6.3 vale; isto é,

$$\lim_{n\to\infty}\int_1^3 f_n(x)dx = \int_1^3 f(x)dx.$$

De fato, segundo o Exemplo 4.1, $F_n(x)=\frac{x^2}{2n}$ é a primitiva de $f_n(x)=\frac{x}{n}$. Logo, utilizando o Teorema Fundamental do Cálculo, segue-se que

$$\int_1^3 f_n(x)dx = \int_1^3 \frac{x}{n}dx = F_n(3)-F_n(1) = \frac{3^2}{2n}-\frac{1}{2n} = \frac{8}{2n} = \frac{4}{n}.$$

Portanto,

$$\lim_{n\to\infty}\int_1^3 f_n(x)dx = \lim_{n\to\infty}\frac{4}{n} = 0 = \int_1^3 f(x)dx.$$

Uma demonstração similar à do Teorema 6.3 vale para a derivabilidade, ou seja, o limite de uma sequência de funções deriváveis que convergem uniformemente para uma função é uma função derivável e a sua derivada é igual ao limite das derivadas das funções daquela sequência.

Teorema 6.4

Seja (f_n) uma sequência de funções, com $f_n : [a, b] \to \mathbb{R}$ e com derivadas contínuas em $[a, b]$. Se existe $x_0 \in [a, b]$ tal que a sequência $(f_n(x_0)) \subset \mathbb{R}$ converge e a sequência de derivadas (f'_n) converge uniformemente para uma função $g : [a, b] \to \mathbb{R}$, então (f_n) converge uniformemente para a uma função $f : [a, b] \to \mathbb{R}$ com derivada contínua, satisfazendo $f' = g$. Portanto,

$$\left(\lim_{n \to \infty} f_n\right)' = \lim_{n \to 0} f'_n.$$

Para demonstrar esse teorema, consideramos $x \in [a, b]$. Então, para todo número natural n, de acordo com o Teorema Fundamental do Cálculo aplicado a f'_n, observamos que $\int_a^x f'_n(x)dx = f_n(x) - f_n(x_0)$, ou seja,

$$f_n(x) = f_n(x_0) + \int_{x_0}^x f'_n(x)dx.$$
(Equação 6.10)

Pela hipótese do teorema, $(f_n(x_0))$ converge para um ponto $f(x_0)$ e (f'_n) converge uniformemente para g. Então, usando a Equação 6.10 e o Teorema 6.3, deduzimos que

$$\lim_{n \to \infty} f_n(x) = \lim_{n \to \infty} f_n(x_0) + \int_{x_0}^x f'_n(x)dx = \lim_{n \to \infty} f_n(x_0) + \lim_{n \to \infty} \int_{x_0}^x f'_n(x)dx =$$

$$= f(x_0) + \int_{x_0}^x \lim_{n \to \infty} f'_n(t)dt = f(x_0) + \int_{x_0}^x g(t)dt.$$

Vemos que o $\lim_{n \to \infty} f_n(x)$ existe para todo $x \in [a, b]$. Definimos, então, a função $f : [a, b] \to \mathbb{R}$ por $f(x) = \lim_{n \to \infty} f_n(x)$. Assim, obtemos

$$f(x) = f(x_0) + \int_{x_0}^x g(t)dt.$$
(Equação 6.11)

Como f'_n é contínua, vemos, pelo Teorema 6.2, que g também é contínua e, logo, segundo o Teorema 5.9, existe uma função primitiva G tal que $G'(x) = g(x)$. Pela Equação 6.11, chegamos a

$$f(x) = f(x_0) + \int_{x_0}^x g(t)dt = f(x_0) + G(x) - G(x_0),$$

mostrando que f é derivável, pois G é derivável. Além disso, como g é contínua e

$$f'(x) = \left(f(x_0) + G(x) - G(x_0)\right)' = G'(x) = g(x),$$

então f' é contínua.

Agora, provamos que (f_n) converge uniformemente para f.

De fato, dados $\varepsilon > 0$ e $x \in [a, b]$, como $(f_n(x_0))$ converge para $f(x_0)$, vemos que existe $N_1 > 0$ tal que $n > N_1$. Assim, ocorre

$$|f_n(x_0) - f(x_0)| \leq \frac{\varepsilon}{2}.$$ (Equação 6.12)

Como (f'_n) converge uniformemente para f', existe $N_2 > 0$ tal que, se $n > N_2$, então

$$|f'_n(x) - f'(x)| < \frac{\varepsilon}{2(b-a)}.$$ (Equação 6.13)

Como $x \in [a, b]$, logo $|x - x_0| \leq b - a$. Dessa maneira, existe $N = \max\{N_1, N_2\}$ tal que, somando e subtraindo $f_n(x_0)$ e $f(x_0)$, calculando as integrais $\int_{x_0}^{x} f'_n(x)dx = f_n(x) - f_n(x_0)$ e $\int_{x_0}^{x} f'(x)dx = f(x) - f(x_0)$ e utilizando o Teorema 5.8, a desigualdade triangular e as Equações 6.12 e 6.13, obtemos

$$|f_n(x) - f(x)| = |f_n(x) - f_n(x_0) + f_n(x_0) - f(x_0) + f(x_0) - f(x)| =$$

$$= \left| \int_{x_0}^{x} f'_n(t)dt + f_n(x_0) - f(x_0) - \int_{x_0}^{x} f'(t)dt \right| = \left| \int_{x_0}^{x} (f'_n(t) - f'(t))dt + f_n(x_0) - f(x_0) \right| \leq$$

$$\leq \left| \int_{x_0}^{x} (f'_n(t) - f'(t))dt \right| + |f_n(x_0) - f(x_0)| \leq \int_{x_0}^{x} |f'_n(t) - f'(t)|dt + |f_n(x_0) - f(x_0)| <$$

$$< \int_{x_0}^{x} \frac{\varepsilon}{2(b-a)}dt + \frac{\varepsilon}{2} = \frac{\varepsilon}{2(b-a)}|x - x_0| + \frac{\varepsilon}{2} \leq \frac{\varepsilon}{2(b-a)}(b-a) + \frac{\varepsilon}{2} = \varepsilon.$$

Portanto, (f_n) converge uniformemente para f.

Exemplo 6.7

De acordo com o Exemplo 6.2, a sequência de funções (f_n), com $f_n : [1, 3] \to \mathbb{R}$ e definida por $f_n(x) = \frac{x}{n}$, converge uniformemente para $f : [1, 3] \to \mathbb{R}$, definida por $f(x) = 0$. Como já verificamos, o Teorema 6.4 é válido, isto é, $f' = \lim_{n \to 0} f'_n$. Assim, considerando $x_0 \in [1, 3]$, então, segundo o Exemplo 4.1, vemos que $f'_n(x_0) = \frac{1}{n}$, e $f'(x_0) = 0$.

Portanto,

$$\lim_{n \to 0} f'_n = \lim_{n \to 0} \frac{1}{n} = 0 = f'(x).$$

6.3 Séries de potências

Uma **série de potências** de uma função $f : X \to \mathbb{R}$ em torno de um ponto $x_0 \in X$ é uma generalização natural de polinômios, isto é,

$$f(x) = \sum_{n=0}^{\infty} c_n(x - x_0)^n = c_0 + c_1(x - x_0) + c_2(x - x_0)^2 + \ldots + c_n(x - x_0)^n + \ldots,$$ (Equação 6.14)

em que $c_0, c_1, \ldots \in \mathbb{R}$ são escalares.

Quando $x_0 = 0$, ocorre a **série de Maclaurin**, isto é,

$$f(x) = \sum_{n=0}^{\infty} c_n x^n = c_0 + c_1 x + c_2 x^2 + \ldots + c_n x^n + \ldots$$ (Equação 6.15)

A importância da série de Maclaurin é justificada pela mudança de variável $y = x + x_0$ na Equação 6.15, o que implica o caso geral dado pela Equação 6.14. Por isso, estudamos neste livro apenas a série de Maclaurin.

Exemplo 6.8

A série de Maclaurin $\sum_{n=0}^{\infty} \dfrac{x^n}{n!}$ representa várias séries de potências, dependendo da mudança de variável realizada. Representa, por exemplo, as séries $\sum_{n=0}^{\infty} \dfrac{(y-2)^n}{n!}$ e $\sum_{n=0}^{\infty} \dfrac{(y+1)^n}{n!}$ obtidas, respectivamente, pelas mudanças de variáveis $y = x + 2$ e $y = x - 1$.

Estamos, agora, interessados em descobrir qual é o conjunto de pontos $X \subset \mathbb{R}$ em que a série $\sum_{n=0}^{\infty} c_n x^n$ converge para todo $x \in X$. No Teorema 6.5, mostramos que tal conjunto ou é exatamente o ponto $x_0 = 0$, ou é um intervalo centrado em $x_0 = 0$, ou é $\mathbb{R}$. Dessas três possibilidades, conhecemos as definições da primeira (ponto $x_0 = 0$) e da última (o conjunto dos números reais $\mathbb{R}$). Para definirmos a segunda, é necessário encontrar o intervalo que a satisfaz e, para isso, precisamos compreender os conceitos de *limite superior* e de *limite inferior*.

Definimos o **limite superior** de uma sequência de números reais (x_n), denotado por $\lim \sup x_n$, como o maior ponto de acumulação, ou seja, o maior número real limite de uma subsequência de (x_n). De forma semelhante, definimos o **limite inferior** de uma sequência de números reais (x_n), denotado por $\lim \inf x_n$, como o menor ponto de acumulação, ou seja, o menor número real limite de uma subsequência de (x_n). A sutileza dessas definições está no fato de que, para sequências limitadas que não convergem, existe, de acordo com o teorema de Bolzano-Weierstrass, pelo menos uma subsequência convergente e, logo, existem os limites superior e inferior, conquanto não exista o limite da sequência. Segundo vimos no Teorema 2.3, quando o limite de uma sequência existe, então também existem e são iguais os limites superior e inferior dessa sequência.

Teorema 6.5

Uma série $\sum_{n=0}^{\infty} c_n x^n$ ou converge somente para $x_0 = 0$, ou para todo $x \in \mathbb{R}$, ou existe $r > 0$ e a série converge absolutamente no intervalo $(-r, r)$ e diverge em $\mathbb{R} - [-r, r]$. Além disso, o número r é dado por:

$$r = \dfrac{1}{\lim \sup \sqrt[n]{|c_n|}}.$$ (Equação 6.16)

Os coeficientes de uma série de potências $\sum_{n=0}^{\infty} c_n x^n$ induzem a sequência não negativa dada por $\left(\sqrt[n]{|c_n|}\right)$. Analisando o limite superior dessa sequência, percebemos três casos:

1) Quando o $\limsup \sqrt[n]{|c_n|} = \infty$, a sequência $\left(\sqrt[n]{|c_n|}\right)$ é ilimitada superiormente. Com efeito, se $\left(\sqrt[n]{|c_n|}\right)$ fosse limitada, então existiria o $\limsup \sqrt[n]{|c_n|}$, contradizendo esse caso. Assim, para $x \neq 0$, a sequência $\left(|x|\sqrt[n]{|c_n|}\right)$ é ilimitada e, logo, o termo geral $|c_n x^n| = |x|\sqrt[n]{|c_n|}^n$ não tende a zero. Dessa maneira, de acordo com o Teorema 2.9, a série $\sum_{n=0}^{\infty} c_n x^n$ diverge para $x \neq 0$. Porém, quando $x \neq 0$, a série converge. Portanto, nesse caso, a série converge apenas para o ponto $x_0 = 0$.

2) Quando o $\limsup \sqrt[n]{|c_n|} = 0$, e como $\sqrt[n]{|c_n|} \geq 0$ para todo $n \in \mathbb{N}$, logo $\liminf \sqrt[n]{|c_n|} \geq 0$. Por definição, $0 \leq \liminf \sqrt[n]{|c_n|} \leq \limsup \sqrt[n]{|c_n|} = 0$; assim, $0 = \limsup \sqrt[n]{|c_n|} = \liminf \sqrt[n]{|c_n|} = \lim \sqrt[n]{|c_n|} = 0$. De acordo com o Teorema 2.16, o $\lim \sqrt[n]{|c_n x^n|} = |x|\lim \sqrt[n]{|c_n|} = |x|0 = 0 < 1$, para todo $x \in \mathbb{R}$. Portanto, nesse caso, a série converge para todo x em $\mathbb{R}$.

3) Quando $0 < \limsup \sqrt[n]{|c_n|}$, consideramos o número $r \in \mathbb{R}$ como $\frac{1}{r} = \limsup \sqrt[n]{|c_n|}$. Observamos que o $\limsup \sqrt[n]{|c_n x^n|} = |x|\limsup \sqrt[n]{|c_n|} = \frac{|x|}{r}$ e, assim, conforme o Teorema 2.16, a série converge para $\frac{|x|}{r} < 1$, e isso resulta em $|x| < r$, isto é, há convergência quando $x \in (-r, r)$. Se $|x| > r$, então o $\limsup \sqrt[n]{|c_n x^n|} > 1$, implicando, pela definição de limite, que $|c_n x^n| > 1$ para todo $n > N$ e para algum $N > 0$. Logo, o termo geral não vai a zero e, segundo o Teorema 2.19, a série diverge quando $x \in \mathbb{R} - [-r, r]$. Portanto, nesse caso, a série converge para $x \in (-r, r)$ e diverge para $\mathbb{R} - [-r, r]$.

O número r é chamado de *raio de convergência* e o intervalo $(-r, r)$, de *intervalo de convergência*.

Exemplo 6.9

As séries $\sum_{n=0}^{\infty} nx^n$, $\sum_{n=0}^{\infty} x^n$ e $\sum_{n=0}^{\infty} \frac{x^n}{n!}$ convergem, respectivamente, quando $x = 0$, quando $x \in (-1, 1)$ e para todo $x \in \mathbb{R}$.

Inicialmente, provamos que a série $\sum_{n=0}^{\infty} nx^n$ converge apenas para $x_0 = 0$. Com efeito, para qualquer valor $x \neq 0$, vemos que $\lim_{n \to \infty} nx^n = \infty$ e, logo, conforme o Teorema 2.9, $\sum_{n=0}^{\infty} nx^n$ diverge. Assim, $\sum_{n=0}^{\infty} nx^n$ converge só quando $x = 0$.

Provamos, agora, que a série $\sum_{n=0}^{\infty} x^n$ converge quando $x \in (-1,1)$. Com efeito, segundo o Exemplo 2.15, a série geométrica é convergente quando $|x| < 1$ e divergente quando $|x| \geq 1$, isto é, a série $\sum_{n=0}^{\infty} x^n$ converge quando $x \in (-1,1)$. Um detalhe sutil dessa demonstração é o fato de que utilizamos nela o Teorema 2.10 para provar que $\sum_{n=0}^{\infty} x^n = 1 + \sum_{n=1}^{\infty} x^n$ converge quando $x \in (-1,1)$ e diverge no caso contrário.

Por fim, provamos que $\sum_{n=0}^{\infty} \dfrac{x^n}{n!}$ converge para todo $x \in \mathbb{R}$. Com efeito, seja $x \in \mathbb{R}$, então

$$\lim_{n \to \infty} \left| \dfrac{\dfrac{x^{n+1}}{(n+1)!}}{\dfrac{x^n}{n!}} \right| = \lim_{n \to \infty} \left| \dfrac{x^{n+1}}{(n+1)!} \cdot \dfrac{n!}{x^n} \right| = \lim_{n \to \infty} \dfrac{|x|}{n+1} = |x| \lim_{n \to \infty} \dfrac{1}{n+1} = |x| \cdot 0 = 0 < 1.$$

Portanto, de acordo com o Teorema 2.15, $\sum_{n=0}^{\infty} \dfrac{x^n}{n!}$ converge para todo $x \in \mathbb{R}$.

Observamos que o Teorema 6.5 não garante a convergência nem a divergência nos extremos do intervalo de convergência. O exemplo a seguir ilustra isso.

Exemplo 6.10

A série de potências $\sum_{n=0}^{\infty} \dfrac{(-1)^n}{n+1} x^n$ converge para todo $x \in (-1,1]$.

De fato, como $\lim \sqrt[n]{\left|\dfrac{(-1)^n}{n+1}\right|} = \dfrac{1}{\lim \sqrt[n]{n+1}} = \dfrac{1}{1} = 1$, vemos, no Teorema 6.5, que o raio de convergência é dado por:

$$r = \dfrac{1}{\limsup \sqrt[n]{\left|\dfrac{(-1)^n}{n+1}\right|}} = \dfrac{1}{\lim \sqrt[n]{\left|\dfrac{(-1)^n}{n+1}\right|}} = 1,$$

pois a existência do limite $\lim \sqrt[n]{\left|\dfrac{(-1)^n}{n+1}\right|}$ resulta na igualdade

$$\lim \sqrt[n]{\left|\dfrac{(-1)^n}{n+1}\right|} = \liminf \sqrt[n]{\left|\dfrac{(-1)^n}{n+1}\right|} = \limsup \sqrt[n]{\left|\dfrac{(-1)^n}{n+1}\right|}$$

Assim, $r = 1$ e, conforme o Teorema 6.5, a série converge para $x \in (-1,1)$ e diverge para $x \in (-\infty, -1) \cup (1, +\infty)$.

Analisamos, agora, a convergência para os extremos.

Quando $x = -1$, obtemos a seguinte série numérica:

$$\sum_{n=0}^{\infty}\frac{(-1)^n}{n+1}x^n = \sum_{n=0}^{\infty}\frac{(-1)^n}{n+1}(-1)^n = \sum_{n=0}^{\infty}\frac{(-1)^{2n}}{n+1} = \sum_{n=0}^{\infty}\frac{1}{n+1} = \sum_{n=1}^{\infty}\frac{1}{n}.$$

Essa série diverge, pois é uma série harmônica do Exemplo 2.20.

Já quando $x = 1$, vemos que

$$\sum_{n=0}^{\infty}\frac{(-1)^n}{n+1}x^n = \sum_{n=0}^{\infty}\frac{(-1)^n}{n+1}.$$

De acordo com Exemplo 2.20, essa série converge. Portanto, a série é convergente para $x \in (-1, 1]$.

Suponhamos que a série $\sum_{n=0}^{\infty} c_n x^n$ seja convergente em um intervalo $(-r, r) \subset \mathbb{R}$, com $r > 0$. Então, podemos definir uma função $f : (-r, r) \to \mathbb{R}$ por:

$$f(x) = \sum_{n=0}^{\infty} c_n x^n.$$

Elaboramos o final deste capítulo com a finalidade de desenvolver analiticamente em séries de potências algumas funções importantes. O Exemplo 6.11, a seguir, auxilia no desenvolvimento da série da função logarítmica que será utilizada no Exemplo 6.14.

Exemplo 6.11

Sabemos, pelo Exemplo 6.9, que $\sum_{n=0}^{\infty} x^n$ converge para todo $x \in (-1, 1)$. Ademais, conforme o Exemplo 2.15, qualquer $x \in (-1, 1)$ satisfaz:

$$\sum_{n=0}^{\infty} x^n = \lim_{n \to \infty} \frac{1-x^n}{1-x} = \frac{1}{1-x} - \lim_{n \to \infty} x^n = \frac{1}{1-x} - 0 = \frac{1}{1-x}.$$

Portanto, a série $\sum_{n=0}^{\infty} x^n$ define a função $f(x) = \dfrac{1}{1-x}$ para todo $x \in (-1, 1)$.

Pelo que estudamos até agora, a série $\sum_{n=0}^{\infty} c_n x^n$ converge uniformemente para a função f quando a sequência de somas parciais $s_n = \sum_{i=0}^{n} c_i x^i$ também converge uniformemente para a função f, ou, de forma equivalente, dado $\varepsilon > 0$, deve existir $N > 0$ tal que $n > N$ implica que $|s_n(x) - f(x)| < \varepsilon$, para todo x para o qual a série converge.

O próximo teorema demonstra que uma série converge uniformemente para um intervalo compacto contido no intervalo de convergência.

Teorema 6.6

Se $[-s, s]$ é um intervalo contido no intervalo de convergência $(-r, r)$ da série $\sum_{n=0}^{\infty} c_n x^n$, então a série $\sum_{n=0}^{\infty} c_n x^n$ converge uniformemente em $[-s, s]$.

Para provar esse teorema, consideramos $(-r, r)$ o intervalo de convergência da série $\sum_{n=0}^{\infty} c_n x^n$ e $[-s, s] \subset (-r, r)$ e demonstramos que $\sum_{n=0}^{\infty} c_n x^n$ converge uniformemente em $[-s, s]$.

Seja $x \in [-s, s]$; então $|x| \leq s$ e $|c_n x^n| = |c_n| |x|^n \leq |c_n| s^n$.

Definimos uma sequência (a_n) por $a_n = |c_n| s^n$. Seja $f_n(x) = c_n x^n$; então:

$$|f_n(x)| \leq a_n \qquad \text{(Equação 6.17)}$$

e $\sum_{n=0}^{\infty} a_n = \sum_{n=0}^{\infty} c_n s^n$ é convergente, pois s pertence ao intervalo de convergência da série.

Definimos a sequência $(s_n(x))$ substituindo $s_n(x) = (f_1 + f_2 + \ldots + f_n)(x)$ e mostramos que (s_n) converge uniformemente para uma função f.

De fato, considerando $\varepsilon > 0$ e $x \in [-s, s]$ e levando em conta que $\sum_{n=0}^{\infty} a_n$ é convergente, vemos, pelo Teorema 2.9, que a_n converge para zero. De acordo com o Teorema 2.9, segue-se que a_n é sequência de Cauchy e, logo, por definição, existe $N > 0$ tal que, para $n, m > N$, resulta em

$$|a_n - a_m| < \varepsilon. \qquad \text{(Equação 6.18)}$$

Dessa maneira, existe $N > 0$ tal que $n, m > N$ e $m < n$ resultam – sem perda de generalidade –, retomando a definição de $(s_n(x))$ e utilizando a desigualdade triangular, a Equação 6.17, a condição $a_n \geq 0$ e a Equação 6.18, nessa ordem, em

$$|s_m(x) - s_n(x)| = |(f_1(x) + \ldots + f_m(x) + \ldots + f_n(x)) - (f_1(x) + \ldots + f_m(x))| =$$
$$= |f_{m+1}(x) + \ldots + f_n(x)| \leq |f_{m+1}(x)| + \ldots + |f_n(x)| \leq a_{m+1} + \ldots + a_n =$$
$$= |a_{m+1} + \ldots + a_n| = |a_m - a_n| < \varepsilon,$$

demonstrando que a sequência $(s_n(x))$ é de Cauchy e, portanto, segundo o Teorema 6.1, notamos que $(s_n(x))$ é uniformemente convergente, digamos para $f(x)$. Logo:

$$f(x) = \lim_{n \to +\infty} \varphi_n(x) = \lim_{n \to +\infty} (f_1(x) + \ldots + f_n(x)) = \lim_{n \to \infty} \sum_{i=1}^{n} f_i(x),$$

para todo $x \in [-s, s]$, provando que $\sum_{n=0}^{\infty} c_n x^n$ converge uniformemente em $[-s, s]$.

A aplicação do Teorema 6.6 é importante para a demonstração de que as funções definidas por séries de potências são contínuas.

Teorema 6.7

Toda função $f:(-r,r) \to \mathbb{R}$, definida por uma série de potências $f(x) = \sum_{n=0}^{\infty} c_n x^n$, é contínua no intervalo de convergência $(-r,r)$.

Seja $x_0 \in (-r,r)$, isto é, $|x_0| < r$, então existe $s > 0$ tal que $|x_0| < s < r$.

Considerando o intervalo compacto $[-s, s]$ – e como os polinômios $s_n = \sum_{i=0}^{n} c_i x^i$ são contínuos em x_0 e convergem uniformemente para f – vemos, pelo Teorema 6.2, que f é contínua em x_0. Como x_0 é arbitrário, então f é contínua em $(-r, r)$.

Exemplo 6.12

A função $f(x) = \dfrac{1}{1-x}$, definida pela série de potências $\sum_{n=0}^{\infty} x^n$, para todo $x \in (-1, 1)$, é contínua, pois podemos observar que $1 - x \neq 0$ para todo $x \in (-1,1)$.

Demonstramos no Teorema 6.8 que as funções definidas por séries de potências são deriváveis e integráveis e comprovaremos, no Teorema 6.9, a unicidade da representação de séries de potências.

Teorema 6.8

Suponhamos que a série $\sum_{n=0}^{\infty} c_n x^n$ tenha intervalo de convergência $[-r, r]$, com $r > 0$. Então a série $\sum_{n=1}^{\infty} n c_n x^{n-1}$ tem intervalo de convergência $[-r, r]$. Além disso, a função $f(x) = \sum_{n=0}^{\infty} c_n x^n$ é derivável em todo ponto $x \in (-r, r)$ e satisfaz:

$$f'(x) = \sum_{n=1}^{\infty} n c_n x^{n-1}.$$

Sejam r' e r os raios de convergência das séries $\sum_{n=0}^{\infty} n c_n x^{n-1}$ e $\sum_{n=0}^{\infty} c_n x^n$, respectivamente. Então, conforme os Teoremas 2.5 e 6.5, vemos que

$$\frac{1}{r'} = \limsup \sqrt[n]{|nc_n|} = \limsup \sqrt[n]{n} \cdot \limsup \sqrt[n]{|c_n|} = 1 \cdot \limsup \sqrt[n]{|c_n|} = \frac{1}{r}$$

em que $r' = r$.

Sejam x_0 e x pontos no intervalo de convergência de $\sum_{n=0}^{\infty} c_n x^n$, com $x_0 < x$ e $f(x) = \sum_{n=0}^{\infty} c_n x^n$. Definimos as funções $g: [x_0, x] \to \mathbb{R}$ e $\varphi: [x_0, x] \to \mathbb{R}$ por $g(x) = x^n$ e

$$\varphi(t) = g(x) - g(t) - g'(t)(x-t) - \left[g(x) - g(x_0) - g'(x_0)(x - x_0) \right] \frac{(x-t)^2}{(x-x_0)^2}.$$

Como φ é a soma de $g(t)$ com um polinômio em t, vemos que φ é contínua no intervalo fechado $[x_0, x]$, derivável no intervalo aberto (x_0, x) e $\varphi(x) = \varphi(x_0) = 0$. Logo, conforme o Teorema 4.7, existe $z \in (x_0, x)$ tal que $\varphi'(t) = 0$. Derivando φ em relação a t, obtemos

$$\varphi'(t) = -g'(t) - g''(t)(x-t) + g'(t) + 2\left[g(x) - g(x_0) - g'(x_0)(x-x_0)\right]\frac{(x-t)}{(x-x_0)^2}.$$

Substituindo $g(x) = x^n$, $g'(x) = nx^n$, $g''(x) = n(n-1)x^{n-2}$ e $t = z$, chegamos a

$$0 = -n(n-1)z^{n-2}(x-z) + 2\left[x^n - x_0^n - nx_0^{n-1}(x-x_0)\right]\frac{(x-z)}{(x-x_0)^2}.$$

Ou, de forma equivalente

$$\frac{1}{2}n(n-1)z^{n-2}(x-z)\frac{(x-x_0)^2}{(x-z)} = x^n - x_0^n - nx_0^{n-1}(x-x_0).$$

Dividindo ambos os membros da igualdade por $x - x_0$, obtemos

$$\frac{1}{2}n(n-1)z^{n-2}(x-x_0) + nx_0^{n-1} = \frac{x^n - x_0^n}{(x-x_0)}. \tag{Equação 6.19}$$

Como $|x_0| < r$ e $|z| < r$, então as séries numéricas

$$\sum_{n=1}^{\infty} nc_n x_0^{n-1} \text{ e } \sum_{n=2}^{\infty} n(n-1)c_n z^{n-2}$$

são convergentes com o mesmo raio de convergência de $\sum_{n=0}^{\infty} c_n x^n$.

Utilizando a Equação 6.19 e o Teorema 2.11, deduzimos que

$$\frac{f(x) - f(x_0)}{x - x_0} = \frac{\sum_{n=0}^{\infty} c_n x^n - c_n x_0^n}{x - x_0} = \sum_{n=0}^{\infty} \frac{c_n(x^n - x_0^n)}{x - x_0} =$$

$$= \sum_{n=0}^{\infty} c_n\left(\frac{1}{2}n(n-1)z^{n-2}(x-x_0) + nx_0^{n-1}\right) =$$

$$= \frac{(x-x_0)}{2}\sum_{n=2}^{\infty} c_n n(n-1)z^{n-2} + \sum_{n=1}^{\infty} nx_0^{n-1}.$$

Ou ainda, reescrevendo equação acima, obtemos

$$\frac{f(x) - f(x_0)}{x - x_0} - \sum_{n=1}^{\infty} nx_0^{n-1} = \frac{(x-x_0)}{2}\sum_{n=2}^{\infty} c_n n(n-1)z^{n-2}.$$

Assim, considerando-se o módulo dos membros da igualdade e utilizando-se a desigualdade triangular e as propriedades de módulos, segue-se que:

$$\left|\frac{f(x) - f(x_0)}{x - x_0} - \sum_{n=1}^{\infty} nx_0^{n-1}\right| = \left|\frac{(x-x_0)}{2}\sum_{n=2}^{\infty} c_n n(n-1)z^{n-2}\right| \leq \frac{|x-x_0|}{2}\sum_{n=2}^{\infty} |c_n|n(n-1)|z|^{n-2}.$$

Agora, utilizamos a sutileza de $\left|\sum_{n=2}^{M} c_n n(n-1) z^{n-2}\right| \leq \sum_{n=2}^{M} \left|c_n n(n-1) z^{n-2}\right|$ para todo $M \in \mathbb{N}$ e,

logo, chegamos a $\left|\sum_{n=2}^{\infty} c_n n(n-1) z^{n-2}\right| \leq \sum_{n=2}^{\infty} \left|c_n n(n-1) z^{n-2}\right|$.

Finalmente, considerando o limite de $x \to x_0$, conseguimos o seguinte resultado:

$$\left| f'(x_0) - \sum_{n=1}^{\infty} n x_0^{n-1} \right| = 0.$$

O Teorema 6.8 mostra que a série obtida por derivação termo a termo de uma série $\sum_{n=0}^{\infty} c_n x^n$ tem o mesmo intervalo de convergência desta. Quando a série define uma função $f(x) = \sum_{n=0}^{\infty} c_n x^n$, vemos que $\sum_{n=1}^{\infty} n c_n x^n$ define a função $g(x) = \sum_{n=1}^{\infty} n c_n x^n$, com $g = f'$.

Exemplo 6.13

A operação $\sum_{n=0}^{\infty} \frac{x^n}{n!} = e^x$ é válida para todo $x \in \mathbb{R}$.

De fato, sabemos, pelo Exemplo 6.9, que $\sum_{n=0}^{\infty} \frac{x^n}{n!}$ converge para todo $x \in \mathbb{R}$.

Assim, a série $\sum_{n=0}^{\infty} \frac{x^n}{n!}$ define uma função f em $\mathbb{R}$, isto é, $f(x) = \sum_{n=0}^{\infty} \frac{x^n}{n!}$.

Conforme o Teorema 6.8, vemos que

$$f'(x) = \sum_{n=1}^{\infty} \frac{n x^{n-1}}{n!} = \sum_{n=1}^{\infty} \frac{x^{n-1}}{(n-1)!} = \sum_{m=0}^{\infty} \frac{x^m}{m!} = f(x),$$

em que usamos a mudança de variáveis de m para n, sendo $m = n - 1$.

Dessa maneira, a função f satisfaz $f'(x) = f(x)$, ou seja, multiplicando ambos os membros dessa igualdade por e^x e subtraindo deles $f(x)e^x$, obtemos $f'(x)e^x - f(x)e^x = 0$. Calculamos a seguinte derivada auxiliar, conforme o Teorema 4.3:

$$\left(\frac{f(x)}{e^x} \right)' = \frac{f'(x)e^x - f(x)e^x}{e^{2x}} = 0.$$

Vemos, por um lado, que $\frac{f(x)}{e^x} = k$, com $k \in \mathbb{R}$, sendo $f(x) = k e^x$. Por outro lado, notamos que $f(0) = k$, mas $k = k e^0 = f(0) = \sum_{n=0}^{\infty} \frac{0^n}{n!} = 1$, implicando que $f(x) = e^x$.

Portanto,

$$e^x = \sum_{n=0}^{\infty} \frac{x^n}{n!}.$$

(Equação 6.20)

Outra aplicação do teorema da derivabilidade de termo a termo de séries de potências é a demonstração da unicidade na representação de uma função por série de potências.

Teorema 6.9

Sejam as séries de potências $\sum_{n=0}^{\infty} a_n x^n$ e $\sum_{n=0}^{\infty} b_n x^n$ convergentes no intervalo $(-r, r)$. Se $\sum_{n=0}^{\infty} a_n x^n = \sum_{n=0}^{\infty} b_n x^n$ para todo $x \in (-r, r)$, então $a_n = b_n$ para todo $n \in \mathbb{N}$.

Para demonstrar esse teorema, definimos as funções $f, g : (-r, r) \to \mathbb{R}$ por $f(x) = \sum_{n=0}^{\infty} a_n x^n$ e $g(x) = \sum_{n=0}^{\infty} b_n x^n$.

Podemos provar, por indução, que a derivada n-ésima das funções f e g são dadas por:

$$f^{(k)}(x) = \sum_{n=k}^{\infty} n(n-1)\ldots(n-k+1) a_n x^n$$

e

$$g^{(k)}(x) = \sum_{n=k}^{\infty} n(n-1)\ldots(n-k+1) b_n x^n.$$

Portanto, $f^{(k)}(0) = g^{(k)}(0)$, para todo $k \in \mathbb{N}$, implicando que

$$a_n = \frac{f^{(k)}(0)}{n!} = \frac{g^{(k)}(0)}{n!} = b_n.$$

A integração de uma função definida por uma série de potências também pode ser realizada integrando-se termo a termo essa função.

Teorema 6.10

Suponhamos que a série de potências $f(x) = \sum_{n=0}^{\infty} c_n x^n$ seja convergente em $[-r, r]$, com $r > 0$. Então, para $-r < a < x < r$, obtemos

$$\int_a^x f(t) dt = \sum_{n=0}^{\infty} \frac{c_n}{n+1} \left(x^{n+1} - a^{n+1} \right).$$

Para provar esse teorema, definimos uma função $g : [-r, r] \to \mathbb{R}$ por $g(x) = \sum_{n=0}^{\infty} \frac{c_n}{n+1} x^{n+1}$. Então, conforme o Teorema 6.9, vemos que $g'(x) = f(x)$ para todo $x \in [-r, r]$.

Pelo Teorema Fundamental do Cálculo, deduzimos que

$$\int_a^x f(t) dt = g(x) - g(a) = \sum_{n=0}^{\infty} \frac{c_n}{n+1} x^{n+1} - \sum_{n=0}^{\infty} \frac{c_n}{n+1} a^{n+1} = \sum_{n=0}^{\infty} \frac{c_n}{n+1} \left(x^{n+1} - a^{n+1} \right).$$

Exemplo 6.14

Afirmamos que a operação $\ln x = \sum_{n=0}^{\infty} \frac{(-1)^n (x-1)^{n+1}}{n+1}$ para todo $x \in (0,2)$.

De fato, por um lado, utilizando a expansão do Exemplo 6.11, obtemos

$$\frac{1}{x} = \frac{1}{1-(1-x)} = \sum_{n=0}^{\infty} (1-x)^n = \sum_{n=0}^{\infty} (-1)^n (x-1)^n,$$

para todo $|1-x| < 1$, isto é, $x \in (0,2)$.

Por outro lado, conforme o Teorema Fundamental do Cálculo e o Teorema 6.10, vemos que

$$\ln x = \ln x - \ln 1 = \int_1^x \frac{1}{t} dt = \sum_{n=0}^{\infty} \frac{(-1)^n}{n+1} \left((x-1)^{n+1} - (1-1)^{n+1} \right) = \sum_{n=0}^{\infty} \frac{(-1)^n}{n+1} (x-1)^{n+1}.$$

Portanto,

$$\ln x = \sum_{n=0}^{\infty} \frac{(-1)^n}{n+1} (x-1)^{n+1}.$$

(Equação 6.21)

Para saber mais

IMPA – Instituto Nacional de Matemática Pura e Aplicada. **Análise na reta**: aula 19. Professor Elon Lages Lima. 3 fev. 2015l. Disponível em: <https://www.youtube.com/watch?v=HuaWfaDcALQ&index=19&list=PLDf7S3lyZaYxQdfUX8GpzOdeUe2KS93wg>. Acesso em: 14 fev. 2017.

Nessa parte da aula sobre a reta, aprendemos mais sobre séries de potências.

6.4 Funções trigonométricas e funções analíticas

Funções trigonométricas são funções definidas, geralmente, mediante a observação das características do ciclo trigonométrico e com um enfoque puramente geométrico.

Figura 6.2 – Triângulo para definição de senos e cossenos

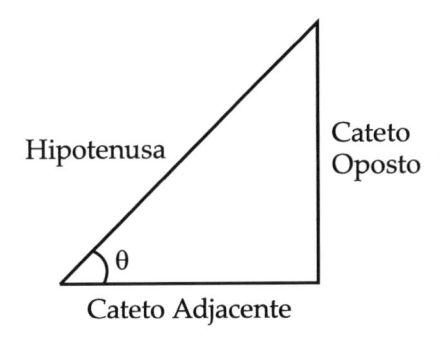

Utilizamos as medidas dos catetos e da hipotenusa de um triângulo retângulo para definir os valores de seno e cosseno, para um ângulo $\theta \in \mathbb{R}$:

$$\text{sen } \theta = \frac{\text{cateto oposto}}{\text{hipotenusa}} \text{ e } \cos \theta = \frac{\text{cateto adjacente}}{\text{hipotenusa}}.$$

As demais funções trigonométricas são obtidas mediante a utilização de senos e cossenos:

$$\tan \theta = \frac{\text{sen } \theta}{\cos \theta}, \cot g\, \theta = \frac{\cos \theta}{\text{sen } \theta}, \sec \theta = \frac{1}{\cos \theta}, \cos\sec \theta = \frac{1}{\text{sen } \theta}.$$

Nosso interesse é definir o seno e o cosseno mediante a utilização de séries de potências. Para isso, devemos conceituar, primeiramente, as *funções analíticas*.

Uma função $f : (a, b) \to \mathbb{R}$, com $r > 0$, é uma **função analítica** quando é de classe $C^\infty(a, b)$ e, para todo $x_0 \in (a, b)$, existe $\delta > 0$ tal que $x \in (x_0 - \delta, x_0 + \delta)$ satisfaz

$$f(x) = f(x_0) + f'(x_0)(x - x_0) + \frac{f''(x_0)}{2!}(x - x_0)^2 + \ldots + \frac{f^{(n)}(x_0)}{n!}(x - x_0)^n + \ldots$$

Ou seja, a função f, em todo ponto $x_0 \in (a, b)$, é aproximada em uma vizinhança de x_0 pela série de Taylor $\sum_{n=0}^{+\infty} c_n (x - x_0)^n$, com $c_n = \frac{f^{(n)}(x_0)}{n!}$.

Exemplo 6.15

A função $f(x) = x^2$ é analítica em $\mathbb{R}$.

De fato, $f'(x) = 2x$, $f''(x) = 2$ e $f^{(n)}(x) = 0$ para todo $n \geq 3$, sendo $f \in C^\infty(\mathbb{R})$.

Portanto, quando $x_0 \in \mathbb{R}$, existe $\delta = 1$ tal que

$$f(x_0) + f'(x_0)(x - x_0) + \frac{f''(x_0)}{2!}(x - x_0)^2 + \ldots + \frac{f^{(n)}(x_0)}{n!}(x - x_0)^n + \ldots =$$

$$= x_0^2 + 2x_0(x - x_0) + \frac{2}{2}(x - x_0)^2 = x_0^2 + 2x_0 x - 2x_0^2 + x^2 - 2x_0 x + x_0^2 = x^2 = f(x).$$

As funções seno e cosseno são exemplos de funções analíticas.

Calculando as derivadas das funções $f(x) = \text{sen } x$ e $g(x) = \cos x$, vemos que, para todo $n \in \mathbb{N}$:

$$f^{(4n+1)}(x) = \cos x,\, f^{(4n+2)}(x) = -\text{sen } x,\, f^{(4n+3)}(x) = -\cos x,\, f^{(4n)}(x) = \text{sen } x$$

e

$$g^{(4n+1)}(x) = -\text{sen } x,\, g^{(4n+2)}(x) = -\cos x,\, g^{(4n+3)}(x) = \text{sen } x,\, g^{(4n)}(x) = \cos x.$$

Portanto, as séries de Taylor em torno do ponto $x_0 = 0$, para as funções $f(x) = \text{sen } x$ e $g(x) = \cos x$, são dadas por:

$$\cos x = \sum_{n=0}^{\infty} \frac{(-1)^n}{(2n)!} x^{2n} \qquad \textbf{(Equação 6.22)}$$

e

$$\text{sen } x = \sum_{n=0}^{\infty} \frac{(-1)^n}{(2n+1)!} x^{2n+1}. \qquad \textbf{(Equação 6.23)}$$

De acordo com o Exemplo 6.9, a convergência das séries é válida para todo $x \in \mathbb{R}$. Assim, as funções f e g são definidas em $\mathbb{R}$. Calculando as suas derivadas, obtemos:

$$f'(x) = \sum_{n=0}^{\infty} \frac{(-1)^n}{(2n+1)!}(2n+1)x^{2n} = \sum_{n=0}^{\infty} \frac{(-1)^n}{(2n)!}x^{2n} = g(x)$$

e

$$g'(x) = \sum_{n=1}^{\infty} \frac{(-1)^n}{(2n)!}(2n)x^{2n-1} = \sum_{n=1}^{\infty} \frac{(-1)^n}{(2n-1)!}x^{2n-1} = -\sum_{n=0}^{\infty} \frac{(-1)^n}{(2n+1)!}x^{2n+1} = -f(x).$$

Portanto, as funções f e g são infinitamente deriváveis, isto é, são de classe $C^{\infty}(\mathbb{R})$.

Para saber mais

IEZZI, G. **Fundamentos da matemática elementar**: trigonometria. 2. ed. São Paulo: Atual, 1977. v. 3.

Indicamos essa obra para um estudo mais aprofundado sobre as funções trigonométricas.

Síntese

Neste capítulo, observamos que a diferença entre a convergência simples e a convergência uniforme está na sutileza de que, nesta última, o valor de N a ser encontrado depende apenas do valor de ε existente, ao contrário da primeira, em que há convergência numérica e o valor de N depende do ponto x estudado. Tal diferença gera propriedades importantes, garantindo que a função limite de uma sequência com convergência uniforme seja contínua, integrável e derivável se as funções f_n também o forem.

Vimos também que séries de potências são convergentes ou em um ponto, ou em um intervalo, ou em $\mathbb{R}$, mas não podemos garantir a convergência ou a divergência de uma série nos extremos do intervalo de convergência encontrado. Além disso, cada série convergente define uma função contínua, derivável e integrável, em que a derivada e a integral são calculadas mediante a derivação e a integração de cada termo da série, um a um.

Por fim, compreendemos que utilizamos os conceitos estudados para desenvolver as expansões em série de potências das funções exponenciais, logarítmicas e trigonométricas, algumas das quais explicitamos a seguir:

$$e^x = \sum_{n=0}^{\infty} \frac{x^n}{n!}, \text{ para } x \in \mathbb{R};$$

$$\ln x = \sum_{n=0}^{\infty} \frac{(-1)^n}{n+1}(x-1)^{n+1}, \text{ para } x \in (0,2);$$

$$\text{sen } x = \sum_{n=0}^{\infty} \frac{(-1)^n}{(2n+1)!}x^{2n+1}, \text{ para } x \in \mathbb{R},$$

$$\cos x = \sum_{n=0}^{\infty} \frac{(-1)^n}{(2n)!}x^{2n}, \text{ para } x \in \mathbb{R}.$$

Atividades de autoavaliação

1) Qual a diferença entre a convergência simples e a convergência uniforme?

   a. Na convergência simples, o valor de N a ser encontrado é maior do que o valor de N na convergência uniforme.

   b. Na convergência simples, o valor de N a ser encontrado é menor do que ou igual ao valor de N na convergência uniforme.

   c. Na convergência simples, o valor de N a ser encontrado pode depender dos valores de x e ε, enquanto o valor de N na convergência uniforme pode depender somente do valor de ε.

   d. Na convergência uniforme, o valor de N a ser encontrado pode depender dos valores de x e ε, enquanto o valor de N na convergência simples depende somente do valor de x.

2) Considerando (f_n) uma sequência de funções que converge uniformemente para f, analise se as afirmativas seguintes são verdadeiras ou falsas:

   I. Se cada função f_n for contínua, então f é contínua.

   II. Se cada função f_n for derivável em x_0, então f é derivável em x_0.

   III. Se cada função f_n for integrável em $[a,b]$, então f é integrável em $[a,b]$;

   Agora, assinale a alternativa correta:

   a. Todas as afirmativas são falsas.

   b. Somente as afirmativas I e II são verdadeiras.

   c. Somente as afirmativas II e III são verdadeiras.

   d. Todas as afirmativas são verdadeiras.

3) Considerando que (f_n) é uma sequência de Cauchy, analise se as afirmativas seguintes são verdadeiras ou falsas:

   I. A sequência (f_n) é uniformemente convergente.

   II. Para todo x_0 no domínio de f_n, para todo $n \in \mathbb{N}$, a sequência $(f_n(x_0))$ é convergente.

   III. Existe x_0 no domínio de f_n, para todo $n \in \mathbb{N}$ tal que a sequência $(f_n(x_0))$ é divergente.

   Agora, assinale a alternativa correta:

   a. Somente as afirmativas I e II são verdadeiras.

   b. Somente as afirmativas I e III são verdadeiras.

   c. Apenas a afirmativa II é verdadeira.

   d. Apenas a afirmativa III é verdadeira.

4) Sobre séries de potências, assinale a afirmativa correta:

   a. Toda função pode ser escrita como uma série de potências.

   b. Quando a série $\sum_{n=0}^{+\infty} c_n x^n$ converge, ela define uma função f.

   c. Uma série sempre diverge em um intervalo.

   d. Uma série de potências converge em um ponto ou para um intervalo limitado.

5) Considerando que a função $f : X \to \mathbb{R}$ é definida por $f(x) = \sum_{n=0}^{\infty} c_n x^n$, analise se as afirmativas seguintes são verdadeiras ou falsas:

   I. A função f é contínua;

   II. A função f é derivável em $x_0 \in X$;

   III. A função f é integrável em todo intervalo $[a, b]$ contido em X.

   Agora, assinale a alternativa correta:

   a. Apenas a afirmativa I é verdadeira.

   b. Somente as afirmativas I e II são verdadeiras.

   c. Somente as afirmativas I e III são verdadeiras.

   d. As afirmativas I, II e III são verdadeiras.

Atividades de aprendizagem

1) Demonstre que a sequência (f_n), definida por $f_n(x) = x^2 + \frac{1}{n}x$, em que $f : [-2, 2] \to \mathbb{R}$, converge uniformemente para $f(x) = x^2$.

2) Demonstre que a função $f(x) = e^{x^2}$ é integrável no intervalo $(0, 1)$ (dica: use o Teorema 6.10).

3) Explique em um pequeno texto a diferença entre a convergência simples e a convergência uniforme, ressaltando as vantagens desta última em relação à primeira.

Considerações finais

Ao longo deste livro, estudamos diferentes propriedades da análise matemática.

Inicialmente, no Capítulo 1, vimos alguns métodos de demonstração importantes para a análise matemática e construímos o conjunto dos números naturais tendo como base teórica os axiomas de Peano. Compreendemos, assim, que o conjunto dos números naturais não é um grupo, uma vez que não possui elemento neutro nem elemento simétrico aditivo.

Partimos, então, para a construção do grupo comutativo dos números inteiros, adicionando, ao conjunto dos números naturais, os seus elementos simétricos aditivos e o elemento zero. Percebemos que, a rigor, o conjunto dos números inteiros é construído mediante classes de equivalência, sobretudo pela relação de equivalência de subtração de conjuntos apresentada na Equação 1.5. Demos continuidade aos nossos estudos demonstrando que o conjunto dos números inteiros, pelas propriedades usuais das operações de soma e de multiplicação, é um anel comutativo e unitário, mas não é um corpo, uma vez que os seus elementos não possuem elementos simétricos multiplicativos. Expusemos a relação de equivalência de divisão de conjuntos expressa pela Equação 1.6, que induz classes de equivalência, as quais definimos como o corpo ordenado dos números racionais.

Observamos, no Exemplo 1.19, que o conjunto dos números racionais não é completo, pois, conforme explicitamos, ele é um conjunto limitado superiormente que não possui supremo. Para completar o estudo sobre o corpo ordenado dos números racionais, delimitamos, mediante os cortes de Dedekind, o conjunto dos números reais, que é um corpo ordenado completo. Na sequência, obtivemos o conjunto dos números irracionais, pela diferença entre o conjunto dos números reais e o conjunto dos números racionais.

Ainda no Capítulo 1, vimos que todos os conjuntos numéricos que discutimos são infinitos, mas apenas os conjuntos dos números naturais, dos números inteiros e dos números racionais são enumeráveis e, também, que os conjuntos dos números racionais e dos números irracionais são densos no conjunto dos números reais.

Já no Capítulo 2, após definirmos sequências e limites de sequências, estudamos que toda sequência convergente é limitada, que toda subsequência de uma sequência convergente é convergente para o mesmo limite e que toda sequência de números reais é convergente se e somente se é uma sequência de Cauchy. Abordamos o teorema de Bolzano-Weierstrass, que garante a toda sequência limitada uma subsequência convergente, mesmo se a sequência não for convergente.

Nosso estudo sobre as séries numéricas começou com compreensão do significado das somas infinitas para reconhecermos as condições que permitem dizer se uma série converge ou diverge. Vimos que uma série converge quando a sequência de somas parciais converge e demonstramos vários teoremas utilizados para verificar a convergência de uma série, como o teste de divergência (Teorema 2.9), o teste da comparação (Teorema 2.12), o teste de Leibniz (Teorema 2.14), o teste da razão (Teorema 2.15) e o teste da raiz (Teorema 2.16). Além disso, provamos que as séries $\sum_{n=1}^{\infty}\frac{1}{n}$, $\sum_{n=1}^{\infty} p^n$, com $|p| \geq 1$, são divergentes e que as séries $\sum_{n=1}^{\infty}\frac{1}{n!}$, $\sum_{n=1}^{\infty}\frac{1}{n^2}$ e $\sum_{n=1}^{\infty} p^n$, com $|p| < 1$, são convergentes.

Os conceitos de limite e de continuidade foram apresentados no Capítulo 3, quando necessitamos compreender algumas noções de topologia da reta real, como as ideias de conjuntos abertos e fechados e limitados e compactos, além de interior de conjuntos, fecho de conjuntos e pontos de acumulação. Sobre o conceito de limite, vimos que, para entendê-lo, devemos estudar o comportamento das imagens da função na vizinhança de um ponto dado sem considerar propriamente a imagem desse ponto, mesmo porque a função não precisa estar definida nesse ponto. Dessa maneira, estudamos os limites laterais de uma função relativos a um ponto dado e relacionamos os limites laterais ao limite apresentado no Teorema 3.5.

Discutimos as definições de limites infinitos e de limites no infinito, sendo que os primeiros ocorrem quando a imagem da função tende ao infinito, e os segundos, quando os pontos do domínio tendem ao infinito. Pudemos notar que a continuidade é uma espécie de limite, considerando que este é a própria imagem da função. Provamos o teorema do valor intermediário (Teorema 3.10) e abordamos as relações entre a continuidade, os limites e as sequências – mais especificamente, entre a continuidade uniforme e a convergência de sequências. Observamos que a continuidade uniforme é mais rigorosa do que a continuidade e que toda função uniformemente contínua é contínua, mas, em geral, a recíproca é falsa – à exceção da função contínua definida num compacto, a qual é uniformemente contínua (Teorema 3.11).

Abordamos os conceitos de derivadas no Capítulo 4, utilizando o limite expresso no Exemplo 4.1, do qual a representação geométrica é a inclinação da reta tangente à função no ponto estudado. Por se tratar de um limite, analisamos as definições de derivadas à direita e à esquerda mediante os limites laterais à direita e à esquerda, respectivamente.

Observamos que toda função derivável é contínua e estudamos a derivabilidade das operações de funções, com destaque para a regra da cadeia (Teorema 4.5), que demonstra a derivabilidade envolvendo uma função composta. Delimitamos as derivadas de ordem superior, que consistem em derivadas das derivadas de uma função, e estudamos o teorema do resto (Teorema 4.1) e a fórmula de Taylor (Teoremas 4.9. 4.10, 4.12 e 4.13). Mediante esses resultados, demos rigor à regra de L'Hôpital (Teoremas 4.4 e 4.11). Nesse capítulo, também provamos resultados importantes, como os Teoremas de Rolle (Teorema 4.7) e do valor médio (Teorema 4.8).

No Capítulo 5, estudamos conceitos referentes à integrabilidade de funções. Definimos as partições de um intervalo e as somas inferiores e as somas superiores de uma função em um intervalo induzidas pelas partições e observamos que o ínfimo de todas as somas superiores e o supremo de todas as somas inferiores são, respectivamente, a integral superior e a integral inferior de uma função em um intervalo. Notamos que uma função é integrável em um intervalo quando os valores da sua integral superior e da sua integral inferior coincidem.

Conforme a demonstração das condições de integralidade (Teorema 5.5), percebemos quais são as condições de integrabilidade para funções limitadas. Vimos que as funções contínuas e as funções monótonas são integráveis e analisamos o comportamento da integrabilidade envolvendo operações entre funções.

Pudemos compreender que o Teorema Fundamental do Cálculo é um conceito-chave para o estudo da análise matemática, pois fornece um método para calcularmos o resultado de uma integral definida para funções que possuem funções primitivas. Como decorrência do estudo do Teorema Fundamental do Cálculo, demos rigor aos métodos de integração por partes e por substituição.

Chegamos, enfim, ao Capítulo 6, no qual discutimos sequências e séries de funções. Vimos que as primeiras são sequências numéricas $(f_n(x))$ definidas pelas imagens de cada função f_n para cada ponto x no seus domínios. Estudamos duas noções de convergência para as sequências de funções: a convergência pontual ou simples, que se dá quando, para cada ponto x, ocorre a convergência da sequência numérica $(f_n(x))$ para um ponto $f(x)$, e a convergência uniforme, que se dá quando ocorre a convergência para $f(x)$ de todos os pontos x do domínio. Demonstramos que a convergência uniforme implica a continuidade, a derivabilidade e a integrabilidade da função limite, desde que cada uma das funções f_n sejam, respectivamente, contínuas, deriváveis e integráveis.

Quanto às séries de funções, vimos que elas convergem ou para um ponto, ou para toda a reta, ou para um intervalo (em que o raio de convergência é dado pela Equação 6.16). Observamos que as funções definidas por séries de potências são contínuas, deriváveis e integráveis e que utilizamos esses conceitos para desenvolver as expansões em séries de potências das funções exponenciais (Equação 6.20), logarítmicas (Equação 6.21) e trigonométricas (Equações 6.22 e 6.23).

Por fim, após todos os assuntos expostos e desenvolvidos em nosso livro, esperamos que você, leitor, tenha se interessado ainda mais pelos conceitos discutidos pela análise matemática e busque aprofundar seus estudos sobre eles, elaborando suas próprias representações e seus próprios exemplos para os teoremas apresentados. Só assim conseguiremos manter o rigor matemático necessário que o estudo desse tema exige.

Referências

ALENCAR FILHO, E. de. **Iniciação à lógica matemática**. São Paulo: Nobel, 2002.

ÁVILA, G. **Análise matemática para licenciatura**. 2. ed. São Paulo: Edgard Blücher, 2005.

BARTLE, R. G.; SHERBERT, D. R. **Introduction to Real Analysis**. 3. ed. New York: John Wiley & Sons, 2000.

DOMINGUES, H. H.; IEZZI, G. **Álgebra moderna**. 3. ed. São Paulo: Atual, 1982.

GUIDORIZZI, H. L. **Um curso de cálculo**. 5. ed. Rio de Janeiro: LTC, 2001. v. 1.

IEZZI, G. **Fundamentos da matemática elementar**: trigonometria. 2. ed. São Paulo: Atual, 1977. (Coleção Fundamentos da Matemática Elementar, v. 3).

IEZZI, G.; MURAKAMI, C. **Fundamentos da matemática elementar**: conjuntos, funções. 3. ed. São Paulo: Atual, 1977. (Coleção Fundamentos da Matemática Elementar, v. 1).

LEITHOLD. L. **O cálculo com geometria analítica**. 3. ed. São Paulo: Harbra, 1994. v. 1.

LIMA, E. L. **Análise na reta**. 8. ed. Rio de Janeiro: Impa, 2006. (Coleção Matemática Universitária, v. 1).

LIMA, E. L. **Curso de análise**. 13. ed. Rio de Janeiro: Impa, 2004. (Coleção Projeto Euclides, v. 1).

MATOS, M. P. **Séries e equações diferenciais**. São Paulo: Prentice Hall, 2002.

PANONCELI, D. M. **Um estudo de buscas unidirecionais aplicadas ao método BFGS**. Rio Grande: Pluscon, 2015.

RUDIN, W. **Princípios da análise matemática**. Rio de Janeiro: Ao Livro Técnico, 1971.

Bibliografia comentada

ALENCAR FILHO, E. de. **Iniciação à lógica matemática**. São Paulo: Nobel, 2002.

Boa referência à lógica matemática, utilizada na Seção 1.1 deste livro. Possui vários exemplos, facilitando a leitura daquele que se interessa em estudar um pouco mais de lógica e aprofundando o estudo dos conceitos de tabelas-verdade e de operações lógicas.

ÁVILA, G. **Análise matemática para licenciatura**. 2. ed. São Paulo: Edgard Blücher, 2005.

Obra voltada à análise matemática na licenciatura. Trata dos principais assuntos da análise matemática com um vocabulário acessível, utilizando-se de várias citações históricas.

BARTLE, R. G.; SHERBERT, D. R. **Introduction to Real Analysis**. 3. ed. New York: John Wiley & Sons, 2000.

Com um conteúdo mais acessível sobre a análise matemática, essa obra apresenta vários exemplos e exercícios medianos, ideais para o leitor que está iniciando nesse estudo. Sugerimos que seja utilizada como complemento ao nosso texto.

DOMINGUES, H. H.; IEZZI, G. **Álgebra moderna**. 3. ed. São Paulo: Atual, 1982.

Obra de referência utilizada em disciplinas de álgebra em cursos de matemática, pois é de leitura fácil e contém vários exemplos sobre o assunto. Indicada ao leitor que queira aprofundar os seus conhecimentos nos conceitos de grupos, anéis e corpos.

GUIDORIZZI, H. L. **Um curso de cálculo**. 5. ed. Rio de Janeiro: LTC, 2001. v. 1.

Este livro é uma referência muito utilizada nos cursos de cálculo diferencial e integral em problemas que envolvem funções de uma variável real. Apresenta em seu apêndice uma parte da construção dos números reais, desenvolvendo algumas de suas propriedades. Foi aproveitado na elaboração do Capítulo 1 deste livro, nos conceitos de cortes de Dedekind.

IEZZI, G. **Fundamentos da matemática elementar**: trigonometria. 2. ed. São Paulo: Atual, 1977. (Coleção Fundamentos da Matemática Elementar, v. 3).

IEZZI, G.; MURAKAMI, C. **Fundamentos da matemática elementar**: conjuntos, funções. 3. ed. São Paulo: Atual, 1977. (Coleção Fundamentos da Matemática Elementar, v. 1).

São livros da coleção *Fundamentos da Matemática Elementar* e abordam, respectivamente, os conceitos de trigonometria e de funções com maior aprofundamento em relação aos livros didáticos em geral. Essa coleção é indicada para os professores que desejam aprender mais sobre os conteúdos da matemática elementar.

LEITHOLD. L. **O cálculo com geometria analítica**. 3. ed. São Paulo: Harbra, 1994. v. 1.

Essa obra também é uma referência importante nos cursos de cálculo diferencial e integral em problemas que envolvem funções de uma variável real. Foi utilizada por nós como base para algumas demonstrações práticas envolvendo derivadas e integrais. Também pode ser consultada como referência para sanar outras dúvidas de cálculo.

LIMA, E. L. **Análise na reta**. 8. ed. Rio de Janeiro: Impa, 2006. (Coleção Matemática Universitária, v. 1).

Lima apresenta uma análise na reta bastante sucinta, mas com bom aprofundamento. Sua teoria é proposta para embasar o leitor sobre os principais resultados teóricos da análise matemática. Indicamos a sua leitura ao estudante que já tenha um curso de introdução à análise matemática e que possua bom domínio de cálculo diferencial e integral.

LIMA, E. L. **Curso de análise**. 13. ed. Rio de Janeiro: Impa, 2004. (Coleção Projeto Euclides, v. 1).

Essa obra é uma das maiores referências da análise matemática em cursos de matemática no Brasil. Sua leitura tende a ser densa para pessoas que estão tendo um primeiro contato com a análise matemática e, por isso, é indicada para aprofundamento apenas após um prévio conhecimento sobre o tema.

MATOS, M. P. **Séries e equações diferenciais**. São Paulo: Prentice Hall, 2002.

Ótima referência para o estudo de conceitos e de resultados relacionados a sequências e a séries numéricas. Apresenta os conceitos de séries e equações diferenciais exemplificando cada um deles com vários exemplos interessantes. Indicamos essa obra ao leitor que deseja se aprofundar nesses assuntos.

PANONCELI, D. M. **Um estudo de buscas unidirecionais aplicadas ao método BFGS**. Rio Grande: Pluscon, 2015.

Obra específica da área de otimização matemática que contém uma comparação entre os diferentes tipos de buscas unidirecionais. Utilizamos esse livro como fonte para explicitar a velocidade de convergência das sequências $\left(\frac{1}{n^2}\right)$ e $\left(\frac{1}{n}\right)$, fazendo com que a série $\sum \frac{1}{n^2}$ convirja e a série $\sum \frac{1}{n}$ divirja.

RUDIN, W. **Princípios da análise matemática**. Rio de Janeiro: Ao Livro Técnico, 1971.

Essa obra é uma das mais utilizadas nas disciplinas de análise matemática. Ela foi utilizada por nós em boa parte da construção dos números reais e a indicamos como aprofundamento aos conceitos desse tema.

Respostas

CAPÍTULO 1

Atividades de autoavaliação

1) a

2) b

3) d

4) d

5) c

   Comentários: na questão 3, os números racionais são definidos pelas classes de equivalência obtidas por frações equivalentes, e não simplesmente por frações. Por exemplo, $\frac{1}{2}$ e $\frac{2}{4}$ são frações pertencentes à mesma classe de equivalência: $\frac{1}{2}$.

Atividades de aprendizagem

1) Inicialmente, defina a função $f : \mathbb{P} \to \mathbb{N}$, por $f(2k) = k$ e, depois, demonstre que ela é bijetora.

2) Para $n = 1$, então $\frac{1(1+1)(2 \cdot 1+1)}{6} = \frac{6}{6} = 1$.

   Suponhamos que esse processo seja válido para $n = h$, isto é, o somatório $1^2 + 2^2 + 3^2 + \ldots + h^2 = \frac{h(h+1)(2h+1)}{6}$ é válido para $1^2 + 2^2 + 3^2 + \ldots + h^2 + (h+1)^2 = \frac{(h+1)((h+1)+1)(2(h+1)+1)}{6}$.

   De fato:

   $$1^2 + 2^2 + 3^2 + \ldots + h^2 + (h+1)^2 = \frac{h(h+1)(2h+1)}{6} + (h+1)^2 = \frac{h+1}{6}(h(2h+1) + 6(h+1)) = \frac{h+1}{6}(2h^2 + 7h + 6) =$$
   $$= \frac{h+1}{6}(h+2)(2h+3) = \frac{(h+1)(h+2)(2h+3)}{6} = \frac{(h+1)((h+1)+1)(=2(h+1)+1)}{6}.$$

3) Exemplo de diagrama sobre a relação entre os conjuntos numéricos:

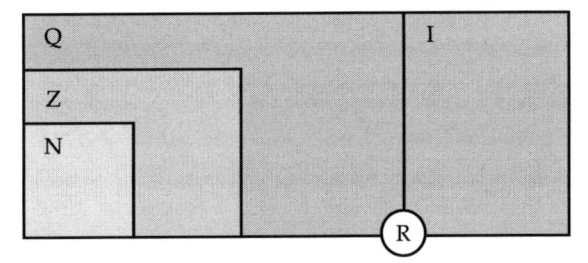

CAPÍTULO 2

Atividades de autoavaliação

1)   d

2)   b

3)   d

4)   d

5)   b

Atividade de aprendizagem

1)
   a. A sequência é limitada, pois $|x_n| = \left|\frac{(-1)^n}{n} + (-1)^n\right| \leq \left|\frac{(-1)^n}{n}\right| + |(-1)^n| \leq 1 + 1 = 2$.

   b. Não é convergente, pois existem subsequências que convergem para limites diferentes:
   $$\lim_{k\to\infty} x_{2k} = \lim_{k\to\infty} \frac{(-1)^{2k}}{2k} + (-1)^{2k} = 1 \text{ e } \lim_{k\to\infty} x_{2k+1} = \lim_{k\to\infty} \frac{(-1)^{2k+1}}{2k+1} + (-1)^{2k+1} = \lim_{k\to\infty} \frac{-1}{2k+2} - 1 = -1.$$

   c. A subsequência (x_{2k}) é convergente para L = 1. Isto é, a aplicação do teorema de Bolzano-Weierstrass mostra que toda sequência limitada possui uma subsequência convergente, mesmo que a sequência não seja convergente.

2)
   a. Notamos que $\lim_{n\to\infty} \frac{n}{3^n} = 0$, uma vez que $n < 3^n$, para todo $n \in \mathbb{N}$ (sugerimos ao leitor provar essa afirmação!). Porém, não podemos dizer que a série converge, pois o teste de divergência não garante a convergência de séries quando $\lim_{n\to\infty} x_n = 0$.

   b. A série converge, pois, pelo teste da razão, percebemos que:
   $$\lim_{n\to\infty} \left|\frac{\frac{n+1}{3^{n+1}}}{\frac{n}{3^n}}\right| = \lim_{n\to\infty} \frac{(n+1)3^n}{3^{n+1}n} = \frac{1}{3}\lim_{n\to\infty} 1 + \frac{1}{n} = \frac{1}{3}.$$

3) Exemplo de esquema-resumo sobre a convergência e a divergência de séries:

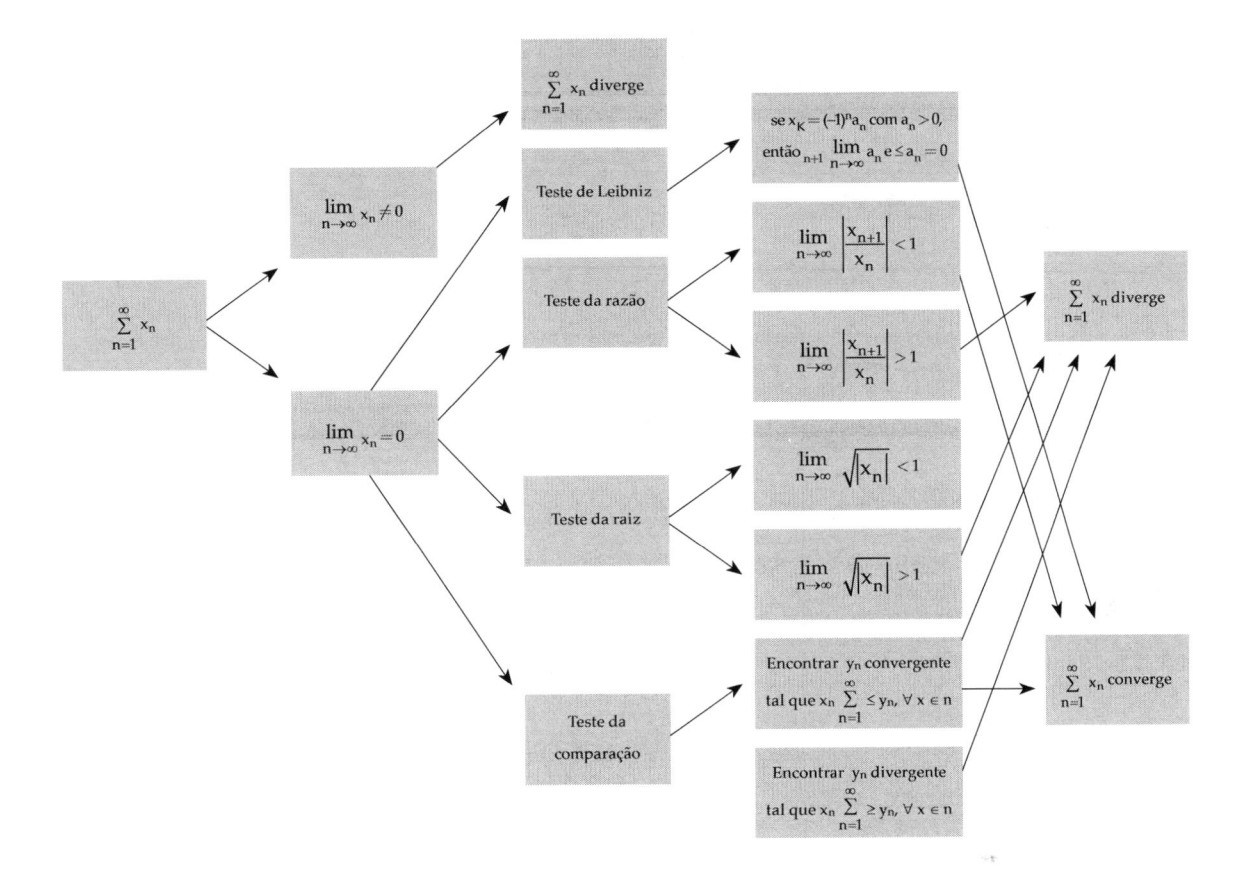

[Diagrama/fluxograma]

Partindo de $\sum_{n=1}^{\infty} x_n$:

- $\lim_{n\to\infty} x_n \neq 0$ → $\sum_{n=1}^{\infty} x_n$ diverge
- $\lim_{n\to\infty} x_n = 0$:
  - **Teste de Leibniz**: se $x_K = (-1)^n a_n$ com $a_n > 0$, então $\lim_{n\to\infty} a_{n+1} \text{ e } a_n \leq a_n = 0$
  - **Teste da razão**:
    - $\lim_{n\to\infty} \left|\dfrac{x_{n+1}}{x_n}\right| < 1$
    - $\lim_{n\to\infty} \left|\dfrac{x_{n+1}}{x_n}\right| > 1$
  - **Teste da raiz**:
    - $\lim_{n\to\infty} \sqrt[n]{|x_n|} < 1$
    - $\lim_{n\to\infty} \sqrt[n]{|x_n|} > 1$
  - **Teste da comparação**:
    - Encontrar y_n convergente tal que $x_n \sum_{n=1}^{\infty} \leq y_n, \forall x \in n$
    - Encontrar y_n divergente tal que $x_n \sum_{n=1}^{\infty} \geq y_n, \forall x \in n$

Resultados: $\sum_{n=1}^{\infty} x_n$ diverge / $\sum_{n=1}^{\infty} x_n$ converge.

CAPÍTULO 3

Atividades de autoavaliação

1) b

2) c

3) a

4) b

5) b
   Comentários: na questão 5, as condições das afirmativas "a", "c" e "d" devem ser válidas para todas as sequências $(x_n) \subset X$.

Atividades de aprendizagem

1) Basta mostrar que $\lim_{x\to 2^-} f(x) = 0 = \lim_{x\to 2^+} f(x)$ e utilizar o Teorema 3.5.

2) Seja $x_0 \in \mathbb{R}$ um ponto arbitrário. Vemos, no Teorema 2.5, para qualquer sequência (x_n) satisfazendo $\lim_{n\to\infty} x_n = x_0$, que

$$\lim_{n\to\infty} f(x_n) = \lim_{n\to\infty}(x_n^3 + 3x_n^2 + 2x_n + 5) = \lim_{n\to\infty} x_n \cdot \lim_{n\to\infty} x_n \cdot \lim_{n\to\infty} x_n + 3 \cdot \lim_{n\to\infty} x_n \cdot \lim_{n\to\infty} x_n + 2 \cdot \lim_{n\to\infty} x_n + 5 =$$
$$= x_0 \cdot x_0 \cdot x_0 + 3 \cdot x_0 \cdot x_0 + 2 \cdot x_0 + 5 =$$
$$= x_0^3 + 3x_0^2 + 2x_0 + 5 = f(x_0)$$

Portanto, conforme o Teorema 3.7, a função f é contínua em x_0. Finalmente, como x_0 é arbitrário, descobrimos que f também é contínua em $\mathbb{R}$.

3) Representação geométrica de uma função f arbitrária e contínua em um ponto x_0:

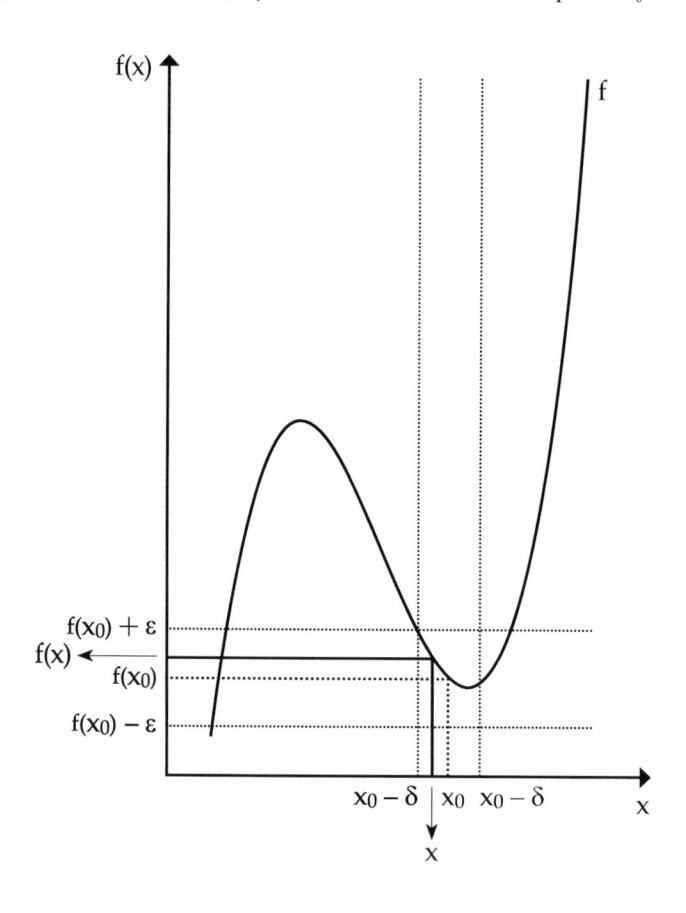

CAPÍTULO 4

Atividades de autoavaliação

1) b

2) d

3) c

4) c

5) d

Comentários: na questão 2, as derivadas laterais devem ser iguais e, quando $f'(x_0) = 0$, não podemos garantir que o ponto x_0 seja o ponto de máximo ou o ponto de mínimo da função, pois x_0 pode ser o ponto de sela, ou seja, um ponto que não é o máximo nem o mínimo de uma função e no qual essa função tem derivada nula.

Atividades de aprendizagem

1) Basta demonstrar que $f'_-(x_0) = \dfrac{1}{\sqrt{2x_0}} = \dfrac{1}{2} = f'_+(x_0)$ e usar o Teorema 3.5.

2) Se $f(x) = \cos x$, então $f'(x) = -\text{sen } x$, $f''(x) = -\cos x$, $f'''(x) = \text{sen } x$, $f^{(iv)}(x) = f(x)$, $f^{(v)}(x) = f'(x)$, $f^{(vi)}(x) = f''(x)$, $f^{(vii)}(x) = f'''(x)$ e $f^{(viii)}(x) = f^{(iv)}(x)$.

Assim, analisando essas derivadas no ponto $x_0 = 0$, obtemos $f(0) = 1$, $f'(0) = 0$, $f''(0) = -1$, $f'''(0) = 0$, $f^{(iv)}(0) = 1$, $f^{(v)}(0) = 0$, $f^{(vi)}(0) = -1$, $f^{(vii)}(0) = 0$ e $f^{(viii)}(0) = 1$.

Portanto, vemos que

$$\text{sen}(h) = 1 + 0h - \frac{1}{2!}h^2 + 0h^3 + \frac{1}{4!}h^4 + 0h^5 - \frac{1}{6!}h^6 + 0h^7 + \frac{1}{8!}h^8 + 0h^9 + r(h) = 1 - \frac{1}{2!}h^2 + \frac{1}{4!}h^4 - \frac{1}{6!}h^6 + \frac{1}{8!}h^8 + r(h),$$

em que $\lim\limits_{h \to 0} \dfrac{r(h)}{h^9} = 0$.

3) Exemplo da representação geométrica do teorema do valor médio:

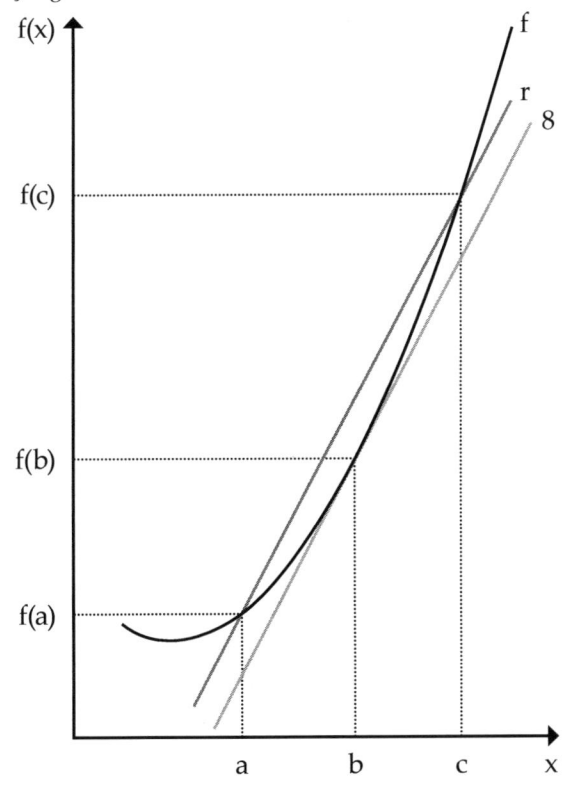

A respeito da hipótese de que $f : X \to \mathbb{R}$, o teorema do valor médio demonstra que f é uma função contínua em um intervalo $[a, b]$ e derivável em (a, b), que existe um valor c no intervalo (a, b) no qual a derivada de f tem o valor da inclinação da reta definida pelos pontos $(a, f(a))$ e $(b, f(b))$.

CAPÍTULO 5

Atividades de autoavaliação

1) b

2) d

3) d

4) a

5) d

Comentários: na questão 1, as afirmativas "a", "c" e "d" podem ser justificadas se considerarmos a função $f(x) = k$, com $k < 0$.

Atividades de aprendizagem

1) Como $f(x) = x^3$ é crescente, então $M_i = \sup\left\{f(x); x \in \left[\dfrac{2(i-1)}{n}, \dfrac{2i}{n}\right]\right\} = \left(\dfrac{2i}{n}\right)^3$.
Disso, decorre que

$$S(f;P) = M_1\Delta t_1 + M_2\Delta t_2 + \ldots + M_n\Delta t_n = \sum_{i=1}^{n} M_i\Delta t_i = \sum_{i=1}^{n}\left(\dfrac{2i}{n}\right)^3 \dfrac{2}{n} = \dfrac{16}{n^4}\sum_{i=1}^{n} i^3 = \dfrac{16}{n^4}\left(\dfrac{n+1}{2}\right)^2$$

Agora, utilizamos a identidade, que é provada por indução e dada por $\sum_{i=1}^{n} i^3 = \left(\dfrac{n+1}{2}\right)^2$. De forma semelhante, vemos que $s(f;P) = \dfrac{16}{n^4}\left(\dfrac{n-1}{2}\right)^2$.

2) Como a função $f(x) = x^3$ é monótona em $(0, 3)$, então, de acordo com o Teorema 5.7, f é integrável. Além disso, a função $F(x) = \dfrac{x^4}{4} + k$, para todo $k \in \mathbb{R}$, é a primitiva de f e, assim,

$$\int_0^3 f(x)dx = F(3) - F(0) = \dfrac{3^4}{4} + k - \left(\dfrac{0^4}{4} + k\right) = \dfrac{81}{4}.$$

3) Exemplo de esquema sobra as condições de integrabilidade de umja função:

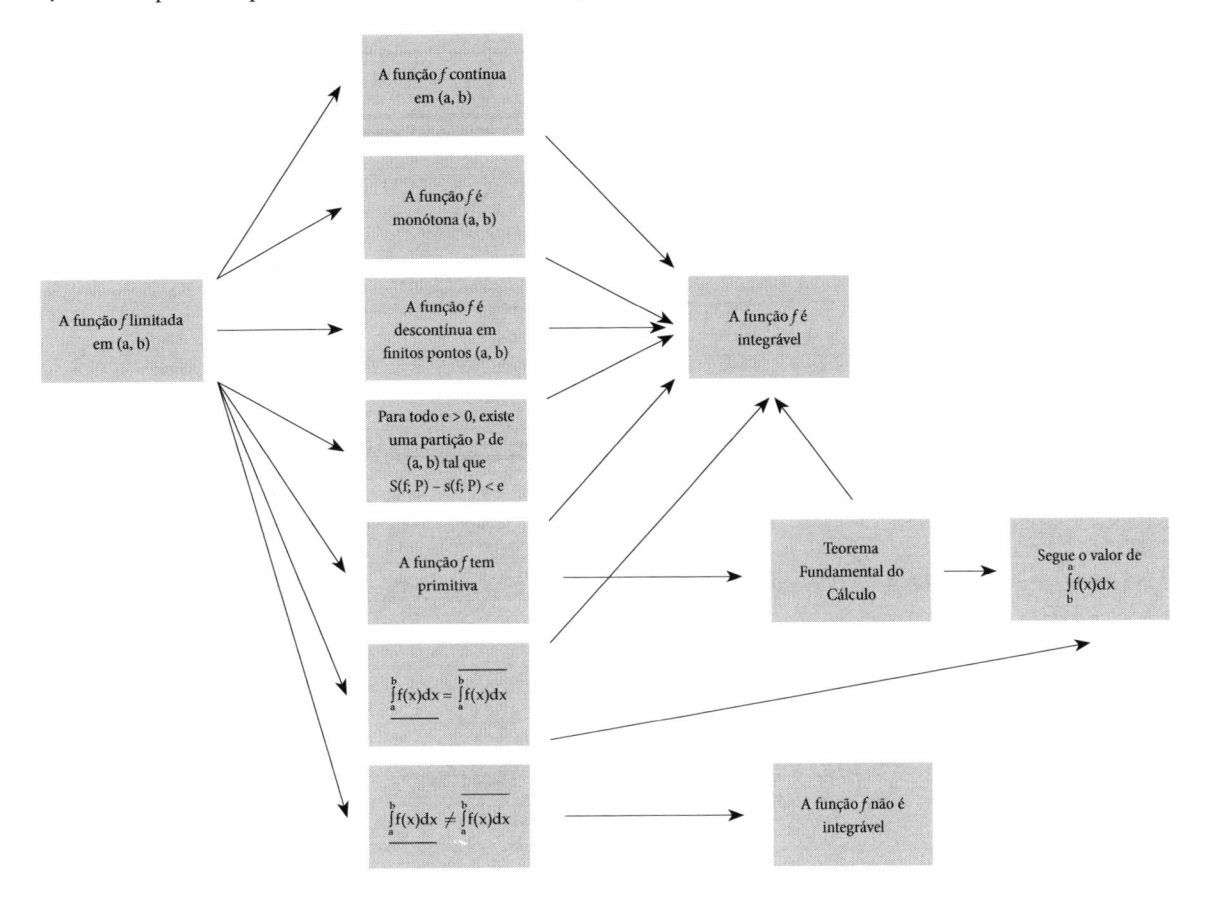

```
                          ┌─────────────────┐
                      ┌──▶│ A função f contínua │
                      │   │    em (a, b)     │
                      │   └─────────────────┘
                      │
                      │   ┌─────────────────┐
                      ├──▶│  A função f é   │
                      │   │  monótona (a, b)│
                      │   └─────────────────┘
                      │
┌──────────────┐      │   ┌─────────────────┐        ┌─────────────────┐
│ A função f   │──────┼──▶│  A função f é   │───────▶│  A função f é   │
│ limitada     │      │   │  descontínua em │        │   integrável    │
│ em (a, b)    │      │   │ finitos pontos  │        └─────────────────┘
└──────────────┘      │   └─────────────────┘
                      │
                      │   ┌─────────────────┐
                      ├──▶│ Para todo e > 0 │
                      │   │ existe uma      │
                      │   │ partição P de   │
                      │   │ (a,b) tal que   │
                      │   │ S(f;P)-s(f;P)<e │
                      │   └─────────────────┘
                      │
                      │   ┌─────────────────┐        ┌─────────────────┐       ┌─────────────────┐
                      ├──▶│ A função f tem  │───────▶│    Teorema      │──────▶│ Segue o valor de│
                      │   │   primitiva     │        │ Fundamental do  │       │   $\int_b^a f(x)dx$  │
                      │   └─────────────────┘        │    Cálculo      │       └─────────────────┘
                      │                              └─────────────────┘
                      │   ┌─────────────────┐
                      ├──▶│ $\underline{\int_a^b f(x)dx} = \overline{\int_a^b f(x)dx}$ │
                      │   └─────────────────┘
                      │
                      │   ┌─────────────────┐        ┌─────────────────┐
                      └──▶│ $\underline{\int_a^b f(x)dx} \neq \overline{\int_a^b f(x)dx}$ │───▶│ A função f não é│
                          └─────────────────┘        │   integrável    │
                                                     └─────────────────┘
```

CAPÍTULO 6

Atividades de autoavaliação

1) c

2) d

3) a

4) b

5) d

Comentários: na questão 3, para cada ponto x no domínio de f_n, a sequência numérica $(f_n(x))$ se comporta como uma sequência numérica de Cauchy.

Atividades de aprendizagem

1) Para todo $x \in [-2, 2]$, vemos que $|x| \leq 2$. Assim, dado $\varepsilon > 0$, existe $N = \dfrac{2}{\varepsilon}$ tal que $n > N$, ou, de forma equivalente, $n > \dfrac{2}{\varepsilon}$, resulta em

$$|f_n(x) - f(x)| = \left|x^2 + \dfrac{1}{n}x - x^2\right| = \dfrac{|x|}{n} \leq \dfrac{2}{n} < \varepsilon.$$

Como N não depende de x, deduzimos que a convergência é uniforme.

2) Sabemos que $e^x = \sum_{n=0}^{\infty} \dfrac{x^n}{n!}$, sendo $e^{x^2} = \sum_{n=0}^{\infty} \dfrac{x^{2n}}{n!}$. Conforme o Teorema 6.10, vemos que

$$\int_0^1 e^{x^2} dx = \sum_{n=1}^{\infty} \dfrac{1^{2n+1}}{(2n+1)\cdot(n!)} - \dfrac{0^{2n+1}}{(2n+1)\cdot(n!)} 2n = \sum_{n=1}^{\infty} \dfrac{1}{(2n+1)\cdot(n!)}$$

Se $(2n+1)(n!) \geq n!$, então $\dfrac{1}{(2n+1)\cdot(n!)} \leq \dfrac{1}{n!}$; utilizando $n = 1, 2, 3, \ldots$, segue-se que $\sum_{n=1}^{\infty} \dfrac{1}{(2n+1)\cdot(n!)} \leq \sum_{n=1}^{\infty} \dfrac{1}{n!}$.

Como $\sum_{n=0}^{\infty} \dfrac{1}{n!}$ converge, então, de acordo com o teste da comparação de séries numéricas (Teorema 2.12), vemos que $\sum_{n=1}^{\infty} \dfrac{1}{(2n+1)\cdot(n!)}$ converge.

Portanto, $f(x) = e^{x^2}$ é integrável em $(0, 1)$.

3) A diferença entre a convergência simples e a convergência uniforme está na sutileza do cálculo do valor N nas definições. Na convergência uniforme, o valor de N encontrado vale para todo ponto x do domínio e isso faz com que N não dependa do valor dos pontos x, mas apenas do valor de ε. Ao contrário disso, a convergência simples é pontual e nela o valor de N pode depender do ponto x e do valor de ε. Tal diferença garante propriedades importantes à função limite f de uma sequência (f_n) que converge uniformemente: se cada f_n é contínua, integrável e derivável, então, a função limite f também é contínua, integrável e derivável.

Sobre o autor

Diego Manoel Panonceli é licenciado em Matemática pela Universidade Estadual de Ponta Grossa – UEPG (2012) e mestre em Matemática pela Universidade Federal do Paraná – UFPR (2015). Atua como professor do Instituto Federal do Paraná – IFPR. É autor do livro *Um estudo de buscas unidirecionais aplicadas ao método BFGS*, publicado pela editora Pluscom, em 2015.

Impressão:
Maio/2023